# 激光制备先进材料及其应用

刘其斌　徐鹏　著

北　京
冶 金 工 业 出 版 社
2016

## 内 容 提 要

本书以激光技术在材料科学与工程中的应用为基础，详细论述了利用激光制备先进材料的方法。内容包括：激光与材料的交互作用；激光制备耐热耐蚀复合材料涂层；激光制备金属基复合材料耐磨涂层；激光制备梯度生物医学陶瓷材料涂层；激光制备形状记忆合金涂层；激光制备纳米材料；激光制备电子功能陶瓷；激光制备高熵合金涂层。

本书适于从事这一新兴领域的教师、工程技术人员及研究生和高年级大学生选用。


**图书在版编目(CIP)数据**

激光制备先进材料及其应用/刘其斌，徐鹏著．—北京：冶金工业出版社，2016. 5

ISBN 978-7-5024-7228-3

Ⅰ. ①激…　Ⅱ. ①刘…　②徐…　Ⅲ. ①激光材料　Ⅳ. ①TN244

中国版本图书馆 CIP 数据核字(2016) 第 075571 号

出 版 人　谭学余

地　　址　北京市东城区嵩祝院北巷 39 号　邮编　100009　电话　(010)64027926

网　　址　www. cnmip. com. cn　电子信箱　yjcbs@ cnmip. com. cn

责任编辑　郭冬艳　美术编辑　彭子赫　版式设计　彭子赫

责任校对　郑　娟　责任印制　李玉山

ISBN 978-7-5024-7228-3

冶金工业出版社出版发行；各地新华书店经销；三河市双峰印刷装订有限公司印刷

2016 年 5 月第 1 版，2016 年 5 月第 1 次印刷

169mm × 239mm；14. 25 印张；280 千字；218 页

**64. 00** 元

**冶金工业出版社　投稿电话　(010)64027932　投稿信箱　tougao@ cnmip. com. cn**

**冶金工业出版社营销中心　电话　(010)64044283　传真　(010)64027893**

**冶金书店　地址　北京市东四西大街 46 号(100010)　电话　(010)65289081(兼传真)**

**冶金工业出版社天猫旗舰店　yjgycbs. tmall. com**

（本书如有印装质量问题，本社营销中心负责退换）

# 前　　言

激光材料加工是一种高度柔性和智能化的先进制造技术，被誉为“21世纪的万能加工工具”，“未来制造技术的共同加工手段”。激光加工技术正以前所未有的速度向航空航天、机械制造、石化、船舶、冶金、电子、信息等领域扩展，并深刻地影响着各国科技水平的发展程度。激光加工技术在21世纪引起了一次新的技术革命。

激光材料加工技术是一门综合性很高的技术，它交叉了光学、材料科学与工程、机械制造学、数控技术及电子等学科，属于当前国内外科技界和产业界共同关注的热点，由于激光固有的四大特性（高的单色性、方向性、相干性和高能量密度），它被广泛应用于工业、农业、国防、医学、科学实验和娱乐诸多方面，并发挥着十分重要的作用。

本书共分10章，第1章主要介绍激光的基本知识、激光材料加工的特点、国内外发展的状况及趋势；第2章主要介绍激光材料加工的技术基础；第3章着重介绍激光与材料的交互作用，它是本书的基础理论部分，许多激光材料加工的科学问题都与此相关；第4章讲述激光制备耐热耐蚀复合材料涂层及其应用；第5章主要介绍激光制备金属基梯度复合材料涂层及其应用；第6章着重讲述激光制备梯度生物医学陶瓷材料及其应用；第7章主要介绍激光熔覆制备形状记忆合金涂层及应用；第8章主要介绍激光制备纳米材料及其应用；第9章介绍激光制备电子功能陶瓷及其应用；第10章主要介绍激光制备高熵合金涂层及其应用。

作者长期从事激光材料加工技术的教学、科研以及产业化推广应用工作，书中许多内容是作者科研成果的真实反映。本书目的在于向广大读者介绍激光制备先进材料的相关技术及其应用领域，力争做到条理清楚，概念准确，通俗易懂。

本书在编写过程中始终得到贵州大学党政领导的关心和支持，在此作者致以深深的谢意。感谢我的研究生周芳、李宝增为第4章和第5章做的大量实验、资料整理及编辑工作；感谢我的研究生朱益志、姚利兰、郑敏和李文飞为第6章做的大量实验和图片整理工作；我的同事徐鹏副教授撰写了第7章并对全书做了校订工作，我深表谢意；我还要感谢我的研究生曲微、郑波和安旭龙为第9章和第10章做的大量试验和理论研究工作。

由于激光制备先进材料是一种迅速崛起的新材料先进制备手段，诸多理论和工艺尚处在发展阶段。同时由于作者交叉学科的知识有限，书中难免会出现不妥之处，敬请广大读者批评指正。

作　者

2016年1月

# 目　录

# 1 绪　　论

## 1.1 激光产生的基本原理及其发展历程

### 1.1.1 激光产生的基本原理

激光是受激辐射而产生的增强光。受激辐射与自发辐射有本质的区别。光的受激辐射是指高能级 $E_2$ 的粒子，受到从外部入射的频率为 $\nu$ 的光子的诱发，辐射出一个与入射光子一模一样的光子，而跃迁回低能级的过程，如图 1-1 所示。

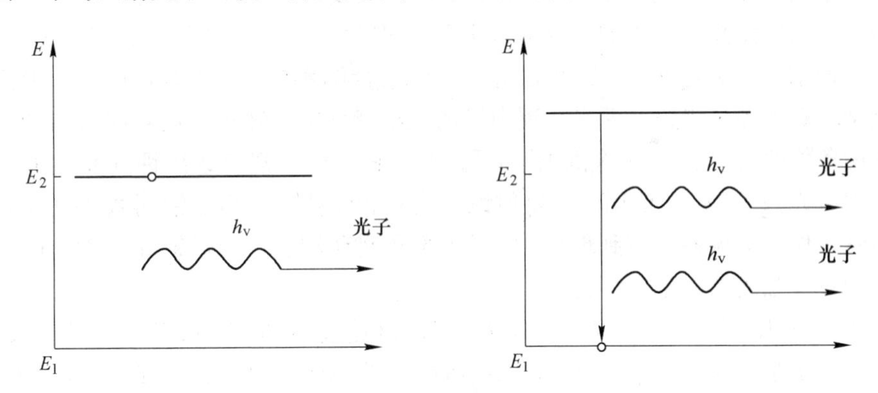


图 1-1　光的受激辐射

受激辐射光有三个特征：

(1) 受激辐射光与入射光频率相同，即光子能量相同；

(2) 受激辐射光与入射光相位、偏振和传播方向相同，所以两者是完全相干的；

(3) 受激辐射光获得了增强。

激光形成的物理过程是产生激光的工作物质受激发造成粒子反转状态，并不断增强至占优势的过程。将受激的工作物质放在两端有反射镜的光学谐振腔中，并提供外界光辐射，如氙灯、氪灯或辉光放电等，则受激辐射将会不断产生激光光子。在此产生的光子中，其运动方向与光腔轴线方向不一致的光子，都从侧面逸出腔外并转换为热能，没有激光输出。只有运动方向与光腔轴线方向一致的光子，被两面反射镜不断地往返反射，来回振荡，从而得到放大，当这种光放大超过腔内损耗（包括散射、衍射损耗等），即光放大超出腔内的阈值时，则会在激光腔的输出端产生激光辐射——激光束。

由上述激光原理可知，任何类型的激光器都要包括三个基本要素：（1）可以受激发的激光工作物质；（2）工作物质要实现粒子数反转；（3）光学谐振腔。

### 1.1.2　激光的发展历史

1960 年，世界上第一台激光器由美国科学家梅曼（T. H. Maiman）研究成功。1960 年 7 月 7 日，*NewYork Times* 发表了梅曼研制成第一台激光器的消息，随后又在英国 *Nature* 和 *British Commum* 发表，第二年其详细论文在 *Physical Review* 上刊出。其实，Einstein 在 1916 年便提出了一种现在称之为光学感应吸收和光学感应发射的观点（又叫受激吸收和发射），有谁能想到，这一观点后来竟成为激光器的主要物理基础。1952 年，马里兰大学的 Weiber（韦伯）开始运用上述概念去放大电磁波，但其工作没有进展，也没有引起广泛的注意，后来激光的发明人汤斯（C. Towes）向韦伯索要了论文，继续这一工作，才打开了一个新的领域。汤斯的设想是：由四个反射镜围成一只玻璃盒，盒内充以铊，盒外放一盏铊灯，使用这一装置便可以产生激光。汤斯的合作者肖洛（A. Schawlow）善长于光谱学，对于原子光谱及两平行反射镜的光学特性十分熟悉。便对汤斯的设想提出了两条修改意见：（1）铊原子不可能产生光放大，建议改用钾（其实钾也不易产生激光）；（2）建议用两面反射镜形成光的振荡器，不必沿用微波放大器的封闭盒子作为谐振器。直到现在，尽管激光器种类很多，但汤斯和肖洛的这一设想仍为各类激光器的基本结构。

1958 年 12 月 *Physical Review* 发表了汤斯和肖洛的文章后，引起了物理界的关注，许多学者参加了这一理论和实验研究，都力争自己能造出第一台激光器。汤斯和肖洛都没有取得成功，原因是汤斯遇到了无法解决的铯和钾蒸气对反射镜的污染问题，而肖洛在实验研究后却误认为红宝石不能产生激光。可是，一年多后，在世界上出现的第一台激光器正是梅曼用红宝石研制的。尽管世界上第一台红宝石激光器不是由汤斯和肖洛研制出来的，但是他们所提出的基本概念和构想却被公认是对激光领域划时代的贡献。

（1）1962 年，出现了半导体激光器；

（2）1964 年，C. Patel（帕特尔）发明了第一台 $CO_2$ 激光器；

（3）1965 年，发明了第一台 YAG 激光器；

（4）1968 年，发展高功率 $CO_2$ 激光器；

（5）1971 年出现了第一台商用 1kW$CO_2$ 激光器。

上述一切，特别是高功率激光器的研制成功，为激光加工技术应用的兴起和迅速发展创造了必不可少的前提条件。

我国激光研究起步之快，发展之迅速令我们骄傲和自豪。

（1）1961 年 9 月，王之江领导了第一个固体红宝石激光装置在长春光机所成功运行。

（2）1963 年 7 月，邓锡铭领导建立的第一台气体激光器（氦管）在光机所成功运行。

其后，在该所相继由王乃弘建立了钾砷半导体激光器；刘颂豪、沃新能用所里生产的晶体建立了氟化钙激光器；干福熹等建立了钕玻璃激光器；刘顺福建立了含钕钨酸钙晶体激光器；吕大元，余文炎建立了转镜 Q 开关激光器。

## 1.2　激光的特性

### 1.2.1　激光的高亮度

$$B = P/(S \cdot \Omega) \quad (\mathrm{W/(cm^2 \cdot Sr)})$$

太阳光的亮度值约为 $2\times10^3\mathrm{W/(cm^2 \cdot Sr)}$。气体激光器的亮度值为 $10^8\mathrm{W/(cm^2 \cdot Sr)}$，固体激光器的亮度更高达 $10^{11}\mathrm{W/(cm^2 \cdot Sr)}$。这是由于激光器的发光截面（$S$）和立体发散角（$\Omega$）都很小，而输出功率（$P$）都很大的缘故。

### 1.2.2　激光的高方向性

激光的高方向性主要是指其光束的发散角小。光束的立体发散角为：

$$\Omega = \theta_2 \approx (2.44\lambda/D)^2$$

式中，$\lambda$ 为波长；$D$ 为光束截面直径。

一般工业用高功率激光器输出光束的发散角为毫拉德量级。对于基模或高斯模，光束直径和发散角最小，其方向性也最好，这在激光切割和激光焊接中是至关重要的。

### 1.2.3　激光的高单色性

单色性用 $\Delta\nu/\nu = \Delta\lambda/\lambda$ 来表征，其中 $\nu$ 和 $\lambda$ 分别为辐射波的中心频率和波长，$\Delta\nu$，$\Delta\lambda$ 是谱线的线宽。原有单色性最好的光源是 $K_r^{86}$ 灯，其 $\Delta\nu/\Delta\lambda$ 值为 $10^{-6}$量级，而稳频激光器的输出单色性 $\Delta\nu/\Delta\lambda$ 可达 $10^{-10} \sim 10^{-13}$量级，要比原有的 $K_r^{86}$ 灯高几万倍至几千万倍。

### 1.2.4 激光的高相干性

相干性主要描述光波各个部分的相位关系。其中：空间相干性 $S$ 描述垂直光束传播方向平面上各点之间的相位关系；时间相干性 $\Delta t$ 则描述沿光束传播方向上各点的相位关系。相干性完全由光波场本身的空洞分布（发散角）特性和频率谱分布特性（单色性）决定。由于激光的 $\theta$ 和 $\Delta\nu$，$\Delta\lambda$ 都很小，故其 $S_{相干} = \frac{\lambda}{\theta}$ 和相干长度 $L_{相干} = C \cdot \Delta t_{相干} = \frac{C}{\Delta\nu}$ 都很大。

正是由于激光具有如上所述 4 大特点，才使其得到了广泛的应用。激光在材料加工中的应用就是其应用的一个重要领域。

## 1.3 激光材料加工的特点

由于激光具有 4 大特点，因此，就给激光加工带来了如下传统加工所不具备的可贵特点：

（1）由于它是无接触加工，并且高能量激光的能量及其移动速度均可调，因此可以实现多种加工的目的。

（2）它可以对多种金属、非金属加工，特别是可以加工高硬度、高脆性及高熔点的材料。

（3）激光加工过程中无“刀具”磨损，无“切削力”作用于工件。

（4）激光加工的工件热影响区小，工件热变形小，后续加工量小。

（5）激光可通过透明介质对密闭容器内的工件进行各种加工。

（6）激光束易于导向。聚焦可实现各方向变换，极易与数控系统配合，对于复杂工件进行加工，因此，它是一种极为灵活的加工方法。

（7）生产效率高，加工质量稳定可靠，经济效益和社会效益显著。

## 1.4 激光材料加工的发展及应用现状

### 1.4.1 国外激光材料加工的发展及应用

迄今为止，全球已形成了以美国、欧盟、日本等国家为领头羊的激光加工市场，激光材料加工正以前所未有的速度成为 21 世纪先进加工及制造技术，并已经在全球形成了一个新兴的高技术产业。

（1）激光器市场的发展。目前，激光加工所用设备主要为$CO_2$激光器和Nd：YAG激光器（掺钕钇铝石榴石激光器），针对不同的材料加工，现已开发出多种激光器应用于工业加工，如半导体激光器、准分子激光器、光纤激光器等。

（2）激光加工工艺的发展。激光加工工艺从最早的激光淬火到激光合金化，激光熔覆再到当前的激光加工组合工艺，已形成一套完整的工艺制度。

（3）激光加工应用市场。目前，激光加工已广泛应用于航空航天、机械、冶金、造船等行业。随着激光加工技术的不断推广应用，它必定会进一步向其他领域迈进。在激光加工服务方面，美国约有800家激光加工站（Job Shop），欧洲约有900家，日本约有1000家，其规模大小不等，有的只承担单一工种的加工，有的则可以承担各种要求的加工。所有这些激光加工站都具有良好的经济效益以及很强的生命力。

### 1.4.2　我国激光材料加工的发展及应用

我国第一台激光器从1961年便研制成功，1963年研制成功激光打孔机，1965年正式在拉丝和手表宝石轴承上采用激光打孔。以后相继采用$CO_2$激光器，钕玻璃激光器，YAG激光器可针对不同材料、不同零件进行打孔。

我国自改革开放以来，通过“六五”、“七五”、“八五”三个五年计划的攻关，高功率激光器的研制水平日臻成熟。在激光热处理、激光焊接、激光打孔、激光切割等方面已取得了巨大的经济效益和社会效益。从1997年至2005年，激光加工年产值以42%的速度递增，全国大约已建立了1000多家Job Shop。

（1）在激光器的研制方面。我国现在已能自己生产从低功率到高功率的$CO_2$激光器、YAG激光器。但半导体激光器、光纤激光器、准分子激光器尚处于研制中，主要从国外进口这些设备进行产业化。

（2）激光工艺研究和开发方面。激光淬火工艺已经成熟应用。

激光熔覆工艺有的已经成熟应用于生产，有的则处于研究之中，其中关键技术是熔覆材料的研发，激光切割和焊接的复合工艺已在积极的研究之中。

（3）激光加工应用市场。

1）在汽车行业，主要是激光淬火汽车的发动机曲轴、凸轮轴、缸体、缸套等。

2）在冶金行业，主要是大型轧辊的激光熔覆和激光合金化。

3）在机械行业，主要是报废贵重模具的激光熔覆修复以及各种零部件的激光切割。

4）在电子行业，主要是手机电池和集成电路激光焊接。

## 1.5　激光材料加工的发展趋势

目前，激光材料加工的发展趋势主要体现在以下几个方面：

（1）材料方面。针对激光熔覆修复工件的材料种类，分别研制出不同基体材料的激光熔覆修复专用材料。例如目前已研制出中碳、低碳钢激光熔覆修复专用材料，用于铸铁类零件激光修复的专用材料也正在研制之中。

（2）工艺控制方面。对于激光熔覆工艺而言，其发展趋势是开发一套基于激光熔覆的在线监控系统，对激光熔覆过程进行实时监控。研制与激光熔覆相配套的复合工艺使熔覆过程中避免工件的开裂倾向。

（3）加工过程的智能化与机器人化。为了提高激光材料加工的工作效率，智能化机器人已逐步得到应用。

（4）结合激光加工技术的3D打印正在全球迅速发展。

# 2 激光材料加工的技术基础

## 2.1 激光加工用激光器

尽管激光器的种类繁多，但适用于激光材料加工用的激光器还只有高功率 $CO_2$ 激光器和掺钕钇铝石榴石（YAG）激光器两种。据统计，在国际商用激光加工系统的产值中，$CO_2$ 激光加工系统约占三分之二，YAG 激光加工系统约占三分之一。近年来，随着高功率光纤激光器逐步走向成熟，光纤激光加工所占市场份额也越来越大。

### 2.1.1 高功率 $CO_2$ 激光器系统

$CO_2$ 激光器的重要特点是：（1）高功率，其最大连续输出功率已达 25kW。（2）高效率，其总效率为 10% 左右，比其他加工用激光器的效率高得多。（3）高光束质量，其模式较好且较稳定。这些优点都是激光加工所必需的。

#### 2.1.1.1 横向流动型 $CO_2$ 激光器

该激光器工作气体沿着与光轴垂直的方向快速流过放电区以维持腔内有较低的气体温度，从而保证有高功率输出。单位有效谐振腔长度的输出激光功率达 10kW/m，商用器件的最大功率可达 25kW。但其缺点是光束质量较差，在好的情况下可以得到低价模输出，否则为多模输出。这种类型的激光器广泛应用于材料的表面改性加工领域，如激光表面淬火、激光合金化、激光熔覆、激光表面非晶化等。

#### 2.1.1.2 快速轴流 $CO_2$ 激光器

快速轴流 $CO_2$ 激光器是由工作气体沿放电管轴向流动来实现冷却的，且气流方向同电场方向和激光方向一致，其气流速度一般大于 100m/s，有的甚至可以达到亚音速。其结构主要由细放电管、谐振腔、高压直流放电系统、高速风机（罗茨泵）、热交换器及气流管道等部分组成。该激光器的主要特点有：

（1）光束质量好（基模或 $TEM_{01}$ 模）。

（2）功率密度高。

（3）电光效率高，可达 26%。

(4) 结构紧凑。

(5) 可以连续和脉冲双制运行。

因此，这类激光器使用范围很广。

### 2.1.2　固体激光器系统

YAG 激光器的特点：

(1) 它输出的波长为 1.06μm，恰好比 $CO_2$ 激光波长 10.6μm 小一个数量级，因而其与金属的耦合效率高，加工性能良好（一台 800W 的 YAG 激光器的有效功率相当于 3kW 的 $CO_2$ 激光器的功率）。

(2) YAG 激光器能与光纤耦合，借助时间分割和功率分割多路系统能方便地将一束激光传输给多个工位或远距离工位，便于激光加工实现柔性化。

(3) YAG 激光器能以脉冲和连续两种方式工作，其脉冲输出可通过调 Q 和锁模技术获得短脉冲及超短脉冲，从而使其加工范围比 $CO_2$ 激光更大。

(4) 它结构紧凑、质量轻、使用简单可靠、维修要求较低，故其应用前景好。

固体激光器的基本结构如图 2-1 所示，包括激光工作物质、谐振腔、光泵铺灯和聚光腔。

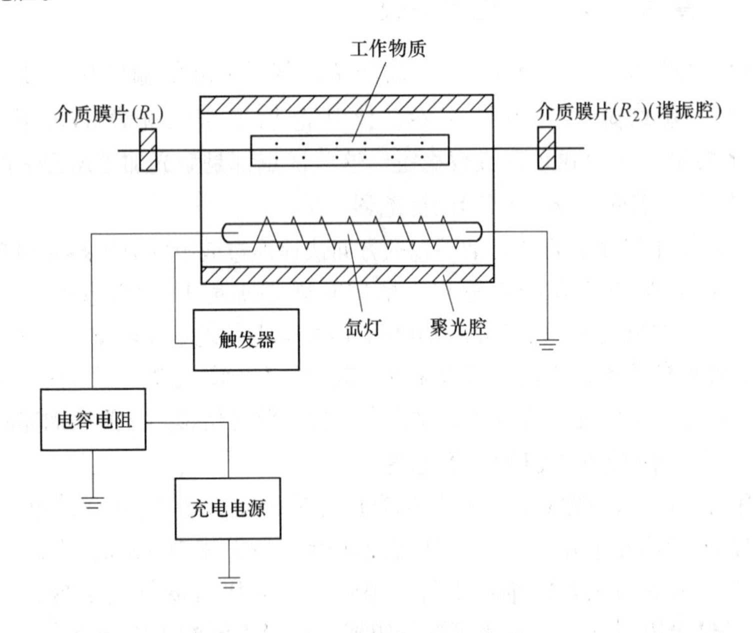


图 2-1　固体激光器的基本结构

#### 2.1.2.1　工作物质（激光棒）

工作物质有晶体和玻璃两大类：

（1）晶体：掺钕钇铝石榴石和红宝石晶体等。

（2）玻璃：钕玻璃。

工作物质应具有较高的荧光量子效率，较长的亚稳态寿命，较宽的吸收带和较大的吸收系数，较高的掺杂浓度及内损耗较小的基质，也就是说具有增益系数（$G(v)$）高，阈值（$\Delta N_{阈}$）低的特性。

激光工作物质还应具有光学均匀性和物理特性好的特点。即棒无杂质颗粒、气泡、裂纹、残余应力等缺陷。

由于 $Nd^{3+}$：YAG 具有荧光量子效率高、阈值低、热导率高等优点，是这三种固体激光器中唯一能够连续运转的激光器。

#### 2.1.2.2 谐振腔

激光谐振腔是由两块平面或球面反射镜按一定方案组合而成的。其中一个端面是全反射膜片，另一个端面是具有一定透过率的部分反射膜片。

谐振腔是决定激光输出功率、振荡模式、发散角等激光输出参数的重要光学器件。谐振腔膜片一般是通过在玻璃基片上镀多层介质膜得到的。每层介质膜的厚度为特定激光波长的1/4。介质膜的层数越多，发射率就越高。全反射膜片的介质膜一般有17～21层。

#### 2.1.2.3 泵浦灯

在固体激光器中，激光工作物质内的粒子数反转是通过光泵的抽运实现的。目前常用的为光泵源脉冲氙灯和连续氪灯。

#### 2.1.2.4 聚光腔

为了提高泵浦效率，使泵浦灯发出的光能有效地汇聚，并均匀地照射在棒上，可在激光棒和泵浦灯外增加一个聚光腔。早期聚光腔的常见形式有单、双椭圆腔、圆形腔、紧裹形腔。

#### 2.1.2.5 Q开关技术

为了压缩脉宽，提高峰值功率，在脉冲激光器中使用Q开关技术。

所谓Q开关技术，是指一种基于激光谐振腔的品质因数，Q值越高，激光振荡越容易，Q值越低，激光振荡越难的技术原理。即在光泵浦开始时，使谐振腔内的损耗增大，降低腔内Q值，让尽量多的低能态粒子抽运到高能态去，达到粒子数反转。由于Q值低，故不会产生激光振荡。当激光上能级粒子数达到最大值（饱和值）时，设法突然使腔的损耗变小，Q值突增，这时激光振荡迅速建立。

目前在激光加工中采用的有电光调Q、声光调Q、染料调Q、机械调Q等。但最多的是电光调Q和声光调Q。

### 2.1.3 准分子激光器系统

准分子指在激发态结合为分子、基态离解为原子的不稳定缔合物。工作物质有 XeCl、KrF、ArF 和 XeF 等气态物质。

激光波长属紫外波段，波长范围为 193 ~ 351nm，如 XeCl 为 308nm，KrF 为 248nm。准分子激光器的基本结构与 $CO_2$ 激光器相同。

目前准分子激光器主要为脉冲工作方式，商品化的平均功率为 100 ~ 200W，最高功率已达 750W。

### 2.1.4 光纤激光器

20 世纪 60 年代初，美国光学公司的（斯尼泽）Snitzer 首次提出光纤激光器的概念。进入 21 世纪后，高功率双包层光纤激光器的发展突飞猛进，最高输出功率记录在短时间内接连被打破，目前单纤输出功率（连续）已达到 6000W 以上。

光纤激光器种类很多，可按如下方式进行分类：

（1）按谐振腔结构分类：F-P 腔、环形腔、环路反射器光纤谐振腔以及“8”字形腔 DBR 光纤激光器、DFB 光纤激光器。

（2）按光纤结构分类：单包层光纤激光器、双包层光纤激光器。

（3）按增益介质分类：稀土类掺杂光纤激光器、非线性效应光纤激光器、单晶光纤激光器。

（4）按掺杂元素分类：掺铒（$Er^{3+}$）、钕（$Nd^{3+}$）、镨（$Pr^{3+}$）、铥（$Tm^{3+}$）、镱（$Yb^{3+}$）、钬（$Ho^{3+}$）。

（5）按输出波长分类：S-波段（1280 ~ 1350nm）、C-波段（1528 ~ 1565nm）、L-波段（1561 ~ 1620nm）。

（6）按输出激光分类：脉冲激光器、连续激光器。

光纤激光器近几年受到广泛关注，这是因为它具有其他激光器所无法比拟的优点，主要表现在：

（1）光纤激光器中，光纤既是激光介质又是光的导波介质，因此泵浦光的耦合效率相当的高，加之光纤激光器能方便地延长增益长度，以便使泵浦光充分吸收，从而使总的光-光转换效率超过 60%。

（2）光纤的几何形状具有很大的表面积/体积比，散热快，它的工作物质的热负荷相当小，能产生高亮度和高峰值功率，已达 140mW/cm。

（3）光纤激光器的体积小，结构简单，工作物质为柔性介质，可设计得相当小巧灵活，使用方便。

（4）作为激光介质的掺杂光纤，掺杂稀土离子和承受掺杂的基质具有相当多的可调参数和选择性，光纤激光器可在很宽的光谱范围内（455 ~ 3500nm）设计运行，加之玻璃光纤的荧光谱相当宽，插入适当的波长选择器即可得到可调谐光纤激光器，调谐范围已达 80nm。

（5）光纤激光器还容易实现单模，单频运转和超短脉冲。

（6）光纤激光器增益高，噪声小，光纤到光纤的耦合技术非常成熟，连接损耗小且增益与偏振无关。

（7）光纤激光器的光束质量好，具有较好的单色性、方向性和温度稳定性。

（8）光纤激光器所基于的硅光纤的工艺现在已经非常成熟，因此，可以制作出高精度，低损耗的光纤，大大降低激光器的成本。

由于光纤激光器具有上述优点，它在通信、军事、工业加工、医疗、光信息处理、全色显示、激光印刷等领域具有广阔的应用前景。

### 2.1.5 激光材料加工用其他激光器

在激光加工中，除了上述常用的 $CO_2$ 激光器、$Nd^{3+}$：YAC 激光器及准分子激光器外，另外还有 CO 激光器和铜蒸气激光器等。

CO 激光器的波长是 $CO_2$ 激光器波长的一半，因此，光束的聚焦特性和材料的吸收特性优于 $CO_2$ 激光器。例如 3kW CO 激光器的切割能力与 5kW $CO_2$ 激光器相同。$CO_2$ 激光器的最大功率可达 20kW，但商品化程度还很低。

另外，铜蒸气激光器是用于微细加工的一种激光器，它可用来作倍频 YAG 激光器的替代器件。其输出波长为 511 ~ 578nm 的可见光，脉宽为 20 ~ 60nm，重复频率在 2 ~ 32kHz 之间，目前实用器件的激光功率为 10 ~ 120W，大于 750W 的器件还在研究阶段。

### 2.1.6 正确选用材料加工用激光器

在实际加工中如何正确选用合宜的激光器，这是一个很重要的问题。

第一，要对目前工业激光器有较全面的了解。目前工业上激光加工用激光器的性能列于表 2-1。

**表 2-1 加工用激光器的主要性能**

| 性能 \ 激光器 | $CO_2$ 激光器 | CO 激光器 | YAG 激光器 | （KrF）准分子激光器 |
|---|---|---|---|---|
| 波长/μm | 10.6 | 5.4 | 1.06 | 0.249 |
| 光子能量/eV | 0.12 | 0.23 | 1.16 | 4.9 |
| 最高（平均）功率 | 25000 | 10000 | 1800 | 250 |
| 调制方式 | 气体放电 | 气体放电 | 光电调 Q<br>声光调 Q | 气体放电 |
| 脉冲功率/kW | $<10$ |  | $<10^3$ | $<2\times10^3$ |
| 脉冲频率/kHz | $<5$ | $<1$（闪光灯）<br>$<50$（声光调 Q） | $<1$ |  |

续表 2-1

| 性能＼激光器 | $CO_2$ 激光器 | CO 激光器 | YAG 激光器 | (KrF) 准分子激光器 |
|---|---|---|---|---|
| 模　式 | 基模或多模 |  | 多模 | 多模 |
| 发散角/mrad | 1～3 |  | 5～20 | 1～3 |
| 总效率/% | 12 | 8 | 3 | 2 |

第二，根据加工要求，合理决定被选用激光器的种类；重点考虑其输出激光波长、功率和模式。

第三，要考虑在生产现场的环境条件下运行的可靠性、调整和维修的方便性。

第四，投资和运行费用的比较。

第五，设备销售商的经济和技术实力，可信程度。

第六，设备易损件补充来源是否有保障，供应渠道是否畅通等。

## 2.2　激光材料加工成套设备系统

### 2.2.1　激光加工机床

若要完成激光加工操作，必须要有激光束与被加工工件之间的相对运动。在这一过程中，不但要求光斑相对工件按要求的轨迹运动，而且要求自始至终激光光轴要垂直于工件表面。

加工机床按用途可分为通用加工机和专用加工机。

### 2.2.2　激光加工成套设备系统及国内外主要厂家

激光加工成套设备系统包括激光发生器、冷水机组、数控系统、加工机床。这构成了激光加工柔性制造系统。

#### 2.2.2.1　国外主要厂家

国外主要厂家有：

(1) 德国：1) TRUMPF（通快）公司：以 $CO_2$ 和 YAG 激光成套设备为主；2) Rofin-sina 公司：以 $CO_2$、YAG、光纤、半导体激光器为主。

(2) 美国：1) PRC 激光公司：以 $CO_2$ 激光和固体激光器为主；2) 光谱物理公司：以固体激光器为主；相干公司：以小功率设备为主。

#### 2.2.2.2　国内主要生产厂家

国内主要生产厂家有：

（1）武汉奔腾-楚天激光技术有限公司：生产光纤激光切割成套设备和低功率固体和气体激光加工系统；

（2）武汉华工激光工程有限公司：生产高功率气体激光加工系统和固体激光器；

（3）深圳大族激光技术有限公司：生产高功率光纤激光加工成套设备以及高功率 $CO_2$ 激光加工成套设备；

（4）上海团结普瑞玛激光设备有限公司：生产高功率光纤激光加工成套设备以及高功率 $CO_2$ 激光加工成套设备。

## 2.3　激光材料加工用光学系统

### 2.3.1　激光器窗口

图 2-2 为谐振腔与窗口结构示意图。

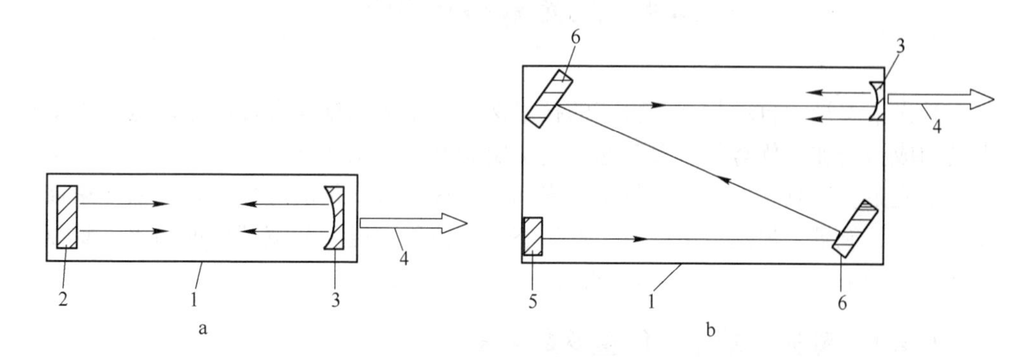


图 2-2　谐振腔与窗口结构示意图

a—谐振腔；b—窗口结构

1—谐振腔；2—全反射镜；3—耦合输出窗口；4—激光束；5—反射镜；6—转折镜

激光器窗口主要分为固体窗口和气动窗口两大类。根据常见的 $CO_2$ 激光器谐振腔结构及工作原理，其中固体窗口又分为激光耦合输出窗口和激光输出窗口。窗口又分为单折或单通道激光器谐振腔与窗口和多折或双通道激光器谐振腔与窗口。

以上由反射镜或转折镜与耦合输出窗口组成的谐振腔均属稳定腔结构，其中后腔全反射镜及转折镜大多由金属材料制成。前腔耦合输出窗口则利用红外光学材料为基底，通过镀膜做到一面部分反射参加耦合振荡，另一面达到全部输出激光。

### 2.3.2　导光聚焦系统及光学元部件（激光加工外围设备）

导光聚焦系统简称导光系统，它是将激光束传输到工件被加工部位的设备。

#### 2.3.2.1　激光传输与变化

目前，适用于生产的激光传输手段有光纤和反射镜两种。光纤多用于 YAG 激光器，传输距离可达 20m（≤400W），它是由光学玻璃或石英拉制成型。

反射镜多用于 $CO_2$ 激光器，其基本材料为铜、铝、钼、硅等，经光学镜面加工，在反射镜上镀高反射率膜，使激光损耗降至最低。

#### 2.3.2.2　光路及机械结构的合理设计

在光路设计中应尽可能减少反射镜的数量。

#### 2.3.2.3　各种类型的导光聚焦系统

激光束通过传输到工件表面前，必须使光束聚焦，并调整光斑尺寸使其达到所需的功率密度，才能满足不同类型工件加工的要求。

## 2.4　激光束参量测量

激光束参量、自动化加工机床的技术保证、工艺数据库合理可靠，这三大要素是构成激光加工优势的首要问题，它决定激光加工结果。

激光束参量测量的目的，就是用来判定光源光束质量的好坏。它包括光束波长、功率、能量、模式、束散角、偏振态、束位稳定度、脉宽及峰值功率、重复频率及平均输出功率等 9 个主要方面。

### 2.4.1　激光束功率、能量参数测量

功率、能量是激光束的主参量，它直接决定加工工艺的结果。激光束功率、能量测量是通过激光功率、能量计接收激光束，并显示其量值实现测量的。常用的激光功率、能量计主要分热电型、光电型两种。

### 2.4.2　激光束模式测量

#### 2.4.2.1　模式的识别和划分

激光束的空间形状是由激光器的谐振腔决定的，且在给定的边界条件下，通过解波动方程来决定谐振腔内的电磁场分布，在圆形对称腔中具有简单的横向电

磁场的空间形状。

正如前述，腔内的横向电磁场分布称为腔内横模，用 $TEM_{mn}$ 表示，其中，$m$，$n$ 为垂直光束平面上 $x$，$y$ 两个方向上的模序数。

$m$ 或 $n$ 的序数判断，习惯上以 $x$，$y$ 方向上能量（功率）分布曲线中谷（节点）的个数来定。那么，$m$ 序数就是 $x$ 方向趋近零的节点个数；$n$ 即为 $y$ 方向上趋近零的节点个数（见图 2-3）。

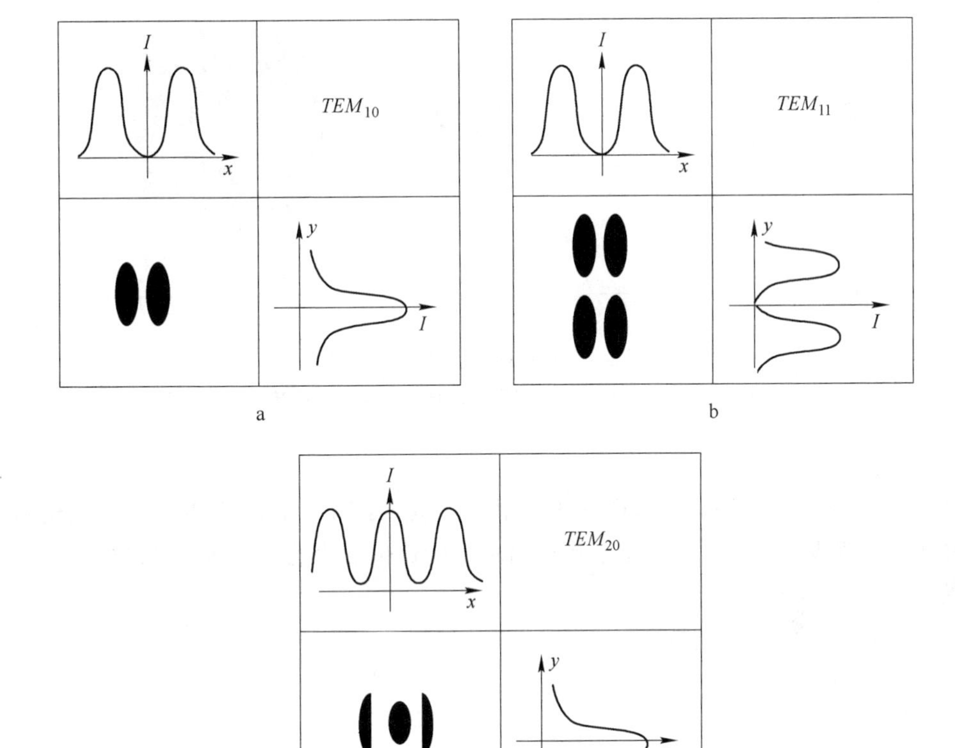


图 2-3 轴对称模

a—$TEM_{10}$；b—$TEM_{11}$；c—$TEM_{20}$

模式又可以分为平面对称和旋转对称。当图形以 $x$ 或 $y$ 轴为对称平面，就是轴对称。图 2-3 以及图 2-4 中的 a ~ d 均为轴对称；旋转对称是以图形中心为轴，旋转后图形可以得到重合，见图 2-4 中的 e ~ f。

### 2.4.2.2 激光加工中常用的模式

激光加工中的常用模式有：

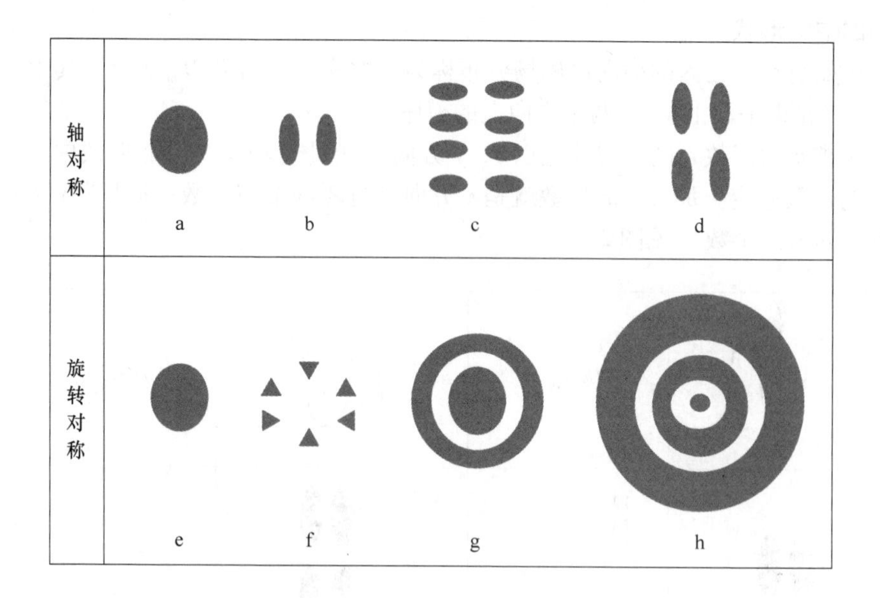


图 2-4　轴对称和旋转对称模式

a，e—$TEM_{00}$；b，g—$TEM_{10}$；c—$TEM_{13}$；d—$TEM_{11}$；f—$TEM_{03}$；h—$TEM_{20}$

（1）$TEM_{00}$基模。

（2）$TEM_{01}^{*}$单环模，也叫准基模。由虚共焦腔产生，或由 $TEM_{01}+TEM_{10}$模简并而成。为表明聚焦性能常给出环径占束径的比值。为区别 $TEM_{01}$对称模，单环模要用星号注别。

（3）$TEM_{01}$模。

（4）$TEM_{10}$模。

（5）$TEM_{20}$模。

（6）多模。多模分圆光斑和板条光斑两种。

#### 2.4.2.3　大功率激光束模式测量

（1）大功率激光束标准模式测量仪。

（2）几种适用的模式观测法：1）烧斑法；2）红外摄像法；3）紫外荧光暗影法。

### 2.4.3　激光束束宽、束散角及传播因子测量

#### 2.4.3.1　相关参量的符号和定义

相关参量的符号及定义为：

（1）束宽 $d_{\sigma x}$、$d_{\sigma y}$或束径 $d_{\sigma}$：$d_{\sigma x}(z)=4\sigma_{x}(z)$，$d_{\sigma y}(z)=4\sigma_{y}(z)$，$d_{\sigma}(z)=2\sqrt{2}\sigma(z)$。

（2）束腰位置 $z_o$ 或 $z_{ox}$、$z_{oy}$（非轴向对称）：光束光轴上束宽最小值的位置。

（3）腰径：$d_{\sigma o}$或腰宽：$d_{\sigma ox}$和 $d_{\sigma oy}$（非轴向对称光束）。

（4）束散角：（远场发散角）$\theta_\sigma$ 或 $\theta_{\sigma x}$和 $\theta_{\sigma y}$（非轴向对称光束）。

（5）光束传播因子：$K$ 或 $K_x$ 和 $K_y$（非轴向对称光束）。

$K$ 与腰径 $d_{\sigma o}$和束散角 $\theta_\sigma$ 的关系式为：

$$K = \frac{4\lambda_0}{\pi} \cdot n d_{\sigma o} \cdot \theta_\sigma$$

式中，$\lambda_0$ 为波长；$n$ 为折射比。

（6）束散角公式：$\theta_\sigma = \frac{4\lambda_0}{\pi d_{\sigma f}}$（$d_{\sigma f}$ 为聚焦光斑直径）。

#### 2.4.3.2 束径、束散角测量

（1）束径、束散角的测量具有以下重要性：

1）束径测量是实现准确测定光束束散角、传播因子的必要手段。束径实测的技术难点是测腰径 $d_{\sigma o}$。

2）束散角是激光束加工的重要参量。在设计激光谐振腔时，束散角成为必须考虑的几何参量。可以说束散角小模式趋于低价；多阶模则束散角必定大。所以，束散角小的转换含义就是加工时的聚焦光斑小，也容易实现聚焦。功率密度也高。这进一步说明束散角大小是关系加工效率和加工工艺好坏的重要参量。

（2）束径、腰位、束散角二阶矩测算法。若不考虑窗口镜片的热变形因素，平常所称正束散角的腰径大多是在谐振腔内，所称负束散角的腰径位置大多在腔外。

（3）束径、束腰、束散角直接测量法。本方法是通过可以分辨 0.01mm 束径的“标准束径测量仪”配合用长焦距聚焦器对光束进行人造束腰实现束散角的直接测量的。

### 2.4.4 激光束偏振态测量

激光是横向电磁波，它由互相垂直并与传播方向垂直的电振荡和磁振荡组成，如图 2-5 所示。

在电磁场中，电场矢量 **E** 的取向决定激光束的偏振方向。如果电矢量在同平面内振动，称为平面偏振光或叫线偏振光。激光是线偏振光，而自然光可看作是非偏振光。两束偏振面相互垂直的线偏振光叠加，当相位差固定时，则成为椭圆偏振光。加工用激光束多为椭圆偏振光。对有一定厚度的铁板用激光束切一个圆，会看到切缝正面为圆；背面为椭圆。为了避免激光束偏振对加工带来的影响，就要使上述两束光的强度相等，可通过使其位相差为 π/2 或 3π/2，这样就

得到圆偏振光。圆偏振激光束经任何固定点时，瞬时电场矢量的取向效应相同，具备非偏振光同等效应。这正是加工所需要的光束。

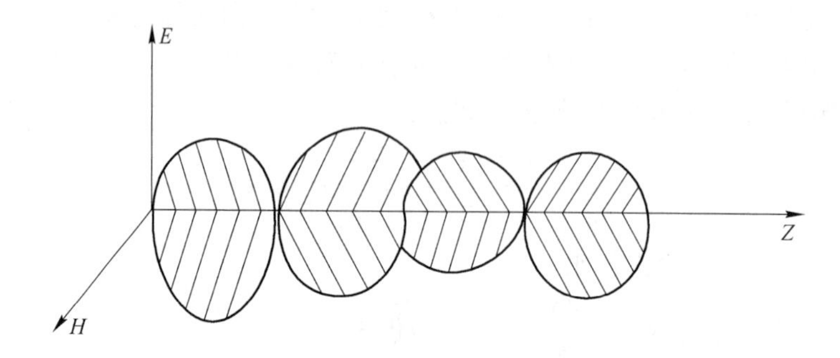


图 2-5　矢量 **E** 在 $X$ 平面内振荡；矢量 **H** 在 $Y$ 平面内振荡

激光的偏振状态对材料加工的效率与质量均有重大影响。材料对激光束的吸收比不仅由材料本身的光学性质决定，还与光束入射角和激光束的偏振状态有直接关系。

激光加工中遇到的偏振测量，基本基于两个方面：一个是对激光束偏振状态的测量；一个是对圆偏振镜的圆偏振性能检测。

激光束偏振状态测量用起偏器、检测器测量。

## 2.4.5　激光束的光束质量及质量因子 $M^2$ 的概念

激光束的光束质量是激光器输出特性中的一个重要指标参数。

1988 年，A. E. Siegman 利用无量纲的量——光束质量因子 $M^2$ 较科学合理地描述了激光束质量，并为国际标准组织（ISO）所采纳。

质量因子 $M^2$：

$$M^2 = \frac{\text{实际光束束腰宽度和远场发散角的乘积}}{\text{基模高斯光束束腰宽度和远场发散角的乘积}}$$

对于基模（$TEM_{00}$）高斯光束，有 $M^2=1$，光束质量好，实际光束 $M^2$ 均大于 1，表征了实际光束衍射极限的倍数。光束质量因子：

$$M^2 = \frac{\pi D_0 \theta}{4\lambda}$$

式中，$D_0$ 为实际光束束腰宽度；$\theta$ 为光束远场发散角。

$M^2$ 参数同时包含了远场和近场的特性，能够综合描述光束的品质，且具有通过理想介质传输变换时不变的重要性质。

# 3　激光与材料交互作用的理论基础

## 3.1　材料对激光吸收的一般规律

### 3.1.1　吸收系数与穿透深度

激光照射在材料表面，一部分能量被材料表面反射，其余部分进入材料内部后一部分被材料吸收，另一部分将透过材料。

入射的总激光能量

$$E_0 = E_r + E_a + E_t \tag{3-1}$$

式中　$E_r$——被材料表面反射的激光能量；

$E_a$——被材料吸收的激光能量；

$E_t$——透过材料后的激光能量。

按朗伯定律，进入材料内部的激光，随穿透距离的增加，光强按指数规律衰减，深入表层以下 $Z$ 处的光强：

$$I_{(Z)} = (1 - R)I_0 e^{-\alpha Z} \tag{3-2}$$

式中　$R$——材料表面对激光的反射率；

$I_0$——入射激光的强度；

$(1-R)I_0$——表面（$Z=0$）处的透穿光强；

$\alpha$——材料的吸收系数，$cm^{-1}$。

$\alpha$ 对应的材料特征值是吸收指数 $K$，两者之间的关系为：

$$\alpha = 4\pi K/\lambda \tag{3-3}$$

吸收指数 $K$ 是材料的复折射率 $n_c$ 的虚部，即：

$$n_c = n + iK \tag{3-4}$$

可见 $\alpha$ 除与材料的种类有关外，同时还与激光的波长有关。例如 GaAs 对于可见光是不透明的，但对于 $CO_2$ 激光器和 Nd：YAG 激光器输出的红外光则是透明的，将 $\alpha$ 与 $\lambda$ 有关的这种吸收称为选择吸收。

如果把光强降至 $I_0/e$ 时，激光所透过的距离定义为穿透深度，则有：

$$l_\alpha = \frac{\lambda}{4\pi K} \tag{3-5}$$

由式（3-5）可知，（1）在弱吸收材料中，激光束穿过材料的厚度通常小于深度，材料中能量的吸收将取决于材料的厚度；（2）在强吸收材料中，如金属，$K$ 大于 1，穿透深度小于激光波长。除了极薄的箔之外，穿透深度远远小于材料的深度。穿透到材料中的激光能量完全被吸收，吸收与材料的厚度无关。

### 3.1.2　激光垂直入射时的反射率和吸收率

光学薄膜材料，如空气或材料加工时的保护气氛（其折射率接近于 1），具有折射率为 $n_c = n + iK$ 的材料的垂直入射光，在界面处的反射率为：

$$R = \left| \frac{n_c - 1}{n_c + 1} \right|^2 = \frac{(n-1)^2 + K^2}{(n+1)^2 + K^2} \tag{3-6}$$

反射率描述了入射光功率（能量）被反射的部分。在没有透射的情况下（$E_t = 0$），被材料吸收的激光功率部分可以通过 $R$ 求得，即：

$$A = 1 - R = \frac{4n}{(n+1)^2 + K^2} \tag{3-7}$$

但是，如果材料的厚度小于穿透深度或处于穿透深度的数量级，则不能通过式（3-7）计算吸收率，因为吸收率与光束的路径有关。在这种情况下，使用材料的吸收率和反射率系数更合适。

### 3.1.3　吸收率与激光束的偏振和入射角的依赖关系

激光束垂直入射时，吸收率与激光束的偏振无关。但是当激光束倾斜入射时，偏振对吸收的影响变得非常重要。

按平面的法线测量，在某一入射角为 $\theta$ 时，假设 $\theta \leqslant 90°$，且

$$n^2 + K^2 \gg 1 \tag{3-8}$$

则偏振方向平行于入射角的线偏振光和垂直于入射面的线偏振光在材料表面的反射率分别为：

$$R_p(\theta) = \frac{(n^2 + K^2)\cos^2\theta - 2n\cos\theta + 1}{(n^2 + K^2)\cos^2\theta + 2n\cos\theta + 1} \tag{3-9}$$

$$R_v(\theta) = \frac{(n^2 + K^2) - 2n\cos\theta + \cos^2\theta}{(n^2 + K^2) + 2n\cos\theta + \cos^2\theta} \tag{3-10}$$

对非透明的材料而言，吸收率与偏振和角度的依赖关系为：

$$A_p(\theta) = 1 - R_p(\theta) = \frac{4n\cos\theta}{(n^2 + K^2)\cos^2\theta + 2n\cos\theta + 1} \tag{3-11}$$

$$A_v(\theta)=1-R_v(\theta)=\frac{4n\cos\theta}{(n^2+K^2)+2n\cos\theta+\cos^2\theta} \quad (3\text{-}12)$$

图3-1为非透明材料吸收率与偏振和入射角依赖关系，即式（3-12）的图解表示。对于平行偏振光，吸收率与入射角的依赖关系表现为在布儒斯特角时吸收率具有最大值，而在0°和90°时有最小值，垂直偏振光则相反，随入射角的增大，吸收率持续下降。

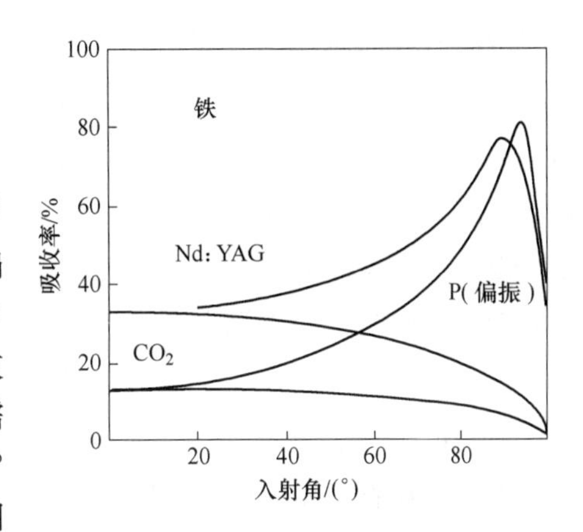


图3-1 吸收率与偏振及入射角的依赖关系

## 3.2 激光束与金属材料的交互作用

激光束与金属材料交互作用所引发的能量传递与转换，以及材料化学成分和物理特征的变化是进行激光热处理的基础。

### 3.2.1 交互作用的物理过程

研究交互作用物理过程的目的是为了说明高能束热处理时，高能束将光能或电能传递给材料及其转化为热能的规律。激光束照射金属材料时，其能量转化仍要遵循能量守衡法则，即：

$$E_0=E_r+E_t+E_a \quad (3\text{-}13)$$

金属材料对激光束而言，是束流不能穿透的材料，其 $E_t=0$，将式（3-13）分别除以 $E_0$，则金属材料的能量转化式为：

$$1=(E_r/E_0)+(E_t/E_0)=R+\alpha \quad (3\text{-}14)$$

由式（3-14）可见，高能束粒子照射金属材料时，其入射能量 $E_0$ 最终分解为两部分：一部分被金属反射掉，另一部分则被金属表面吸收。

当金属材料表面吸收了外来的能量后，将形成晶格点阵结点的原子激活，进而使激光束转化为热能，并向表层内部进行热传导和热扩散，以完成表面加热过程。当激光照射到金属材料时，其能量分解为两部分：一部分被金属反射，另一部分被金属吸收。对于各向异性的均匀物质来说，光强 $I$ 的入射激光通过厚度为

d$x$的薄层后，其激光强度的相对减小量为 d$I/I$，d$I/I$ 与吸收层厚度 d$x$ 成正比：

$$dI/I \propto dx$$

即

$$dI/I = \alpha dx \tag{3-15}$$

式中，$\alpha$ 为光的吸收系数。

设入射到表面的激光强度为 $I_0$，将式（3-15）从 0 到 $x$ 积分，即可得到激光入射到距表面为 $x$ 的激光强度 $I$：

$$I = I_0 e^{-\alpha x} \tag{3-16}$$

上式说明：

第一，随着激光入射到材料内部深度的增加，激光强度将以几何级数减弱。

第二，激光通过厚度为 $1/\alpha$ 的物质后，其强度减少到 $I_0/e$，这说明材料吸收激光的能力取决于吸收系数 $\alpha$ 的数值。

$\alpha$ 除取决于不同材料的特性外，还与激光的波长、材料的温度和表面状况等有关。

表 3-1 是材料吸收率与不同激光器（波长）的关系。

**表 3-1 材料吸收率与激光器波长的关系**

| 激光器 / 材料 | $A_r^+$ $\lambda=448$nm | 红宝石 $\lambda=694$nm | YAG $\lambda=1.06\mu m$ | $CO_2$ $\lambda=10.6\mu m$ |
|---|---|---|---|---|
| Al | 0.09 | 0.11 | 0.08 | 0.019 |
| Cu | 0.56 | 0.17 | 0.10 | 0.015 |
| Au | 0.58 | 0.07 | 0.053 | 0.017 |
| Fe | 0.68 | 0.64 | 0.35 | 0.035 |
| Ni | 0.58 | 0.32 | 0.26 | 0.03 |
| Pt | 0.21 | 0.15 | 0.11 | 0.036 |
| Ag | 0.05 | 0.04 | 0.04 | 0.014 |
| Sn | 0.20 | 0.18 | 0.19 | 0.034 |
| Ti | 0.48 | 0.45 | 0.42 | 0.08 |
| W | 0.55 | 0.50 | 0.41 | 0.026 |
| Zn | — | — | 0.16 | 0.027 |

由表 3-1 可知，波长越短，吸收率越高。故进行钢铁零件的激光淬火时，采用波长为 10.6μm$CO_2$ 的激光，因其吸收率低，需要对表面进行预处理，以提高吸收率。而采用 10.6μm 的 YAG 激光，则因吸收率高而不进行表面预处理。材料对激光的吸收率随温度而发生变化，变化趋势随温度升高，吸收率增大。在室温时，吸收率很小；接近熔点时，其吸收率将升高至40% ~50%；如果温度接近

沸点，其吸收率高达90%。并且激光输出功率越大，金属的吸收率越高。

金属的吸收率 $\alpha$ 与激光波长 $\lambda$、金属的直流电阻率 $\rho$ 存在如下关系式：

$$\alpha = 0.365\sqrt{\rho/\lambda} \tag{3-17}$$

又因 $\rho$ 值随温度升高而升高，故 $\alpha$ 与温度 $T$ 之间存在如下线性关系：

$$\alpha(\lambda) = \alpha(20℃) \times [1 + \beta(T - 20)℃] \tag{3-18}$$

式中，$\beta$ 为常数。

以上有关温度的影响是在真空条件下建立的，实际上，在空气中进行激光处理，由于金属随温度升高，其表面氧化加重也会增大激光的吸收率。

材料表面状态对激光吸收率的影响是表面粗糙度愈大，其吸收率愈大。

### 3.2.2　固态交互过程

激光束与金属材料之间的固态交互作用主要以热作用为主。激光光子的能量向固体金属的传输或迁移过程就是固体金属对激光光子的吸收和被加热的过程。由于激光光子的吸收而产生的热效应即为激光的热作用。

对固体金属而言，其晶体点阵是由金属键结合而成的，当激光光子入射到金属晶体上，且入射激光的强度不超过一定阈值时，即不完全破坏金属晶体结构时，入射到金属晶体中的激光光子将与公有化电子发生非弹性碰撞，使光子被电子吸收。金属材料中质量为 $M_2$ 的原子，在与载能光子碰撞之前其能量为 $E_2$ 可近似认为等于零。在外来光子的碰撞下，它可以获得的最大能量为：

$$E_2(\max) = E_1\frac{4M_1M_2}{(M_1 + M_2)^2} \tag{3-19}$$

式中，$E_1$ 为光子的能量，$M_1$ 为光子的质量。由此可确定原子中的电子吸收光子后，其能量的变化情况。由于激光光束同一状态的光子数高达 $10^{17}$，即在一个量子状态里有 $10^{17}$ 个光子，故一个原子受到众多光子的作用，式（3-19）应当考虑其积分效应。

对于大多数金属而言，金属直接吸收光子的深度都小于0.1μm，吸收了光子处于高能态的电子强化了晶格的热振荡，使金属表层温度迅速增加，并以此热量向材料表面下方传热。这就完成了光的吸收并转换为热，向内部传输的过程。对于光子的吸收及其转化为热过程大约在 $10^{-11} \sim 10^{-10}$s 的时间间隔内完成。而热向基体内部的传输或传导时间取决于激光与金属的交互作用时间的长短，大约 $10^{-3} \sim 10^{0}$s 之间。

在激光束与固体金属的交互作用过程中，只要激光或电子束的有效功率密度 $q$ 不大于某一阈值，则可利用这种热作用，对具有马氏体型相变过程的金属材料实施相变硬化处理。

### 3.2.3　液态交互作用

当激光照射金属，只要能量密度足够高且激光作用时间足够长，激光作用区表面吸收的光能转换成热能必将超过材料的熔化潜热，使表面处于液体状态。同时高温度液体通过液-固界面将热量传递给相邻的固体，使固体温度升高并形成相应的温度梯度，一旦激光停止照射，取决于熔池的寿命，其液-固界面将相应地向固体方向推移一定的距离，直至熔化区凝固。显然，只要激光的入射能量超过液体的反应能量，并且其作用时间不断的延长，则液-固界面就向固体的深度和宽度方向扩展，而使液体区域不断扩大。

激光与液体金属相互作用时，仍然有激光的反射与吸收。与固体金属相比，液体金属的吸收率明显提高，几乎是全吸收。

### 3.2.4　气态的交互作用

激光与气态材料的交互作用主要是指物理气相反应和光化学气相反应。

激光本质也是一种电磁波，多年来对电磁场与气体相互作用已有广泛的研究。当激光照射气体介质时，仍将具有普通光与气体相互作用的一般特性。如激光的反射、折射、吸收、衍射、干涉等。在多种激光热处理工艺中，激光合金化、熔覆，特别是激光化学气相沉积等工艺均涉及激光与气态交互作用的问题，它主要在两方面：第一，激光加热金属时，一旦在激光作用区域形成等离子体，由于它对激光吸收有屏蔽作用，将降低激光功率的有效利用率和影响工艺质量。第二，要弄清气体对激光的吸收率。只有能够吸收激光的气体才能够发生光化学反应。否则，不能实现激光化学气相沉积的工艺目的。

### 3.2.5　激光诱导等离子体现象

在强激光的作用下，首先是固体表面温度升高。当表面向内部传递的热量远低于表层的含热量时，表层温度将继续升高至开始蒸发（升华）。从开始蒸发这一瞬间开始，表面层的温度将由蒸发机制来控制，内层热扩散不再起显著作用。此后不断地形成蒸汽。不同物质形成蒸汽的最小激光能量 $E_{最小}$ 是不同的。对于金属类物质来说，其 $E_{最小}=10^6 W/cm^2$。当激光能量密度 $E_{最小}$，而且光子能量不足以使蒸汽击穿电离化，则蒸汽对激光束来说可视为一种透明物质。随激光作用的不断继续进行，整个蒸发过程可以看成是蒸汽波阵面的变化，类似燃烧过程，所以，形成等离子体的条件是激光光子的能量足以击穿蒸汽使之电离，即形成蒸汽并被击穿形成等离子体是一个连续的过程。一旦形成了等离子体，要使它维持离子态，只需要入射激光强度不低于引发该物质形成等离子体的激光强度。等离子体形成以后，继续激光作用，等离子体将吸收激光而升温，升温到一定程度，等离子体中将出现电子热传导性。这时，等离子体的温度、密度和等离子体速度将出现再分布。

## 3.3　激光束作用下的传热与传质

### 3.3.1　传热过程

#### 3.3.1.1　固态传热过程

当采用激光束进行热处理时，可以把金属表面的吸收层视为一个表面热源。在表面不熔化的条件下，表面热源通过固体传热机制向基体内部传递热能，使基体材料被加热。本节所讨论的传热过程实际上就是讨论固体传热过程。

在建立固体传热过程之前，首先假定：

（1）材料为一维半无限大固体；

（2）作用功率为常数；

（3）冷却仅依靠导热进行；

（4）忽略相变潜热对温度场的影响；

（5）热物理参数均不随温度变化。

利用 H. S. Carslaw 等人提出的传热模型，即满足经典的 Fourier 热传导方程的固态传热方程，给出激光束加热的微分方程为：

$$c_p \cdot \rho \cdot \frac{\partial T(x,t)}{\partial t} = \lambda \frac{\partial^2 T(x,t)}{\partial x^2} + g(x,t) \tag{3-20}$$

式中，$\rho$ 为材料的密度；$\lambda$ 为热导率；$c_p$ 为质量定压热容；$\alpha$ 为热扩散系数（$\alpha = \frac{\lambda}{\rho \cdot c_p}$）；$g(x,\ t)$ 为输入热流的表达式，可进一步表示为：

$$g(x,t) = q_0 \cdot \delta(x) \cdot H(\tau - t)$$

式中，$q_0$ 为有效载能束的功率密度；$\tau$为能束与金属表面作用的总时间；$\delta(x)$为 delta 函数；$H(\tau - t)$为 Heavicide 函数。

$\delta(x)$函数的引入表明能束作用时，仅在材料表面存在一个表面热源。而$H(\tau - t)$函数的引入表明当能束的加热时间小于预定的总时间$\tau$时，材料表面存在一个加热源。

利用积分变换，可以解出式（3-20）。则一维瞬态温度场的数字描述为：

加热过程：

$$T_h(x,t) = \frac{q_0}{\lambda}\left[\sqrt{\frac{4\alpha t}{\pi}}\exp\left(-\frac{x^2}{4\alpha t}\right) - x\mathrm{erfc}\left(\frac{x}{4\sqrt{at}}\right)\right] + T_0 \tag{3-21}$$

冷却过程：

$$T_C(x,t) = T_h(x,t) - \frac{q_0}{\lambda}\left[\sqrt{\frac{4\alpha\gamma}{\pi}}\exp\left(-\frac{x^2}{4\alpha\gamma}\right) - x\mathrm{erfc}\left(\frac{x}{2\sqrt{\alpha\gamma}}\right)\right] + T_0 \quad (3\text{-}22)$$

式中，$\mathrm{erf}(x)$ 为误差函数，$\mathrm{erf}(x) = \frac{2}{\sqrt{\pi}}\int_0^x e^{-\mu^2}d\mu$；$\mathrm{erfc}(x)$ 为余项误差函数，$\mathrm{erfc}(x) = 1 - \mathrm{erf}(x)$；$T_0$ 为基材温度；$\gamma$ 为冷却时间，$\gamma = T - \tau$。

由式（3-21）可得，令 $x=0$，可以得到表面温度 $T_{\mathrm{sarf}}$ 的表达式：

$$T_{\mathrm{sarf}} = \frac{q_0}{\lambda}\left(\frac{4\alpha t}{\pi}\right)^{1/2} + T_0 \quad (3\text{-}23)$$

由式（3-23）可推出在高能束作用下金属表面不熔化的最大允许功率密度为：

$$q_0' = \frac{0.886 \cdot \lambda \cdot T_m}{\sqrt{\alpha t}} \quad (3\text{-}24)$$

相应地，金属表面能够淬火强化的最低功率密度为：

$$q_0'' = \frac{0.886 \cdot \lambda \cdot A_c}{\sqrt{\chi t}} \quad (3\text{-}25)$$

式（3-24）和式（3-25）可以用来确定特定材料的临界高能束功率密度。在高能束淬火时，总是希望高能束的有效功率密度 $q$ 在 $q'' < q < q'$ 之间。

同理可以得到金属表面不熔化的最长加热时间：

$$\tau_c' = \frac{0.785 \cdot T_m^2 \cdot \lambda^2}{q_0^2 \cdot \alpha} \quad (3\text{-}26)$$

相应地，可以得到金属表面能够淬火的最低加热时间：

$$\tau_c'' = \frac{0.785 \cdot A_c^2 \cdot \lambda^2}{q_0^2 \cdot \alpha}$$

式中，$q_0'$、$q_0''$、$\tau_c'$、$\tau_c''$ 给出了工艺参数的设计依据，由此可以设计能束功率 $P$，扫描速度，束斑 $D$ 的取值范围。工艺参数间的关系为

$$q_0 = \frac{4P}{\pi D^2} \qquad \tau = \frac{D}{V}$$

对于高能束固态强化而言，$q_0$ 和 $\tau$ 是两个极重要的工艺指标。

对式（3-21）做进一步分析，首先引入余误差函数的一次积分表达式：

$$i\mathrm{erfc}(x) = \frac{1}{\sqrt{\pi}}\exp(-x^2) - x[\mathrm{erfc}(x)]$$

则式（3-21）可改写成：

$$T(x,t) = \frac{q_0\sqrt{4\alpha t}}{\lambda} \cdot i\mathrm{erfc}\left(\frac{x}{\sqrt{4\alpha t}}\right) + T_0 \quad (3\text{-}27)$$

因为
$$ierfc(0) = \frac{1}{\sqrt{\pi}}$$

所以
$$T(0,t) = \frac{q_0}{\lambda}\sqrt{\frac{4\alpha t}{\pi}}$$

则
$$\frac{T(x,t)}{T(0,t)} = \sqrt{\pi}ierfc\left(\frac{x}{4\alpha t}\right) \tag{3-28}$$

令高能束的固态相变硬化深度为 $Z$，且有

$$T(0,t) = T_m, T(z,t) = A_c，故$$

$$\frac{A_m}{T_m} = \sqrt{\pi}ierfc\left(\frac{z}{\sqrt{4\alpha t}}\right) \tag{3-29}$$

由于余误差函数可以通过查相关的函数表求得，则：

$$Z = M_1 \cdot t^{1/2} \tag{3-30}$$

式中，$M_1$ 为一个由材料的加热温度和其扩散率综合决定的参数。

式（3-30）揭示了对高能束固态加热具有实际意义的规律，即当被处理工件用激光或电子辐射时，离表面 $Z$ 深处的温度达到了相变下限温度时，高能束的淬硬深度 $Z$ 和其作用时间的平方根成比例关系。

如果将 $q_0 = \frac{4P}{\pi D^2}$代入式（3-26）和式（3-27）则

$$T(0,t) - T(x,t) = \frac{8\sqrt{\alpha t}P}{\pi D^2\lambda}\left[\frac{1}{\sqrt{\pi}} - ierfc\left(\frac{x}{\sqrt{4\alpha t}}\right)\right]$$

将式（3-28）代入上式，则下式成立：

$$T(0,t) - T(x,t) = \frac{8\sqrt{\alpha t}P}{\pi D^2\lambda}\left[\frac{1}{\sqrt{\pi}} - \frac{1}{\sqrt{\pi}}\left(\frac{T(0,t)}{T(x,t)}\right)\right]$$

即
$$\frac{pt^{1/2}}{D^2} = \frac{< T(0,t) - T(x,t) > \cdot \pi^{3/2} \cdot \lambda}{8\sqrt{\alpha} < 1 - T(x,t)/T(0,t) >}$$

令 $T(0,t) = T_m$，$T(x,t) = A_c$，则

$$\frac{p \cdot t^{1/2}}{D^2} = \frac{(T_m - A_c) \cdot \pi^{3/2} \cdot \lambda}{8\sqrt{\alpha}(1 - A_c/T_m)} \tag{3-31}$$

从式（3-31）可以看出，$P$、$D$、$\tau$或者 $V$ 之间是相互制约的。其综合作用决定了能束加热的温度和深度。将式（3-31）稍加变换，可得到能束功率密度和作用时间的关系。

$$q_0 \cdot t^{1/2} = \sqrt{\frac{\pi}{4\alpha}} \cdot \frac{\lambda(T_m - A_c)}{1 - A_c/T_m} \tag{3-32}$$

上式又揭示了一个在高能束热处理中具有实际意义的规律，即高能束热处理的 $q_0$ 与其作用时间 $\tau$ 的平方根成反比。这说明高能束作用的功率密度越大，其淬硬深度越深。

注意：以上全部分析与讨论是基于一维半无限大的固体发生固态相变。对于尺寸较小或高能束处理工件的边缘和棱角时，如刀具、冲裁模、丝杆、凸轮轴等，一维半无限大模型失效。

对于高能束作用下的温度场的求解，已有了众多的研究成果。下面简要讨论一下高能束作用下的温度场特征。

（1）沿层深的温度分布及其变换。由表→里，$T\downarrow$，当 $T_{\mathrm{sarf}}\downarrow$，其次表层的温度还继续升高。这反映出高能束处理过程中热量由表到里的滞后传递。材料的传热系数越小，这种滞后效应越明显。

（2）沿扫描方向上的温度分布及其变化。当激光束以恒定速度扫描运动时，表面的最高峰值温度不是在光束的中心位置，而是偏离了中心一定距离，其偏离程度随光束的扫描速度的增加而增加。前侧的温度梯度相对较低，而后侧的温度梯度则变陡，即冷却速度大，显然，激光的扫描速度越快，其基体的冷却速度越大。

当束斑直径较小时，例如1mm，则视为点热源，当直径较大时，例如4mm，则处理为面热源，且面热源的作用区截面内的等温线曲率较小，$Z$ 方向的传热大于 $Y$ 方向的，故可处理成沿垂直方向的一维传热。

#### 3.3.1.2　液态传热过程

在金属熔池内存在熔体的对流运动，即存在 Marangoni 效应，在金属熔化过程中，这种效应为一种瞬态效应。其流体的运动是非常稳定的。从某种意思上讲，研究高能束作用下的熔体传热过程实际上是研究熔体的流动过程。

总的来说，金属熔体的自由表面（interface of solid phase and vapouring phase）的表面张力是其熔体成分和温度的函数，即：

$$\theta = \theta_0 - ST \tag{3-33}$$

恒压条件下：

$$T\mathrm{d}s = c_p\mathrm{d}T \tag{3-34}$$

得

$$\frac{\partial\sigma}{\partial T} = -S - T\frac{d_{\mathrm{s}}}{d_{\mathrm{T}}} \tag{3-35}$$

$$\frac{\partial\sigma}{\partial T} = -S - c_{\mathrm{p}} \tag{3-36}$$

又因为

$$\int_{s_0}^{s}\mathrm{d}s = \int_{T_0}^{T}c_p\cdot\frac{\mathrm{d}T}{T} \tag{3-37}$$

所以

$$S = c_p\cdot\ln T/T_0 + S_0 \tag{3-38}$$

又因为
$$\frac{\partial\sigma}{\partial x}=\frac{\partial\sigma}{2T}\cdot\frac{2T}{\partial x} \tag{3-39}$$

如果忽略 $S_0$，则有：

$$\frac{\partial\sigma}{\partial x}=-c_p(1+\ln T/T_0)\frac{\partial T}{\partial x} \tag{3-40}$$

式中，$\sigma$ 为表面张力值；$S$ 为表面熵；$S_0$ 和 $\sigma_0$ 分别为固体刚熔化时（$T_0=T_m$）的表面熵值和表面张力值；$c_p$ 为比热容；$T$ 为融池表面的加热温度。

对金属熔体，其表面张力场的分布规律为炉池中心表面附近的表面张力值最低，而炉池边缘附近的表面张力值较高。

在激光束作用下的金属熔池的表面存在表面张力梯度。正是这个表面张力梯度构成了金属熔体流动的主要驱动力。

在激光束与金属材料相互作用的有效功率密度小于 $10^6$W/cm$^2$ 时，金属熔池内的传热和传质主要是由表面张力梯度和浮力能所导致的对流运动决定的。实质上，它们是由连续方程、能量方程和运动方程，再加上其特定的边界条件共同决定的。

利用笛卡尔坐标系统，根据流体力学原理，激光作用下的熔体传热模型为：

$$\frac{\partial T}{\partial t}+\left(u\frac{\partial T}{\partial X}+v\frac{\partial T}{\partial Y}+w\frac{\partial T}{\partial Z}\right)=K\nabla^2 T \tag{3-41}$$

式（3-41）为熔体运动的能量方程，相应地，其连续方程和运动方程分别为：

连续方程：
$$\frac{\partial U}{\partial X}+\frac{\partial V}{\partial Y}+\frac{\partial W}{\partial Z}=0 \tag{3-42}$$

$$\boldsymbol{u}=u\boldsymbol{i}+v\boldsymbol{j}+w\boldsymbol{k}$$

运动方程：
$$\frac{\partial U}{\partial t}+\left(u\frac{\partial U}{\partial X}+v\frac{\partial U}{\partial Y}+w\frac{\partial U}{\partial Z}\right)=-\frac{1}{P}\cdot\frac{\partial P}{\partial X}+\gamma\nabla^2 u$$

$$\frac{\partial V}{\partial t}+\left(u\frac{\partial V}{\partial X}+v\frac{\partial V}{\partial Y}+w\frac{\partial V}{\partial Z}\right)=-\frac{1}{P}\cdot\frac{\partial P}{\partial Y}+\gamma\nabla^2 v$$

$$\frac{\partial W}{\partial t}+\left(u\frac{\partial W}{\partial X}+v\frac{\partial W}{\partial Y}+w\frac{\partial W}{\partial Z}\right)=-\frac{1}{P}\cdot\frac{\partial P}{\partial Y}+\gamma\nabla^2 w$$

为了求解上述方程组，组建相应的边界条件。对于平面而言，其边界条件为：

$$Y=0$$

$$V=0$$

$$U\frac{\partial U}{\partial Y} = -\frac{\partial T}{\partial X}\cdot\frac{\partial V}{\partial T} \tag{3-43}$$

$$U\frac{\partial W}{\partial Y} = -\frac{\partial T}{\partial Z}\cdot\frac{\partial V}{\partial T}$$

由上式可知，熔体的温度梯度 $\frac{\partial T}{\partial X}$、$\frac{\partial T}{\partial Z}$ 或表面张力的温度系数 $\frac{\partial \theta}{\partial T}$，材料的黏度 $r$、$\mu$ 及 $\rho$ 都将影响熔体的能量传递特征。

上述方程组中各字母的物理意义见表 3-2 所列。

**表 3-2 传热模型中各字母的物理含义**

| 字 母 | 单 位 | 含 义 |
|---|---|---|
| $\boldsymbol{\mu}$ | mm/s | 速度矢量 |
| $\mu$ | mm/s | $\mu$ 的 $X$ 分量 |
| $\nu$ | mm/s | $\mu$ 的 $Y$ 分量 |
| $\omega$ | mm/s | $\mu$ 的 $Z$ 分量 |
| $\boldsymbol{i}$、$\boldsymbol{j}$、$\boldsymbol{k}$ | | 在坐标系中，$X$、$Y$、$Z$ 的单位矢量 |
| $\nabla^2$ | | laplacion 算子 |
| $\rho$ | kg/m³ | 密 度 |
| $p$ | N/m³ | 压 力 |
| $R$ | m²/s | 运动黏度 |
| $\mu$ | Pa · s | 黏 度 |
| $K$ | m²/s | 热扩散率 |
| $\frac{\partial \sigma}{\partial T}$ | N/(m · K) | 表面张力的温度系数 |
| $t$ | s | 时 间 |
| $T$ | K | 热力学温度 |

A 二维模型

C. Chan 和 J. Mazumder 最早建立了激光作用下，金属熔池的瞬态二维流动模型。其解题技巧是利用流体力学中无因次量纲参数。如 Pecler 数、Prandtl 数和表面张力数等简化传热方程组。同时利用 SDLA 程序进行计算。由二维传热模型可以得出若干具有指导意义的结论：

（1）熔池内的冷却速度的分布是不均匀的，其值是变化的，且在其他工艺参数恒定的情况下激光的辐射时间愈短，其冷却速度的变化幅度愈大。

（2）熔池的集合形态随 Prandtl 数，即不同材料的成分变化而变化。

（3）在熔池表面上的熔体流动速度比激光的扫描速度高一到二个数量级。

上述解没有考虑熔化潜热的影响。

一般而言，二维瞬态传热模型可以较好地描述脉冲激光和脉冲电子束作用下的传热过程。

B 三维模型

建立熔池的三维模型有助于人们全面深刻地理解连续激光作用下熔体的传热过程。基于熔池表面的表面张力和熔池内浮力的综合作用。S. Kou 建立了激光熔池的三维模型。目前在其解的过程中，为了简化其计算，人们往往还是引入了若干假设，从而使三维模型二维化。

三维模型了解发现：在熔池的表面，其温度梯度具有不同的三个领域：

（1）在熔池中心区域，其温度梯度近似为零；

（2）沿熔池中心向外，其温度梯度逐渐增大，然后下降；

（3）在熔池边缘附近，其温度梯度再次增大。表面张力梯度驱动的熔体流动传热在上述第二个区域内占主导，它倾向使熔池的表面温度趋于一致。

另一方面，三维模型的解同样得出冷却速度或温度梯度在熔池内是变化的结论。规律为：在熔池的中心冷却速度最大，在熔池的边缘冷却速度甚小，在熔池的表面冷却速度极大而在熔池的底部冷却速度极小。

#### 3.3.1.3 熔池边界的传热过程

从图 3-2 可知，当 $t_0=0$ 时，则 S-L 界面的位置在 $Z_0$ 处，其温度梯度极限（曲线Ⅰ）。在 $t_1$ 时刻，其温度曲线变成Ⅱ。根据能量守恒定理，其 S-L 界面必然向 $+Z$ 方向移动，则 $Z > Z_0$。在 $t_2$ 时刻，其温度曲线为Ⅲ，S-L 界面继续向 $+Z$ 方向移

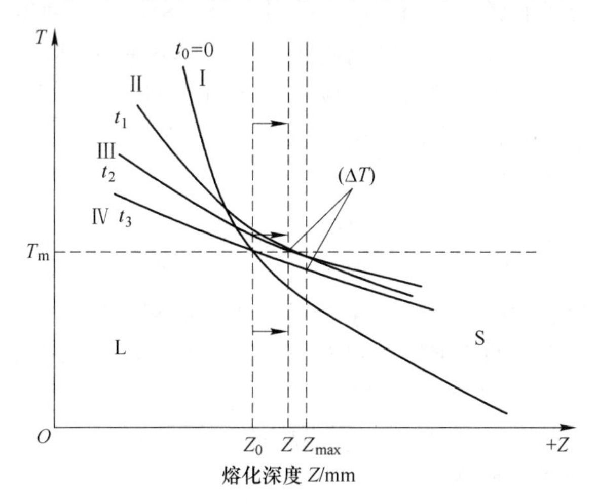


图 3-2 产生 $Z_{max} > Z_0$ 现象的热分析图

-----—固(s)-液界面；$t_0$—能束加热停止，冷却开始；

$t$—冷却时间；$t_0 < t_1 < t_2 < t_3$

动，$Z=Z_{\max}$。随着冷却时间增加，合金体内的温度越来越低，相应地，其温度梯度越来越平坦，在 $t_2$ 之后，若再有一个时间增量 $\delta t(t_3=t_2+\delta t)$，由于 $t_3$ 时合金熔体的温度曲线变为Ⅳ，则使合金熔体局部获得了过冷度。在满足结晶的热力学条件下，真实凝固从此开始，S-L 界面向 $Z$ 方向移动。

#### 3.3.1.4 固态传热与液态传热的比较

H. S. CARSLAW 等人在 20 世纪 50 年代提出了传热模型，即满足经典的 Fouricer 热导理论的一个显而易见的基本前提——固态条件下的传热，另一方面，还忽略了高能束作用下的熔池内部存在强烈的对流运动。

为了便于比较，我们将固态下的传热方程和液态下的传热方程并列于此：

固态：
$$\frac{\partial T}{\partial t} = k \cdot \nabla^2 T \tag{3-44}$$

液态：
$$\frac{\partial T}{\partial t} + (\mu \cdot \nabla) T = k \cdot \nabla^2 T \tag{3-45}$$

显然，固态传热，由工艺参数、材料的热物理参数特性决定。液态传热，与工艺参数、材料的热物理参数以及熔池内的液态熔体的流动速度 $\boldsymbol{\mu}=(u, v, w)$ 有关。

### 3.3.2 传质过程

#### 3.3.2.1 固态传质过程

传质是指物质从物体或空间某一部位迁移到另一部位的现象。固态传质实际上是研究原子或分子的微观运动。由于质量、动量和热量三种传输之间有基本相似的过程，因而在研究传热过程中已经建立的基本原理仍可应用于传质过程。

固态传质过程主要由两种情况造成：（1）本身的短程扩散行为；（2）高的温度梯度将对原子扩散起一定的作用。如果对原子的扩散进行分析，可以推导出固态原子的传热方程。即：

$$\frac{\partial C}{\partial t} = D\frac{\partial^2 c}{\partial x^2} + DS_{\mathrm{T}}\left(\frac{\partial C}{\partial x} \cdot \frac{\partial T}{\partial x}\right) \tag{3-46}$$

激光作用产生的快速加热导致系统远偏离了平衡条件，使相转变温度升高。从激光与物质相互作用的物理模型和铁在激光作用下形成了超出常规加热时所能产生的点缺陷和位错密度的实验结果，可以说明晶体在激光作用下产生了热效应，晶格中质点的振动频率相应地比常规加热高得多。

根据 $D$ 的阿累尼乌斯公式：

$$D = D_0 \exp\left(-\frac{E_0}{RT}\right) \tag{3-47}$$

式中，$D_0$ 为频率因子；$E_0$ 为扩散激活能。

因晶体缺陷密度的增大导致 $E_0$ 减小，加之 $D_0$ 增大，故总是扩散系数增大。另一方面，式中 $D \cdot S_T \cdot \left(\frac{\partial C}{\partial x} \cdot \frac{\partial T}{\partial x}\right)$ 的存在，这就是激光加热时间小于0.1s时，$P \to A$ 的过程中，碳原子依然能扩散，并达到淬硬所需碳浓度的重要原因。当然强调这种扩散能力是有限的，由于激光束的作用太短，其碳原子的扩散是不充分的。

#### 3.3.2.2　液态传质过程

传质有两种基本形式：扩散传质和对流传质。对流传质是液态传质的主要形式之一，是流体的宏观运动，在液态传质中同样存在扩散传质现象。

激光束作用下金属熔池内的传质实际上包括三种模式：(1）L-G 界面的传质模式。(2）S-L 界面的传质模式。(3）熔池内的传质模式。

(1）实际上是金属熔池表面与环境气氛共同作用下的质量迁移过程。其动力之一是热力学上元素的蒸汽压差。

(2）实际上是 S-L 界面附近的溶质再分配。M. J. Azia 在激光快速熔凝过程中界面生长的微观机制时，提出了有效分配系数的概念。并给出了有效分配系数的表达式：

$$K_e = \frac{\beta + k_0}{1 + \beta} \tag{3-48}$$

其中

$$\beta = \frac{R \cdot \lambda}{D}$$

式中，$R$ 为 S-L 界面的移动速度，或凝固速度；$D$ 为溶质在熔体中的扩散系数。

由式中可看出：1)：当 $R \to 0$ 时，$K_e = K_0$，即平衡凝固。2）当 $R$ 极大时，$K_e = 1$，则在凝固过程中溶质原子被完全捕获，无扩散发生，不存在 S-L 界面的溶质原子再分配。3）当 $K_e$ 在 $K_0 \sim 1$ 之间时，溶质原子在凝固过程中被部分捕获，S-L 界面存在溶质原子的部分再分配。

(3）实际上是熔池内的对流物质所产生的熔体的宏观迁移现象，对流运动两个机制：1）表面张力梯度引起的表层强制对流。2）熔池水平温差梯度决定的浮力所引起的自然对流。

## 3.4　高能束加热的固态相变

### 3.4.1　固态相变硬化特征

从理论上讲，激光和电子束加热后的冷却速度可达到 $10^{14}$℃/s 以上。这使许多在常规加热淬火条件下不容易获得马氏体组织的钢铁处理后，可以获得马氏体组织，从而达到相变硬化的目的。例如 08 号钢形成马氏体的临界转变速度为 $1.2\times10^3$℃/s；45 号钢形成马氏体的临界转变速度为 $0.8\times10^3$℃/s；T10 号钢的临界转变速度为 $0.7\times10^3$℃/s，而激光或电子束固态相变的冷却速度一般是大于 $10^4$℃/s，两个相差一到两个数量级。由此不难理解为什么高能束加热固态相变改善了钢铁的淬透性。

#### 3.4.1.1　相变特征

在高能束作用下的固态加热相变特征主要包括临界点、亚结构特征和组织不均匀性。

A　相变临界点

$\alpha \rightarrow \gamma$ 的实际相变临界点 $A_c$

$$A_c = t + 910(℃) \tag{3-49}$$

$$A_c = k \cdot \left(\ln \frac{1}{1-\beta}\right)^{4/3} \cdot v^{1/3} + 910(℃) \tag{3-50}$$

如令 $\beta = 1\%$ 时所对应的温度为 $\alpha \rightarrow \gamma$ 的相变开始发生温度，且 $\beta = 95\%$ 时所对应的温度为 $\alpha \rightarrow \gamma$ 的相变终了温度，则其表达式分别为：

$$A_{cs} = 2.169 \times 10^{-3} k v^{\frac{1}{3}} + 910(℃) \tag{3-51}$$

$$A_{cf} = 4.319 k v^{\frac{1}{3}} + 910(℃) \tag{3-52}$$

$$A_{cf} - A_{cs} = 4.317 k v^{\frac{1}{3}} \tag{3-53}$$

对于 $K$ 值可用实验的方法进行测量。根据上面的讨论，可以推导出几个重要的结果。

第一，在一定的高能束加热速度范围内，纯铁的加热相变点与能束的加热速度具有正比关系。高能束的加热速度越快，纯铁的加热相变温度越高。其关系为根号下三分之一次方。

第二，随高能束加热速度的增大。由式（3-53）可知，相变终了点与相变开始点的温度之差很大，即相变发生的温度区间越宽。这也说明激光或电子束加热固态相变是在一个温度区间内完成的。在高能束加热过程中，珠光体的过热度为：

$$t = \left(\frac{3}{4} D^{-1} k^2 a_0^2\right)^{\frac{1}{3}} \cdot v^{\frac{1}{3}} \tag{3-54}$$

式中，$k$ 为由 Fe-C 二元相图决定的参数，$k = 110$℃；$D$ 为扩散系数；$a_0$ 为珠光体的层间距，$a_0^2 = 10/\rho$；$\rho$ 为加热钢中的位错密度。

由此可确定钢的相变临界点（℃）为：

$$T = 727℃ + t = \left(\frac{3}{4}D^{-1}k^2a_0^2\right)^{\frac{1}{3}} \cdot v^{\frac{1}{3}} + 727℃ \tag{3-55}$$

式（3-55）说明了一个重要现象，即钢的相变温度不仅与加热温度有关，而且还与钢在加热前的原始类型有关。原始组织类型的特征参数为层间距 $a_0$ 或位错密度 $\rho$。

平衡加热条件，钢中发生奥氏体相变时，下列关系成立：

母相→奥氏体

$$\Delta G_1 = -\Delta G_v + \Delta G_s + \Delta G_e \tag{3-56}$$

若在高能束加热作用下，远离了平衡状态，应考虑固体相变中的热应力。则式（3-56）修改为：

$$\Delta G_2 = -\Delta G_v + \Delta G_s + \Delta G_e + \Delta G'$$

式中，$\Delta G'$为与热应力有关的能量。

由于铁素体的相对致密度为68%，奥氏体的相对致密度为74%，故由 $\alpha \to \gamma$ 时，必然会发生体积变化。

如果是平衡加热，不存在 $\Delta G'$：$\Delta G' = 0$。

如是快速加热，由于 $\sigma_{热}$ 没有后时间松弛，则 $\Delta G' > 0$，故随 $V_{加热}\uparrow$，$\Delta G'\uparrow$，为了使 $\alpha \to \gamma$ 发生相变，则只能提高实际的 $A_{cs}$，以增加 $|\Delta G_v|$，从而抵偿 $\Delta G'$项，最终使 $\Delta G_2 < 0$，热滞效应的根源也在于此。

B 亚结构特征

高能束固态相变使钢中的位错密度大大增加，其增幅达（$10^1 \sim 10^2$）数量级。

随功率密度的增加，其位错密度也有增多的趋势。

在 TEM 下观察发现激光相变硬化区的位错组态表现为胞状网络特征和高缠结状。

金属表面在高能束固态相变硬化作用后，其内部存在较多的变形孪晶。这类孪晶具有细小的特征，属于显微孪晶（microtwins）。

现有研究发现上述亚结构的变化原因在于高能束快速加热过程中心热应力所致。高的温度梯度 $\mathrm{d}T/\mathrm{d}x$ 必然导致大的应力梯度 $\mathrm{d}\sigma/\mathrm{d}x$。

C 组织不均匀性

组织的不均匀性有两层含义：

（1）沿能束加热层深度方向上的显微组织分布的不均匀性；

（2）在同一区域内亚显微组织分布的不均匀性。

对亚共析钢，在高能束固态加热相变区域内，存在两种组织状态。在加热区上部，可以得到相对均匀的组织，而其下部则为不均匀的组织。

对于过共析钢，也有类似的现象。但在渗碳体溶解区域，固溶体将被碳饱和，这就导致形成残留奥氏体量。故渗碳体溶解多的地方，其残留奥氏体亦多。反之，则残留奥氏体量少。

钢中的含碳量及其碳化物的分布特征将直接影响高能束快速加热后的组织不均匀性。另一方面，原始组织的晶粒尺寸也直接影响固态相变的均匀性。晶粒粗大的原始组织在激光或电子束加热下不可能得到均匀的淬硬组织。

由此，原始组织晶粒越细小，奥氏体化的时间相对越长，那么高能束固态加热相变组织的晶粒则细小均匀。

#### 3.4.1.2 相变硬化机制

在激光固态相变硬化条件下，其马氏体相变硬化对高硬度的获得起到了决定性的作用，其硬化效应占总硬化效应的60%以上。另外40%左右的硬化效果则来源于附加强化效果的贡献（位错强化、细晶强化、固溶强化等）。

激光淬火的马氏体相变有别于常规加热淬火马氏体相变，它具有特殊性，其特殊性在于：

（1）它是片状马氏体+板条状马氏体的混合组织；

（2）马氏体晶体细化和亚结构细化；

（3）有比常规加热淬火更高的位错密度；

（4）马氏体含碳量高及固溶合金元素的畸变强化。

应特别指出的是，激光相变硬化组织的残留奥氏体已通过位错强化和固溶强化机制在一定程度上被强化，这种残留奥氏体已不是一种简单类似常规淬火的残留奥氏体，正因为如此，激光相变硬化组织的硬度才能整体上提高。

高能束固态相变硬化的强化效果可以用硬化带的宏观特征和微观特征来判断。宏观特征主要包括硬化层深度及其硬度等，而其微观特征主要包括相组成、相含量、相结构等。相变硬化效果与扫描速度有关。相变硬化效果与功率密度有关。相变硬化效果还与钢中碳含量有一定的对应关系。另外，不同的原始组织对激光相变硬化效果也有不同的影响。

#### 3.4.1.3 高速钢的后续回火

高速钢固态相变硬化后，应考虑后续回火，以进一步发挥高速钢二次硬化的强化潜力。

在高能束相变硬化条件下，既要使高速钢的表面不熔化，又要使高速钢的加热温度尽可能高，以增加固溶体的合金固溶度，再加上适当的后续回火就可以使高速钢的表面大大强化。

高速钢的回火硬度和红硬性主要取决于其固溶体的合金度。实验表明高能束表面强化可以大大提高钢的合金度，而且随着回火温度的升高，高能束强化处理的固溶体的合金度总是高于常规强化处理固溶体的合金度。故高能束相变硬化使高速钢的回火硬度与红硬性提高就很好理解了。

激光强化使固溶体的合金度提高，则使材料的 $M_S$ 点下降，即奥氏体的稳定性提高，激光强化后的进一步回火处理，不仅有利于残留奥氏体的转变，而且可以通过高速钢的二次硬化效应来充分发挥激光相变硬化的潜力。

#### 3.4.1.4 晶粒细化

（1）高能束快速加热时，钢的过热度很大，奥氏体晶核不仅在 α 与 γ 的相界上形核，而且也可以在 α 的亚晶界上直接形核。据资料介绍，α 的亚晶界处的碳浓度可达 0.2% ~0.3%，这种碳浓度的显微区域在 800 ~ 840℃ 以上时可能直接形成奥氏体晶核，故奥氏体形核率很高。

（2）快速加热和快速冷却，奥氏体化时间极其有限，这样，奥氏体晶体来不及长大或长大的尺寸极有限，故带来了奥氏体晶体超细化的特点。

（3）尽管高能束固态相变硬化以后，相变区的硬度很高，但该区硬而不脆。这与晶粒超细化有必然联系。故相变硬化不仅能够得到超硬化的效果，而且还能使材料的韧性得到大大改善。

### 3.4.2 固态相变组织

#### 3.4.2.1 马氏体组织

高能束加热相变条件下，钢的过热度极大，造成相变驱动力 $\Delta G^{\alpha\to\gamma}$ 很大，从而使奥氏体形核数剧增。超细晶粒的奥氏体在马氏体相变作用下，必然转变成超细化的马氏体组织。

高能束相变硬化马氏体组织特征：基本上由板条型和孪晶型两类马氏体组成。在孪晶型马氏体中，未发现中脊特征。位错型马氏体的板条排列方向性较差，有少量的变形孪晶；在许多形似片状马氏体的晶体内未发现相变孪晶。

以上特征的原因是：一方面，与奥氏体晶粒的明显细化有关；另一方面，这反映了在高温下的奥氏体区域内出现了极大的碳分布的不均匀性。这使得奥氏体中碳含量相似的微观区域的尺寸减小。相应地，在微观尺度上，各微区域的 $M_S$ 的差异能明显很大，造成了对高能束相变硬化马氏体切变量的限制，使马氏体晶体在相当高的约束条件下形成，最终导致马氏体晶体难以生长。

高能束快速加热和激冷产生的热应力亦对马氏体晶体的形态有一定的破坏作用。

由于在高能束超快速加热相变条件下，碳原子的扩散路径非常有限，故在高温时形成了碳浓度分布不均匀的，不规律的三维空间形态微区，再加上加热前的原始组织及具体处理工艺规范等因素的制约。因而，马氏体晶体在各个方向上的碳浓度差异较大的情况下，难以形成常规淬火时的形态。同时，其外部形态也受到一定程度的破坏，这就形成了碎化了的马氏体特征（碎化对形态而言）。

基于上述原因，高能束相变硬化导致了这种特殊形态——细化与碎化的马氏体组织的形成。与此同时，存在大量的板条状马氏体，实际上，这是特殊加热条件下形成的细化和碎化了的混合马氏体或隐晶马氏体。

片状马氏体和板条马氏体混合共存的模型：由于奥氏体中的碳含量分布的高度不均匀性，则在高能束快速加热过程中导致高碳微区与低碳微区混合共存。在高能束加热作用停止以后，高碳微区的奥氏体可转变成片状马氏体，而低碳微区的奥氏体可转变成板条马氏体。

发现了一定量的变形孪晶，这在一定程度上可以说明在高能束快速加热淬火条件下，奥氏体内曾发生塑性变形。其变形缺陷通过遗传效应部分遗传给马氏体。此外，碳浓度分布的微观不均匀性使奥氏体转变成马氏体时，在微观区域内，体积变化差较大，从而产生相应的内应力。为了使邻近体积之间相互协调，以适应其变化，马氏体内也会发生一定程度的变形，变形过程则可能产生形变缺陷。

如何理解超快速加热和超快速冷却？这反映在三个特征中：

（1）作用区具有晶粒超细化的特征。

（2）碳含量分布极不均匀。

（3）超快速冷却。1）造成马氏体组织超细化；2）造成板条马氏体和片状马氏体混合共存；3）造成许多在常规淬火条件下不容易获得的马氏体组织，即淬透性较差的钢铁材料，经高能束快速作用之后，获得淬火马氏体组织。例如10号钢或者20号钢，其原因在于高能束固态相变硬化主要是通过快速加热条件下的工件基体的自冷作用所致。由于其淬火冷却速度极高，可以达到$10^4$℃/s以上，且这个冷却速度比常规钢淬火形成马氏体或马氏体的临界转变速度高出一到两个数量级，故容易获得马氏体组织。

#### 3.4.2.2　奥氏体组织

为什么说与整体淬火相比，高能束硬化组织中的残留奥氏体量要多得多？因为高能束固态相变硬化是一种快速加热淬火，在奥氏体化高温区域，其奥氏体化的时间极短暂。在这种条件下其原始组织中的碳化物的溶解显然是不充分的。其碳的分布也不均匀。在此情况下，其高温奥氏体中的固溶碳的分布差异较大，存在大量的碳的过饱和微区。故在相变硬化后，在硬化组织中将存在大量的残余奥氏体。

在高能束硬化之后，其残余奥氏体的总量相对增多，这实际上正是高温奥氏体中碳分布的高度不均匀性所致。实验结果表明，参与奥氏体大多以不规则的尺寸的“月晕”状形式分布在马氏体晶体之间，似乎残余奥氏体相与马氏体相之间没有清晰的相界面，且残留奥氏体被马氏体晶体分割在大小不等的几何空间内。

相变硬化处理后，相对而言，残余奥氏体的分布较为均匀和分散。从物理冶金学角度看，残余奥氏体是一个相对软相，而高能束相变硬化可使钢铁材料的淬火硬度比常规淬火硬度高20%左右。这两点似乎是自相矛盾的。其实不然，在高能束相变硬化组织中的残余奥氏体是被强化了的残余奥氏体。因为：

（1）残余奥氏体中存在大量的位错缺陷。

（2）残留奥氏体内含有过饱和的碳微区，故高能束相变硬化组织中的残余奥氏体是通过位错强化和固溶强化机制在一定程度上被强化的。

#### 3.4.2.3 未溶碳化物

在高能束加热的过程中，碳化物的溶解量，原始组织中的碳化物分布特征、碳化物尺寸及其均匀化、能束的能量密度将明显影响这种碳浓度分布的高度微观不均匀性。而这种碳的微观不均匀性将直接影响高能束相变硬化组织中多种组织的相对比例及其协调，因而影响高能束相变硬化的硬化效应。

碳化物的尖角溶解机制：尖角-均匀溶解机制。

#### 3.4.2.4 其他组织

（1）灰口铸铁：原始组织是P基体+片状石墨时，在高能束相变硬化的处理条件下，即 $T_{加热} < T_{铸铁}$，那么在高能束的作用下停止后，铸铁的基体区域将发生马氏体相变。在高能束快速加热时，在其作用区内，尽管从客观上看，高能束的加热温度低于铸铁的熔点，但很可能其实际加热温度略高于铸铁的共晶温度。这就造成了石墨-奥氏体相同区域首先微溶，但在整体上并不能表现出微溶现象。当石墨片的边缘溶解时，其周围的奥氏体的含碳量将大大增多，其结果是在冷却过程中，在原石墨-铁素体相间附近的微区内，其组织转变成了共晶型组织。这便是灰铸铁的激光束或电子束加热相变特征之一。由于未充分溶解的片状渗碳物的隔离和阻碍作用，高温奥氏体及其随后的冷却转变产物只能在极狭窄的渗碳体片间形成，这就导致了极细马氏体组织的形成。这便是灰铸铁的另一个高能束加热相变特征。

（2）对球墨铸铁，当其原始组织为珠光体基体+球状石墨时，在高能束相变硬化处理下，其珠光体区域的转变特征类似于灰铸铁的情况，在此不做赘述。而在球状石墨与原珠光体交界区域的相变特征却不同于灰铸铁的情况。在高能束加热作用下，在球状石墨周围形成了一圈10～30μm的马氏体环带。研究表明，马氏体环带的宽度与高能束加热的工艺条件密切相关，它受控于高能束的能量密度，其一般规律是：高能束的能量密度越高，马氏体环带宽度越大，另一方面，马氏体的带宽度还与石墨球的大小有关。石墨球越大，则马氏体环带宽度越小，反之亦然。一旦小石墨球发生全部溶解现象，则该区域将成为近似球状的马氏体团组织。

#### 3.4.2.5 组织遗传性

对非平衡原始组织的钢在常规加热条件下组织遗传的大量研究表明：粗大的

原始组织晶粒的恢复是由于非平衡组织在奥氏体化初期，即 $A_{c1} \sim A_{c3}$ 的低温区内，以有序方式形成针对针状奥氏体 $\gamma_2$，并合并长大，出现组织遗传，在另一方面，在非平衡组织加热转变中，由于加热条件不同也可形成球状奥氏体 $\gamma_g$。$\gamma_g$ 一般形成于 $A_{c1} \sim A_{c3}$ 的变温区。它的形成长大可使奥氏体晶粒细化，从而削弱组织的遗传性。在高能束快速固态加热过程中，是否出现组织遗传现象的关键取决于初始形成的奥氏体形态特征。

对激光快速加热条件下的 42CrMo 钢和 30CrMnSi 钢的组织遗传性的研究表明：在高能束快速加热过程中，奥氏体可以按有序形核机制形核和生长，对原始组织为淬火态和回火态而言，有序 $\gamma$ 以无扩散逆转变方式呈针状 $\gamma'_\alpha$ 形核。与已有的工作不同之处在于其形核温度比无序扩散的 $\gamma_g$ 高。增加 $\alpha'$ 相分析（回火）程度，降低加热速度，有利于 $\gamma_g$ 的形核与长大，即出现组织遗传。

## 3.5　高能束加热的熔体及凝固

### 3.5.1　熔体特性

#### 3.5.1.1　熔体的流动特征

C. Chan 和 J. mazumder 均认为在激光作用下的金属熔体的流动特征主要受熔池表面的张力控制。其理论依据是激光作用下的熔池内的温度梯度高达 $10^4 \sim 10^6$ K/cm。

由于高能束加热作用下的液态相变是以金属熔体作为物质对象而进行的。熔体的流动特征将直接影响随后的液态相变特征。因而研究高能束作用下的熔体流动特征是更好理解和掌握液态相变凝固组织形成规律的基础，也是深刻理解表面合金化和表面涂覆行为及其结果的基础。作用在金属熔池内流体单元上的力有多种形式。这主要包括体积力和表面力两大类。体积力主要由熔池内的温度差 $\Delta T$ 和浓度差 $\Delta C$ 所引起的浮力所致。表面力则由熔池内的温度差 $\Delta T$ 和浓度差 $\Delta C$ 所引起的表面张力所致。

在高能束处理过程中，设 $Y$ 轴为熔池深度方向，$Z$ 轴为束斑运动方向，坐标系的原点位于束斑中心。

在给定的系统中，表面张力受熔池表面的温度变化及溶质浓度变化的影响，即：

$$\sigma = \sigma_0 + \frac{\partial\delta}{\partial T}\Delta T + \frac{\partial\sigma}{\partial C}\Delta C \tag{3-57}$$

而 $$\Delta\sigma = \sigma - \sigma_0, r = \sqrt{x^2 + z^2}$$

式中，$r$ 为半径。

所以 $$\frac{\Delta\sigma}{\Delta r} = \frac{\partial\sigma}{\partial T} \cdot \frac{\mathrm{d}T}{\mathrm{d}r} + \frac{\partial\sigma}{\partial c} \cdot \frac{\mathrm{d}c}{\mathrm{d}r} \tag{3-58}$$

显然，当高能束作用下熔池表面存在 $\frac{\mathrm{d}T}{\mathrm{d}r}$ 或 $\frac{\mathrm{d}c}{\mathrm{d}r}$ 时，势必产生表面张力梯度 $\Delta\sigma/\Delta r$，由此引起熔体的对流驱动力 $f_\sigma$。

$$f_{\Delta\sigma/\Delta r} = \left[\frac{\partial\sigma}{\partial T}\Delta T + \frac{\partial\sigma}{\partial C}\partial C\right] \cdot \delta(y) \cdot H(d - r) \tag{3-59}$$

$\delta(y)$ 为 delta 函数，$H(d-r)$ 为 Heaviside 函数。$\delta(y)$，$H(d-r)$ 表明表面驱动力仅存在于熔池表面，它是一个表面力。这是一个十分重要的物理概念。$d$ 是给定系统的熔池的直径，它由工艺参数和材质决定，而 $r$ 是一个变量。

在重力场作用下，当高能束辐射的金属熔池内存在温度差和浓度差时，将由浮力作用引起熔体流动从而形成驱使熔体流动的驱动力 $f_\mathrm{b}$。

$$f_\mathrm{b} = -[\rho \cdot \beta_\mathrm{T} \cdot \Delta T + \rho \cdot \beta_\mathrm{c} \cdot \Delta C] \cdot \boldsymbol{g} \tag{3-60}$$

负号表示浮力与重力 $\boldsymbol{g}$ 反向，$f_\mathrm{b}$ 是一个体积力，它存在于熔池的内部。

一般，由于在 $Y$ 方向上存在上高下低的温度分布特性，在重力作用下，其密度分布则是上小下大，即正楔形分布状态，这明显是一种稳定的热力学状态，这不可能形成自然对流。但在 $X$ 方向上仍然存在很陡的 $\frac{\mathrm{d}T}{\mathrm{d}x}$，这在微观上可以抽象为传热学中垂直冷热板之间的自然对流模型。熔池的水平温差所导致的重力分布是一斜楔形分布，如图 3-3 所示。

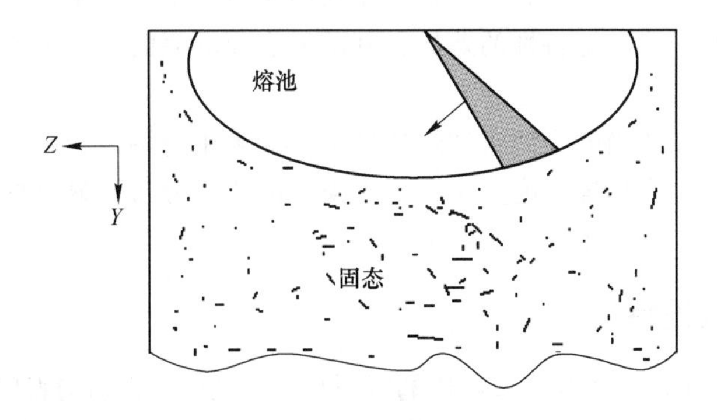


图 3-3 由于温度变化所导致的斜楔形密度分布特征

即所引起的浮力使传热端熔体向上运动（与 $\boldsymbol{g}$ 反向），而冷端熔体相下运动（与 $\boldsymbol{g}$ 同向）。这就构成了一个自然对流。通过自然对流，使熔池下部区域的熔体向其上部区域及表面流动。

综上所述，金属熔池流动特性来自两种不同的机制，一是由表面张力梯度引起的表面强制对流机制。二是由熔池的水平温差梯度决定的浮力所引起的自然对流机制。

为了衡量表面张力与浮力作用，即表面力与体积力对熔体流动的相对贡献的大小，基于流体力学，定义无因次量纲参数 Bond 数为：

$$\beta = \frac{\frac{\partial \sigma}{\partial T} \cdot \Delta T + \frac{\partial \sigma}{\partial C} \cdot \Delta C}{(\beta_{\mathrm{T}} \cdot \Delta T + \beta_{\mathrm{C}} \cdot \Delta C) \cdot \rho \cdot g^2 \cdot R^2} = \frac{\text{表面功}}{\text{体积}} \tag{3-61}$$

另外，熔池半径对 Bond 数的影响很大。

(1) 当 $B \gg 1$ 时，表面力 > 体积力作用。

(2) 当 $B > 1$ 时，两者的作用几乎是相当的。

利用熔体的传热方程、运动方程及其连续方程可以算出熔池的熔体流速。影响金属熔体对流的因素可以分为两个大类：一类是工艺性的，例如 $P$、$v$、$D$，束斑能量分布的均匀性能，另类是材质性的，例如合金组分、浓度、黏度、密度、热物性参数等。由于它们的变化，也影响了熔池中的传热和传质机制、过程及其行为，进而影响到熔池中的熔体对流。

#### 3.5.1.2　熔池表面特征

由于熔体回流，使束斑后沿的熔池区域不断的凝固。其凝固特征不再为火山口状。其熔池表面的凝固特征主要取决于熔池内的回流状态，即取决于材料的热物性、表面张力、润湿特性和高能束加热工艺参数的综合作用。

大量的实验结果表明：对于纯金属单元系统，在高能束辐射作用下，其熔池表面的凝固特征多为火山口状。在合金化或熔覆过程中，由于表面涂层或表面合金的表面张力变化或润湿特性的差异，其熔池表面的凝固特性可能成为凸出状或平面状。

实验表明：在适当的高能束加热条件下，如采用自熔性合金粉末，其合金表面多半是平滑的。当扫描速度过快或能束束斑的能量分布明显不均匀时，其表面特征多为泪珠状。

### 3.5.2　凝固特征

高能束作用下的凝固与金属焊接的凝固有类似之处，它们均表现为动态凝固过程。但是，它们是有区别的：(1) 能量密度，加热冷却速度的差异；(2) 熔池内的熔体对流方向及流动强度是不同的。因此能对应的凝固特征是有差别的。

#### 3.5.2.1　动态凝固

由于高能束的扫描对凝固组织有重要影响，在此讨论一下动态凝固过程中的几个重要工艺参数：$p$、$v$、工件的导热系数 $K$、工件厚度 $t$。

$$\frac{\partial^2 T}{\partial x^2} + \frac{\partial^2 T}{\partial y^2} + \frac{\partial^2 T}{\partial z^2} = 2K \frac{\partial T}{\partial (Z - vt)} \tag{3-62}$$

$$\lambda \propto \frac{p}{kvt}$$

#### 3.5.2.2 凝固规律

A 熔池中晶核的形成

因为在熔池边缘区域有现成的固相界面的存在，是非均匀形核的极好位置，且又因为非均匀形核所需要的形核功比均匀形核的低，故均匀形核不大可能存在和发生。

非均匀形核对高能束作用下的金属熔池的凝固起重要的作用。

在宏观上，熔池边缘 S-L 界面的交界处为平滑曲线。实际上，这条熔化线是凹凸不平的曲线。高能束作用下的动态凝固过程对应着陡斜的温度梯度。因此，其半熔化区尺寸极小。

关于半熔化区的概念，它在动态凝固过程中是新晶粒生长的现存核心，这是半熔化区的重要特征之一。实际上，金属的实际熔点温度的微观起伏变化对应着熔化线凹凸不平的不均匀的起伏。

研究表明：这种晶体生长的主干方向为 <100>，它沿平行于熔体的最大导热方向，即固-液界面的法线方向生长。

B 熔池中晶核的长大

晶核长大的实质是金属原子从液相中向晶核表面的堆积过程。晶核长大趋势决定于基材晶粒的优先成长方向和熔池的散热方向之间的关系。基材晶粒的优先成长方向是由基体金属的晶格类型决定的，是基材本身的固有属性。对于立方点阵晶系的金属来说，优先成长方向是 <100> 晶向族，这是因为在这组晶向原子排列最少，且原子间隙大，因而晶核易于长大。

垂直于熔池边界方向上的 $\frac{\partial T}{\partial x}$ 最大，因而散热最快。晶粒的散热条件越好，则生长条件越有利。

当晶粒优先成长方向与最大散热方向一致时，则最有利于晶粒的生长。如许多胞状晶就在这种条件下长大。熔池的最大散热方向必然垂直于结晶等温面，因此晶粒的生长方向也应垂直于结晶等温面。但是，由于金属熔池随高能束的移动扫描而前进。因此其最大的散热方向是在已生长晶粒前就不断改变方向。由于散热方向的改变，则影响了凝固组织上的特征。

$$v_c = v_b \cdot \cos\theta$$

式中 $v_c$——晶粒生长的平均线速度，mm/s；

$v_b$——高能束的扫描速度，mm/s；

$\theta$——晶粒生长方向与扫描方向间的夹角，(°)。

可见，从理论上讲，在熔池底部的晶粒生长速度最小，几乎为零；而在熔池表面中心线附近，晶粒生长速度相对最大。当然具体的晶粒生长速度 $v_c$ 受控于熔池的形状及其尺寸，换句话讲，受控于具体的高能束作用工艺特征。

C　熔池结晶的形态

在不同的高能束作用条件下，熔池结晶的形态各不相同，如平面晶、胞状晶、胞状树枝晶或树枝晶等。

不同的结晶形态是由于熔池内液相成分的微观不均匀性造成的，结晶形态取决于结晶前沿的形态。而熔池结晶前沿又受其内液相成分和结晶参数的影响（见图 3-4 和图 3-5）。

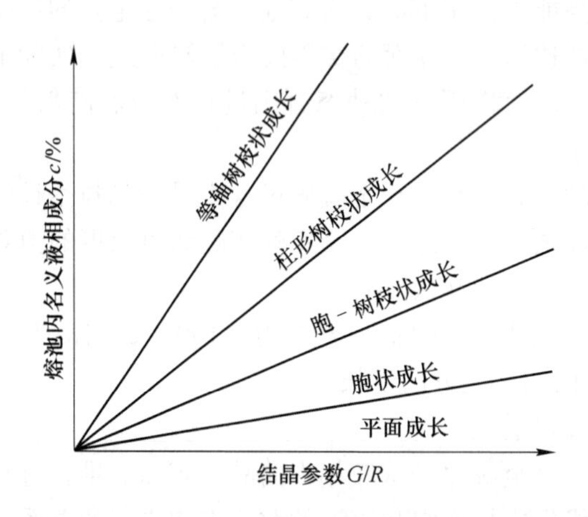


图 3-4　熔池凝固时控制晶粒生长形态的因素

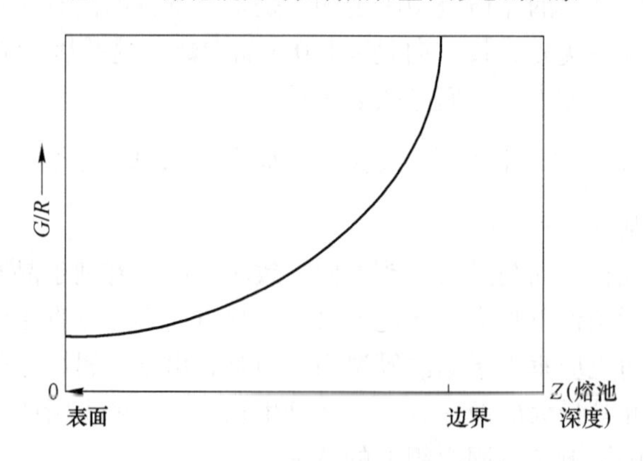


图 3-5　$G/R$ 参数随熔池深度的变化规律

总之，金属熔池的结晶形态主要取决于三个因素：（1）熔池的液态金属成分；（2）结晶参数；（3）熔池的几何特征（形状与尺寸）。

### 3.5.3　凝固组织

熔池的几何形状由能束功率、扫描速度、束斑尺寸、材料的热物性参数等因素控制。扫描速度对熔池具有显著的影响。

（1）熔池的边缘区域束斑尺寸。在不同的功率、扫描速度、束斑尺寸和化学成分的条件，其凝固组织特征可以是平面晶、胞状枝晶、枝晶或共晶型枝晶。

（2）熔池的中央区域。它是在其边缘区域的凝固基础上进行的，其组织类型具有复合型的特点，往往不是某种单一的凝固形态，并且在这一区域不存在平面晶形态。

在表面合金化区，其胞状树枝晶和树枝晶具有鲜明的晶体学特征。其特征是在一次晶的主干上，有若干短小的，尺寸几乎相当的二次枝晶。统计测量表明，这是一种超细化的精细枝晶。

进一步的研究发现在激光合金化区域，其结晶凝固组织的晶体主干方向并不完全平行其熔体的最大散热方向。在某种条件下，其晶体的取向较紊乱，这似乎表明在表面合金化的中央区域，其晶体的生长取向受熔体流动的干扰。

大量的实验结果表明：在合金熔池的中央区域内，在同一微观区域，其结晶过程并不完全都是在同一时刻内完成的。例如在某一视场内有粗大的枝晶，细的共晶和更细小的共晶。显然从时间的顺序来看，首先是形成了大的枝晶，然后细的共晶，使这些凝固组织长大以后，仍有未凝固的液态金属残留。它们在已凝固的枝晶间，形成了尺寸更细小的共晶组织。这一现象意味着表面合金化的合金熔池的凝固过程及其凝固行为较复杂。一方面受控于合金熔池中的对流运动所导致的合金熔池的成分均匀性，另一方面受控于熔池的几何特征和动态特征所决定的具体冷却条件。

诸晶体在生长过程中相互竞争但又相互协调，其竞争的动力来自晶体生长动力学的各向异性。

尽管激光合金化时，合金熔池内大于$10^4$K/s 过热，但由于熔池的冷却速度，大约仅需$10^{-3}\sim10^{-2}$s 就可将熔池边界区域的熔体冷却至液相面温度以下，使其固-液界面前沿的局部熔体实际上处于过冷状态。且在同一基质晶粒上将有众多形核的有利位置，可使凝固组织超细化。研究表明：合金化凝固组织尺寸与基体原始组织的尺寸无关。

### 3.5.4　重熔凝固组织

一般熔化条件的凝固组织，从里到表，其结果组织的变化顺序为胞状晶组织→胞状枝晶组织或胞状晶组织＋胞状枝晶组织→树枝晶组织。

### 3.5.5　自由表面组织

熔池表面的凝固组织有两种方式可以形成。第一种是由熔池横截面结晶组织一直向上生长。直到自由表面为止。第二种是熔池自由表面的液体自己形核和核长大。生长的晶核沿着自由表面，并以垂直熔池深度方向生长。

由于熔池的表面是熔体的最后凝固区域，在这个区域内，上述两种方式的凝固是共存的，因而两种晶体生长相互竞争，以占据最后的液相空间。

目前对自由表面的凝固过程研究不多，但自由表面将影响最终的高能束热处理的表观质量。

# 4 激光制备耐热耐蚀复合材料涂层及其应用

随着工业化领域的拓宽与发展，人们对材料的性能要求越来越高，尤其是对特种性能材料的要求越来越高。例如：耐热与耐腐蚀复合材料。利用激光对材料进行表面改性处理制备耐热与耐腐蚀复合材料是一个新兴的课题。

激光表面处理制备复合材料是利用光子与金属中的自由电子相互碰撞时，金属导带电子能量提高，并转化为晶格振动能即产生热量。由于光子穿透金属的能力极低，故能量集中在金属表面，表层温度会迅速升高，随后以 $1.0\times10^5$ ~ $1.0\times10^8$℃/s的冷却速度快速冷却，材料表面形成成分均匀的细晶结构，从而提高金属基复合材料的耐热与耐蚀性能。

## 4.1 激光技术制备耐热与耐腐蚀复合材料的理论基础

### 4.1.1 激光技术制备耐热与耐腐蚀复合材料的联系与区别

两者工艺过程相似，均运用高能束激光处理方式制备新材料，在激光快速凝固熔凝的过程中，在基材表面形成特殊性能的复合涂层，但是两者又有明显的区别：

激光技术制备耐热复合材料的关键问题是降低复合材料的热开裂敏感性，是利用熔池的超高温度梯度和无界面热传导快速定向冷却凝固，细化了定向凝固柱晶合金组织、降低合金元素偏析，是提高其热处理工艺性能及高温力学性能最有效的方法之一，从而提高了涂层的热稳定性。

激光技术制备耐腐蚀复合材料是在激光快速熔凝的过程中，细化组织、形成增强体、形成钝化层或者提高生成相的电位从而提高金属基复合材料的耐蚀性。但是可以视不同的金属基材而得到不同的效果。

### 4.1.2 增强体在激光表面热处理过程中的变化

目前，常用的激光器有 $CO_2$ 激光器、固体激光器、准分子激光器，这 3 种激光器的差别主要是波长不同，因此同一种材料对这 3 种激光的吸收率也不一样。材料对激光束的吸收率 $\alpha$ 用式（4-1）表示：

$$\alpha = 0.35\rho/\lambda \tag{4-1}$$

式中　$\rho$——电阻率；

　　　$\lambda$——激光波长。

对于金属基复合材料，增强体的电阻率通常远远大于基体材料的电阻率，其对激光的吸收率也会比基体材料大得多。在对金属基复合材料进行激光表面处理时，增强体通常优先吸收热量，迅速被加热到很高温度，再通过热传导对基体起一定的加热作用。这种加热机制会使增强体首先与附近的基体材料发生反应导致增强体分解。

### 4.1.3　激光技术制备合金化涂层成分均匀化原理

#### 4.1.3.1　激光熔池成分均匀化的机理

在激光快速凝固熔凝的过程中，熔池存在的时间是极为短暂的。在极短的时间内所完成的熔质元素在整个熔深范围内的迁移过程，用普通的熔液扩散理论是难以解释的。因激光熔池特有的扩散系数非常大，被认为是熔池溶质对流所致。据计算，对流扩散系数要比静态扩散系数大十万倍，这足以解释熔池溶质极为迅速的混合过程。

有关研究认为，激光快速凝固熔凝的过程中，质量的传递主要是靠对流，而扩散的作用甚微，只能使溶质富集区周围很小的区域成分均匀。由于对流传质的作用，在宏观上成分分布应是均匀的，仅有微区的成分起伏，其范围不超过 24μm。

#### 4.1.3.2　激光工艺参数对成分均匀性的影响

激光溶池的成分具有均匀性，其均匀化机制，主要取决于熔池的对流行为和对流作用存在的时间。与之相关的激光工艺参数主要是激光功率、扫描速度和光斑直径这三个参数。其中扫描速度和光斑直径的影响最为强烈，两者共同起的作用几乎为激光功率的两倍。

扫描速度和光斑直径实际上决定了光束和熔池的交互作用，显然，增加其交互作用时间也就增加了熔池存在的时间，因而有利于成分的均匀化。

激光功率密度是影响对流强度的主要因素，提高功率密度可增加对流的强度，从而有利于成分的均匀性。在激光输出功率一定的条件下，功率密度主要是通过改变光斑直径进行调整的。

随扫描速度的增加，加热时间变短。但扫描速度每增加 5mm/s，加热时间的变化都不相同。原始速度值越小，变化量越大。当扫描速度从 5mm/s 增加到 50mm/s 时，最初加热时间变化剧烈，然后逐渐变缓。

光斑直径增加一倍，功率密度变为原来的$\frac{1}{4}$。功率密度值最初变化很大，随后逐渐变小。加热时间与光斑直径呈直线关系。扫描速度不同，直线的斜率不同。扫描速度越慢，斜率越大，它所产生的效果是光斑径增大，光束与材料的交互作用时间增加。

此外，光束的辐照方式对成分的均匀性也有重大影响，应用振荡光学系统熔化材料表面所获得的合金成分及组织更为均匀。合金层的均匀性除受激光工艺参数的影响外，还与材质自身的性质有关。正是这两者的综合作用，决定了对流方式、对流强度、冷却速度及合金元素交互作用等影响成分均匀性的诸多因素。

#### 4.1.3.3　激光熔池的形状系数与成分的均匀性

激光熔池的形状系数即熔池横截面的熔宽与熔深之比，对激光熔池内的对流特征具有重要影响，因而也影响熔凝合金成分的均匀性。

激光熔池的形状系数可定量地描述激光合金区的成分均匀性。当形状系数 $n$ 小于1.5时，对流主要在激光熔池的上部和中部激烈进行，因而激光熔池底部的合金元素含量偏低；当 $n$ 大于3.2时，对流驱动力变小，没有形成回流，成分亦不均匀；当 $n$ 在1.6～3.0之间时，对流搅拌作用在激光熔池的上部和底部均存在，因而成分均匀。

### 4.1.4　激光熔覆与激光合金化的应力状态、裂纹与变形

#### 4.1.4.1　激光熔凝层的应力状态

在激光熔覆与激光合金化的过程中，高能密度的激光束与快速加热熔化使熔融层与基材间产生了很大的温度梯度。在随后的快速冷却过程中，这种温度梯度会造成熔凝层与基材的体积胀缩的不一致，使其相互牵制，形成熔凝层的内应力。

激光熔凝层内的应力通常为拉应力。随着激光束的移动，熔池内的熔液因凝固而产生体积收缩，由于受到熔池周围处于低温状态的基材的限制而逐渐由压应力状态转变为拉应力状态。

熔凝层的应力状态与其自身的塑变能力和耐软化温度有关，一般来说，熔凝层的塑变能力越好，耐软化温度越低，其残余应力也就相对减小。

熔凝层的残余应力状态还与基材的特性有关。塑变能力较好的基材可通过自身的塑性变形使熔凝层的应力得以松弛，而那些在冷却过程中热影响区可发生马氏体相变的基材则会促使熔凝层的残余拉应力增加。

激光熔凝层的残余应力可通过预热或后热予以减小或消除。如果熔凝层的膨胀系数与基材相同，则后热处理可有效地消除熔凝层的残余应力；如果熔凝层的膨胀系数比基材大，则后热处理只能使残余应力减小，而不能完全将其消除。

#### 4.1.4.2 激光熔凝层的裂纹

激光熔凝层内存在着拉应力，当局部拉应力超过材料的强度极限时，就会产生裂纹。由于熔凝层的枝晶界、气孔、夹杂物等处断裂强度较低或易于产生应力集中，因此裂纹往往在这些部位产生。

激光熔凝层内的裂纹按其产生的位置可分为三类：熔凝层裂纹、界面基材裂纹和扫描搭接区裂纹。这三种裂纹在激光熔覆与激光合金化中出现的几率与熔凝层和基材的自身韧性和缺陷等有关。一般来说，熔凝层的抗裂性优于基材时裂纹易于在界面基材内生成，反之则裂纹易于在熔凝层内形成。对于铸铁类基材，因石墨导热系数低还形成了较大的温度梯度，并相应的产生了较高的热应力，因此在这类基材熔覆与合金化中，界面基材裂纹是最主要的裂纹形式。当以钢或铁为基材时，其表面熔层的韧性往往高于熔覆层或合金化层，自身的气孔等缺陷也极少，因此熔凝裂纹主要是覆层或合金化层内裂纹。

#### 4.1.4.3 激光熔凝引起的基材变形

在激光熔覆与激光合金化中，熔凝层内存在的拉应力是引起基材变形的根本原因。在这种表层拉应力的作用下，基材往往会向熔凝面弯曲，直至与基材的弯曲抗力相平衡为止。

从工艺参数考虑，激光熔覆或激光合金化层厚度与预热和后热工艺对基材的变形具有较大的影响。一般来说，熔覆层或合金化层越厚，熔化所需输入的激光能量也就越多，引起的基材变形也随之相应增大。预热和后热可有效减少激光凝层的热应力，因而减小了基材的变形量。

影响基材熔凝层变形的非工艺性因素主要是基材自身的应力状态。在基材存在内应力的条件下，激光熔凝引起的变形实际是熔凝层的拉应力和基材自身的内应力综合作用的结果，这两种应力的叠加有时会大大加剧基材的变形程度。

综上所述，在激光熔覆和激光合金化中，可采取以下措施控制或减小基材的变形：

（1）采用热处理法消除基材的内应力；

（2）尽量选择较薄的熔覆层或合金化层；

（3）在不影响熔凝合金性能的条件下采用预热和后热工艺；

（4）采用预应力拉伸、预变形或夹具固定等方法减少或防止激光熔凝过程中基材的变形。

对于已经变形的自熔合金类激光熔覆件，可采用热校形的方法予以校正，其加热温度要不低于此类合金的耐软化温度，以防校形中覆层产生裂纹。

### 4.1.5 激光熔覆与激光合金化的气孔及其控制

激光熔覆或激光合金化层的气孔多为球形，主要分布在熔凝层的中、下部。

从应力角度看，这种球形气孔不利于应力集中而诱发微裂纹，这种球形气孔在数量极少的情况下是允许的，但如果气孔过多，则易于成为裂纹的萌生地和扩展通道。因此，控制熔凝层内的气孔率是保证熔覆层或合金化层质量的重要因素之一。

激光熔凝层内的气孔是在激光熔化过程中生成的气体，在熔层快速凝固的条件下来不及逸出而形成的，其中最主要的成因是熔液中的碳与氧反应或金属氧化物被碳还原所形成的反应性气孔。

一般来说，在激光熔覆和激光合金化中，熔凝层的气孔是难以完全避免的，但可以采取某些措施加以控制，常用的方法主要有：

（1）严格防止合金粉末贮运中的氧化，在使用前要烘干去湿；

（2）合金粉末热喷涂时，要尽量减小基材和粉末的氧化程度；

（3）在激光熔化中要采取防氧化的气体保护措施，尤其是非自熔性合金更应在保护气氛下熔化；

（4）覆层或合金化层应尽量薄，以便于熔池内的气体逸出；

（5）应尽量延长激光熔池存在的时间，以增加气体逸出时间。

## 4.2 激光制备耐腐蚀复合材料

### 4.2.1 材料腐蚀给国民经济造成了极大的损失

金属基复合材料的不断发展，必将应用于更加复杂苛刻的使用环境，因而对其腐蚀性能方面的要求也将越来越高。近年来，对金属基复合材料腐蚀机理及防腐蚀措施的研究较多，其中激光对金属基复合材料进行表面处理被认为是提高材料抗腐蚀性能的一种有效途径。而在我国材料腐蚀每一年造成了大量的经济损失。表4-1为我国一年因材料腐蚀而造成的损失。

**表4-1 中国的腐蚀损失**（Uhlig方法）

| 防蚀方法 | 防蚀费/亿元 | 防蚀费的比例/% | 防蚀方法 | 防蚀费/亿元 | 防蚀费的比例/% |
|---|---|---|---|---|---|
| 表面涂装 | 1518.44 | 76.63 | 电化学保护 | 2 | 0.05 |
| 金属表面处理 | 234.16 | 11.66 | 腐蚀研究 | | |
| 耐蚀材料 | 250.25 | 12.46 | 腐蚀调查 | | |
| 防锈油 | 2 | 0.10 | 总　计 | 2007.85 | |
| 缓蚀剂 | 1 | 0.05 | | | |

### 4.2.2 激光制备耐腐蚀复合材料方法分类

根据表面有无涂覆合金元素以及合金元素的多少、合金元素的组成形式，激光处理技术可分为激光表面熔凝、激光表面合金化、激光表面熔覆3种。

#### 4.2.2.1 激光表面熔凝（LSM）

激光表面熔凝技术是用高能量密度激光束扫过材料表面，使之发生局部熔化后急速冷却的技术。

利用激光熔凝技术改善复合材料耐蚀性的机理，在于利用激光对金属基复合材料进行表面照射，从而导致某些金属间化合物和部分增强体分解，减少在复合材料组织中形成原电池从而加速材料的腐蚀。同时，在材料表面形成一个以基体为主要成分的组织均一的薄层，借助于基体材料优良的耐蚀性来提高金属基复合材料的抗腐蚀性能。又因激光处理后表面呈压应力状态也会对提高复合材料的抗腐蚀性能有所帮助。经激光熔凝后的表面熔化区还具有晶粒细化、能获得亚稳态组织甚至非晶、熔化层内气孔率较低、基体与表面结合状态好等优点。

#### 4.2.2.2 激光表面合金化（LSA）

激光表面合金化是先在复合材料表面涂覆少量合金元素，再用激光使基体和合金元素达到熔化状态。由于温度不均匀而产生的湍流现象使合金元素与基体表层充分混合，在快冷后形成不同于基体的耐腐蚀性较高的合金化表面层。

#### 4.2.2.3 激光表面熔覆（LSC）

激光表面熔覆技术是在基体表面涂覆一层较厚的合金元素，当激光束作用在涂层上时，涂覆的合金元素发生合金化反应，生成的合金层完全覆盖在基体上面，同时基体表层发生熔化，与合金层产生冶金结合。表面的合金层将基体与腐蚀介质隔绝开，材料的腐蚀性能由熔覆层的腐蚀性能决定。由于激光束能量密度高，凝固时冷却速度快，激光熔覆层凝固后可以获得细小的组织。可以在同一零件的不同部位根据需要进行不同的熔覆，基体和熔覆层的结合是冶金结合，熔覆层组织具有明显的梯度渐变特征，熔覆过程中垂直方向高的温度梯度可以抵消涂覆材料与基体由热膨胀系数的差异而带来的热应力，避免材料的严重变形甚至开裂，形成良好的结合。目前利用激光表面熔覆来改善复合材料的耐腐蚀性多用在耐腐蚀性比较差的镁基复合材料中。

### 4.2.3 激光技术制备耐腐蚀涂层粉末体系与应用

#### 4.2.3.1 激光熔覆技术制备耐蚀涂层粉末体系及应用

A 晶态体系

激光熔覆耐蚀涂层以Ni基、Co基自熔合金或不锈钢及以它们为基的金属陶瓷复合涂层材料为主，具有优良的抗腐蚀性能。

（1）Ni 基自熔合金和不锈钢为基的含 SiC、$B_4C$、WC 等颗粒的复合涂层具有良好的耐腐蚀性；

（2）以 Co 基自熔合金为基的硬面合金涂层则显示出良好的抗热气蚀和冲蚀能力。

激光熔覆技术制备耐腐蚀材料的研究工作成效显著：

利用激光熔覆技术，以 Ni、Si、Cr 元素粉末（按照 $m(Ni):m(Si):m(Cr)=72:22:6$ 为原料，在低碳 A3 钢表面制得了组织由初生胞状树枝晶 $Ni_2Si$ 及枝晶间少量 $FeNi/Ni_{31}Si_{12}$ 共晶组成与基材间为完全冶金结合，厚度为 1.2~1.5cm 的新型金属硅化物复合材料的涂层，分析涂层显微组织，测试涂层显微硬度分布并评定激光熔覆 NiSi 涂层在 0.5mol/L $H_2SO_4$ 及 3.5% NaCl 水溶液中的耐蚀性。

在 45 号钢表面激光熔覆 Ni 基合金和含 10% $Cr_2O_3$（质量分数）的 G112Ni 基合金后发现，在 10% $H_2SO_4$ 腐蚀介质中 G112 合金熔覆层的耐蚀性远高于不锈钢，加入 $Cr_2O_3$ 后可进一步提高其耐蚀性，这与涂层组织的细化和 Cr 元素含量的进一步提高密切相关。

在 Incoloy800H 基体上激光熔覆 $SiO_2$ 涂层在 450℃ 或 750℃ 煤气气氛中暴露 64.5h 后发现，该陶瓷涂层的耐蚀性比原基体合金有大幅度的提高。

在自熔性合金激光熔覆时加入稀土或稀土氧化物，可显著改善熔覆层的耐蚀性能，在低碳钢上激光熔覆加入 8% $CeO_2$ 的铁基非晶自熔性合金粉末（$M_{80}S_{20}$），$CeO_2$ 的加入改善了共晶体和化合物的形态及分布，并且细化了组织；阳极极化结果表明 $M_{80}S_{20}$ + 8% $CeO_2$ 合金激光熔覆层的初始钝化电流密度和维钝电流密度均低于未加 $CeO_2$ 的 $M_{80}S_{20}$ 合金激光熔覆层，加 $CeO_2$ 熔覆层的钝化区宽于未加 $CeO_2$ 的钝化区，$CeO_2$ 的加入可改善 $M_{80}S_{20}$ 合金激光熔覆层的耐蚀性能。

B 非晶态体系

非晶态合金具有很好的电化学“钝化”作用，很适合用作耐蚀涂层，激光熔覆的快速凝固过程使之成为生产非晶态合金涂层的有效手段。

利用激光器采用喷涂铜合金的两步法工艺，用 2kW-Nd：YAG 激光对 Mg-SiC 复合材料进行激光熔覆，熔覆后表层 $Cu_{60}Zn_{40}$ 合金与 Mg-SiC 基体熔合良好。激光熔覆试样的腐蚀电位 $E$ 比未处理的提高 3.7 倍，其相对腐蚀电流密度 $J$ 降低约 22 倍，提高了复合材料的耐腐蚀性。

在铜基材上熔覆 PdCuSi 合金非晶态涂层。对于 Ni-Nb 及 Ni-Nb-Cr 合金，用连续 $CO_2$ 激光，在 1.91kW（功率密度 $1.6\times10^6W/cm^2$）即可得到部分非晶；用 5kW（功率密度 $1.67\times10^7W/cm^2$）激光；在 40Cr 基体上和 Cu 基体上都得到了单道纯非晶，在 40Cr 上得到了多道搭接的大面积部分非晶态。

Cr 能在表面形成钝化膜，加 Cr 后 $Ni_{50}Nb_{40}Cr_{10}$ 非晶的耐腐蚀性有显著提高。

加 Cr 量为 20% 时（原子分数），合金变脆极难检测。多道搭接试样中含有晶化部分，然而在耐腐蚀试验中仍显示出明显的效果；如能避免搭接晶化，耐腐蚀性能将更加理想。而避免搭接晶化的途径，在于提高冷却速度，使重复受热的加热冷却曲线不触及 TTT 曲线的“鼻尖”；这一设想业已由计算和试验得到证实，在熔覆非晶态合金 Fe-Ni-P-B 时，高的扫描速度可保持搭接区非晶态不晶化。

#### 4.2.3.2　激光合金化技术制备耐蚀涂层粉末体系

提高铁基合金表面耐腐蚀性能常用以下方法：加入 Cr、Si、Ni 提高电极电位；在表面生成致密的氧化膜。

采用纯度在 99% 以上的 Cr 粉对灰铸铁表面合金化，可以提高耐腐蚀性能；用 Cr 粉对球墨铸铁表面激光合金化，Cr 可促进球铁钝化而提高耐腐蚀性；用 Cr 粉或 Cr-C 粉末对 20 号钢表面激光合金化，可以使表面耐腐蚀性能得到很大提高；用 NiCoCrB 对 AISI 1050 和 AISI 316L 钢表面进行激光合金化得到耐腐蚀较好的合金化层；用 $Si_3N_4$ 对 AISI430 不锈钢表面进行合金化，使腐蚀起始电势向更高电势转变。对 SiC 颗粒增强 6061 铝复合材料以 Ni-Cr-B 粉末为原料进行激光表面合金化后发现，合金层中颗粒已经完全溶解，在合金层中形成了比较复杂的新相，如 $Al_3Ni_2$，$Cr_2B$ 和初生硅，这些新相的耐腐蚀性很好，由于是快速凝固，合金层组织非常细小均匀，从而使复合材料的耐腐蚀性有了显著提高。

#### 4.2.3.3　激光制备耐蚀涂层材料的应用

采用激光熔覆技术制备铝基复合材料涂层，由于其具有比强度高、比刚度高、耐磨性好、导热性好、热膨胀系数小等优点，在航空、航天领域有广阔的应用前景。

## 4.3　激光制备耐热复合材料

### 4.3.1　激光制备耐热复合材料分类

激光制备耐热复合材料的方法与激光制备耐腐蚀复合材料的方法一样，可以分为激光表面熔凝、激光表面合金化、激光表面熔覆 3 种。

### 4.3.2　激光制备耐热复合材料体系与应用

#### 4.3.2.1　激光熔覆耐热涂层粉末体系

激光熔覆制备耐热涂层需要涂层材料、缓冲剂、稳定剂和添加剂。

（1）目前，对激光熔覆 $ZrO_2$、$Al_2O_3$、TiC、NbC 和 $SiO_2$ 等纯氧化物陶瓷或

其复合陶瓷作为热障涂层的研究备受人们的关注。

（2）为了解决纯陶瓷涂层中的裂纹及与金属基体的高强结合，采用中间过渡层并在陶瓷层中加入低熔点高膨胀系数的 CaO、$SiO_2$、$TiO_2$ 等缓冲相以松弛应力是成功的经验。作为热障涂层材料应具备的性质中，最重要的是具有低的热传导系数和高的热膨胀系数。这一要求使研究的注意力更多地集中在 $ZrO_2$ 涂层上，因为在陶瓷材料中 $ZrO_2$ 与金属的热膨胀系数最为接近，且导热率最低，是理想的热障涂层材料。但 $ZrO_2$ 在 1170℃左右发生的 t→m 相变对涂层热障性能是有害的，必须进行稳定化处理。

（3）通常采用的稳定剂为 CaO、MgO、$Y_2O_3$ 及其他稀土氧化物。对 $Y_2O_3$ 稳定 $ZrO_2$ 涂层的系统研究表明，全稳定的 YFSZ（yttria fully stabilized zirconia）涂层性能远不如部分稳定 YPSZ（yttria partially stabilized zirconia），在部分稳定的 YPSZ 中又以含6% ~8% $Y_2O_3$(质量分数）的 YPSZ 涂层表现出最佳的热剥离抗力和较好的综合力学性能，是最有希望的热障碍涂层。在以 25% $CeO_2$(质量分数）稳定的 $ZrO_2$ 激光熔覆层的研究中发现，尽管耐腐蚀性略低于 YPSZ，但因其具有更低的热传导率和更高的抗拉强度/断裂韧性及热循环寿命，特别是高温稳定性可望在更高温度的应用方面替代 YPSZ。尽管激光熔覆可以获得完全致密的 $ZrO_2$ 涂层，但涂层中的裂纹是棘手的问题。

（4）采用在 $ZrO_2$ 涂层中添加 $SiO_2$ 或喷入 $Al_2O_3$ 粉末等方法可有效抑制裂纹的产生，降低裂纹率，取得了较好的效果。表 4-2 为激光熔覆制备耐热涂层的粉末体系。

**表 4-2 激光熔覆制备耐热涂层的粉末体系**

| 材 料 | 组 成 |
|---|---|
| 涂层材料 | $ZrO_2$、$Al_2O_3$、$SiO_2$、TiC、NbC |
| 中间过渡层材料 | CaO、$SiO_2$、$TiO_2$ |
| 稳定剂材料 | CaO、MgO、$Y_2O_3$ 及其他稀土氧化物 |
| 添加剂材料 | $SiO_2$、$Al_2O_3$ |

采用激光熔覆技术在镍基高温合金 GH864 表面制备了原位合成碳化物 TiC、NbC 陶瓷颗粒，生成的 NbC 量较少在镍基固溶体中有一定的固溶度，而激光熔覆条件下熔覆层的快速凝固扩大了 NbC 在镍基固溶体中的固溶度增强，而且组织更加细化，NbC 变得更加细密、均匀、弥散。而且原位合成了 TiC，作用与 NbC 一样，在高温环境（1100℃）中熔覆层具有高温抗氧化性能。

采用激光合金化定向快速凝固工艺，可制备具有快速定向生长微细柱晶组织的 Rene95 高温合金板状试样，其一次枝晶间距约为 7μm、枝晶间完全无 $\gamma/\gamma'$ 共晶组织析出。结果表明，激光熔化沉积定向快速凝固微细柱晶 Rene95 高温合金具有优异的力学性能。

#### 4.3.2.2 激光合金化耐热涂层粉末体系

提高合金化层的耐高温和抗疲劳性能可加入 Co、Cr、Mo 等元素。Co 元素可以提高钢在加热时的组织稳定性，阻碍碳化物的长大，因此 Co 元素对钢表面合金化可以提高高温性能和热疲劳性能；经 Cr、Mo 元素合金化的钢表面具有良好的热疲劳性能。如采用 Co 粉对 20Cr2Ni4W 钢表面激光合金化，可以得到耐高温和抗热疲劳的表面层。

在不锈钢基材上通过激光合成 Ni-Cr-Al-Co-X（X = Mo、W、Nb、Ti、C、B）+ TiC 粉末制备出 TiC 陶瓷颗粒增强 Ni-Al 基高温耐磨复合材料涂层，实验条件下，激光熔覆涂层与基材之间没有出现裂纹/孔洞等缺陷，涂层与基材之间仍保持着良好的冶金结合。激光熔覆 TiC 陶瓷颗粒增强 Ni-Al 基高温耐磨复合材料涂层具有良好的高温稳定性。

#### 4.3.2.3 激光制备耐热涂层的应用

随着航空工业的发展，飞机发动机具有越来越高的涡轮进口温度，常规粉末制备的涂层已不能满足这一要求，采用激光熔覆技术在高温合金叶片上制备纳米氧化锆热障涂层可以满足这一要求。另外，在一些特殊的工况环境下，采用激光熔覆技术制备氧化铝耐热涂层也可以满足使用要求。

# 5 激光制备金属基复合材料耐磨涂层及其应用

一些矿山机械设备及工模具通常是在某种极端条件下服役，例如干摩擦磨损较多的磨损，这就要求服役零件应具有很高的耐磨性能。这些零件一般都很贵，磨损失效后报废很可惜，行之有效的办法就是对它们进行修复使之恢复使用性能。修复的方法有等离子喷涂、电镀、刷镀等，但这些方法由于基体与涂层之间的结合为机械或半机械结合，结合强度低，使用中往往会发生脱落现象。近年来，激光表面熔覆技术成功地用于表面修复工程。该技术有如下一些优点：界面为冶金结合；组织极细；熔覆成分及稀释度可控；熔覆层厚度较大；热畸变小；易实现选区熔覆，工艺过程易实现自动化。为了使涂层具有极高的耐磨性能，可用 $WC_p$ 作为硬化相，与 Ni 基合金一起经过激光熔覆处理后在金属基材上构成一种复合材料涂层。这种复合材料涂层具有硬度高、热稳定性好、与基材为冶金结合的特点。我国每年有大量贵重的金属零件由于表面磨损而失效，如将本课题的研究结果用于一些矿山机械设备及工模具的强化及修复，则可大幅度地延长其使用寿命，降低生产成本，提高企业的综合经济效益。

## 5.1 激光熔覆制备金属基梯度复合材料耐磨涂层

### 5.1.1 梯度涂层成分设计

在激光熔覆过程中，由于铸造 $WC_p$ 的密度较 Ni 基合金大得多，$WC_p$ 往往会大量沉积在熔覆层与基材的结合界面上，同时，由于熔覆层中大的温度梯度以及涂层材料与基材热物性参数有较大差异，导致开裂敏感性大大增加。为避免熔池凝固时出现较大的拉应力进而引发裂纹，作者采用逐层增加铸造 $WC_p$ 含量的激光熔覆新方法，以期获得无裂纹的梯度复合材料耐磨涂层。

基于梯度成分设计，配制三种不同质量分数的粉末混合体，如表 5-1 所示。

表 5-1 各试样熔覆层的成分 （质量分数,%）

| 试样号 | 第一梯度层 | 第二梯度层 | 第三梯度层 |
| --- | --- | --- | --- |
| 16-2 | Ni60B 90% + 铸造 $WC_p$ 10% | | |
| 16-3 | Ni60B 90% + 铸造 $WC_p$ 10% | Ni60B 70% + 铸造 $WC_p$ 30% | |
| 19-4 | Ni60B 90% + 铸造 $WC_p$ 10% | Ni60B 70% + 铸造 $WC_p$ 30% | Ni60B 50% + 铸造 $WC_p$ 50% |

由表 5-1 可以看出，通过梯度设计方法，将铸造 $WC_p$ 含量逐层提高，从而有望减少涂层拉应力及开裂倾向。

## 5.1.2 梯度涂层的激光熔覆制备过程

宽带激光熔覆实验采用 5kW HL—5000 型工业横流 $CO_2$ 激光器、JKF-6 型激光宽带扫描转镜和自动送粉装置。熔覆处理前将基材于 400℃ 加热 30min。配制三种不同体积分数的粉末混合体进行宽带激光熔覆试验，如表 5-1 所示。熔覆工艺是先在基材上预置一层纯 Ni 涂层，再一层一层的熔覆不同体积分数的粉末混合体从而形成梯度复合材料涂层，如图 5-1 所示。

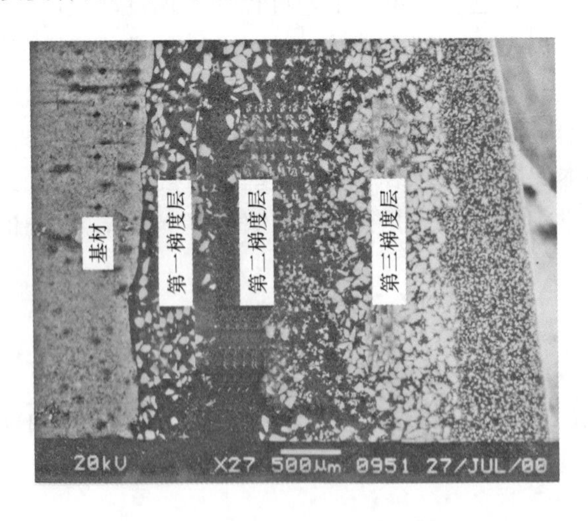


图 5-1 $WC_p$/Ni 基合金梯度复合涂层

## 5.1.3 梯度涂层的组织与性能

### 5.1.3.1 梯度复合涂层组织组成及相组成

图 5-2 为梯度复合涂层中部的 X 射线衍射结果，可以看出，梯度复合涂层相组成为 γ-Ni、$Ni_3B$、$M_7C_3$、$M_6C$、WC 以及 $W_2C$。图 5-3 为梯度复合涂层内组织形貌，可以看出，梯度涂层内主要为原始铸造 $WC_p$ 与基体组织，在铸造 $WC_p$ 周

围有一层凝固结晶析出的毛刺状碳化物，特别强调的是，铸造 $WC_p$ 周围这些毛刺状的碳化物加强了与周围 Ni 基合金基体组织之间的结合强度，有助于提高复合涂层的综合力学性能。值得注意的是，在图 5-2 中发现在衍射角（$2\theta$）为 30°～55°范围内隐约出现了表征非晶态的漫散包。其上叠加明显的较强峰，说明涂层内可能含有少量非晶组织，但绝大部分仍为晶态。

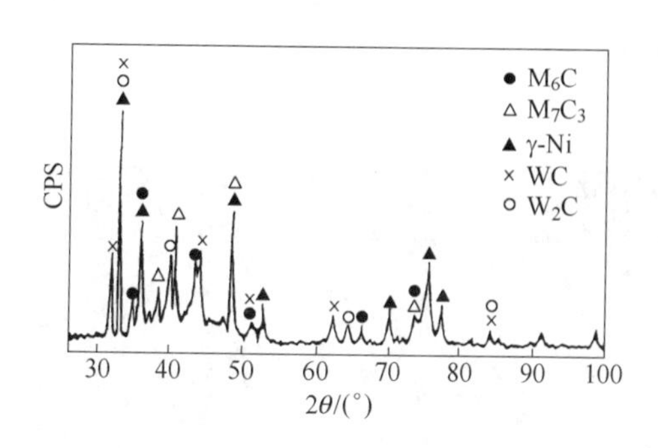


图 5-2　涂层中部 X 射线衍射结果

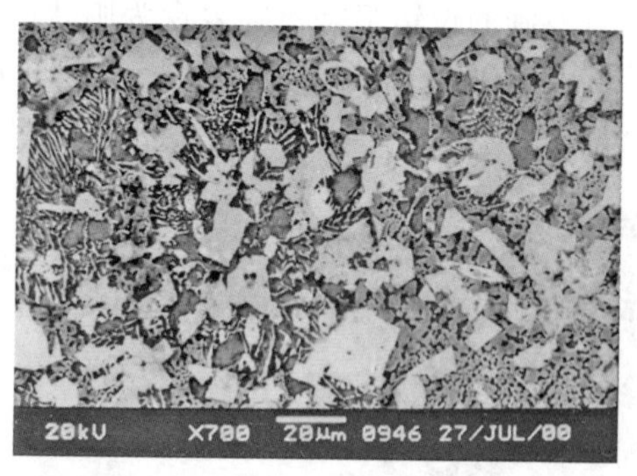


图 5-3　梯度复合涂层内组织形貌

通过 TEM 分析，在涂层中发现了少量大块的非晶区。图 5-4 为非晶区的 TEM 明场相，呈现无结构特征的非晶形貌，电子选区衍射的宽化漫散晕环证明了典型的非晶组织。

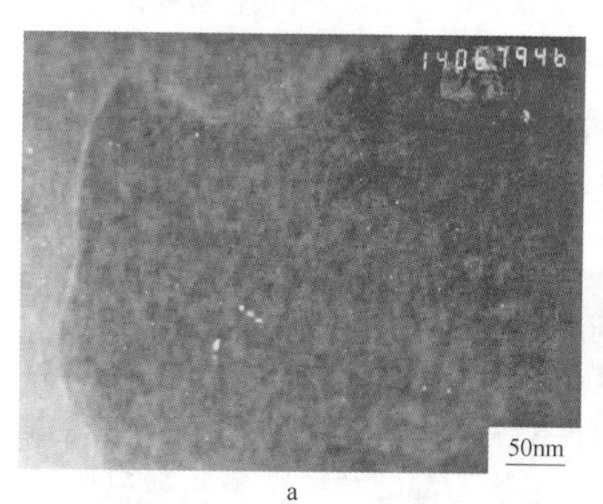


a

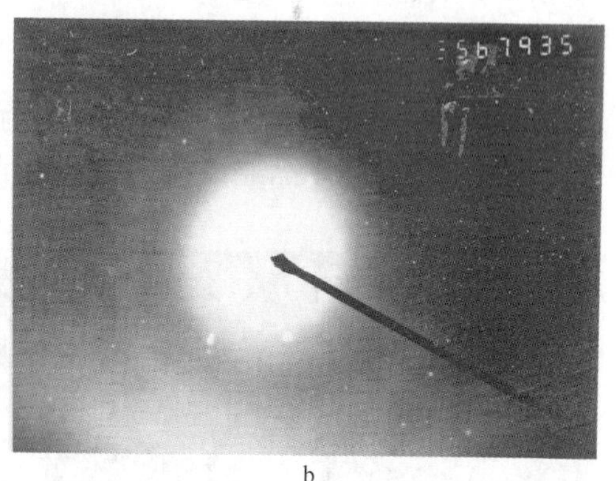

b

图 5-4　非晶区的大块组织及其衍射花样

a—非晶区的 TEM 明场相；b—电子选区衍射

图 5-5 为铸造 $WC_p$ 周围析出物的组织形貌，由图可知，有共晶组织、γ-Ni(Cr，W，Si，B)基体组织、白色的块状、三角状、长条状的碳化物，还有深灰色不规则的块状析出物。

结合 X 射线衍射分析，能谱分析及显微硬度分析结果（略），可以确定基体

组织为 γ-Ni，不规则白色块状析出物为 $M_7C_3$ 及 $M_6C$，白色三角形析出物为 WC，深灰色析出物为 $W_2C$。

### 5.1.3.2 梯度复合涂层中的亚结构及纳米晶

高能激光超快速加热及超快速冷却，在复合涂层内形成了极高的温度梯度。在这种特殊的加热条件下极易在复合涂层内产生亚结构。图 5-6 为 TEM 下观察到的位错组态，它表现为胞状网络特征和高缠结状。我们还发现有平行状的高密度条纹衬度（图略），这是快速凝固引起的高应力导致高密度孪生的结果。

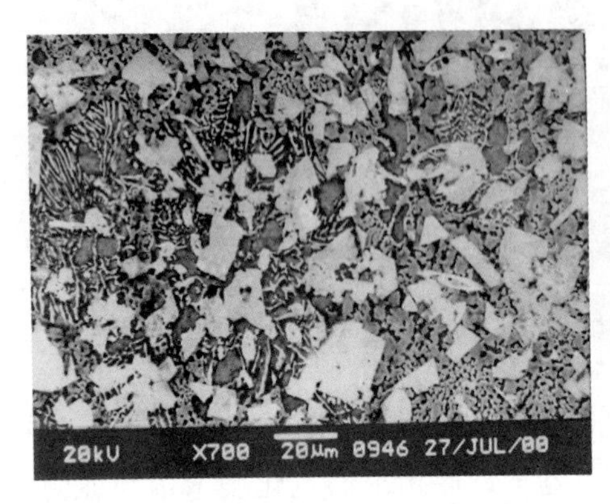


图 5-5 铸造 $WC_p$ 周围的组织形貌

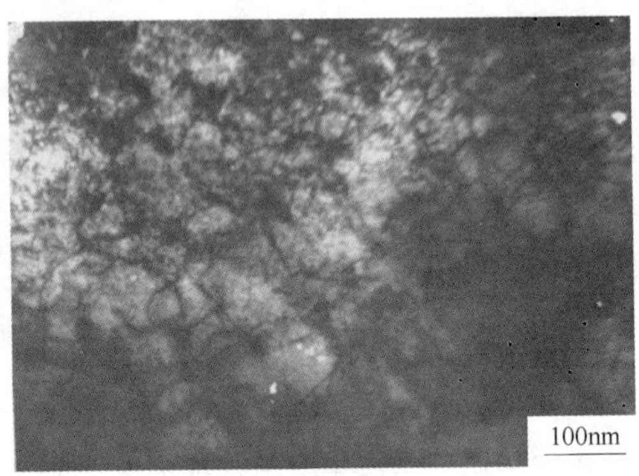


图 5-6 复合涂层中的位错缠结

复合涂层中发现了少量极细的晶粒，不同区域晶粒大小有所不同，但尺寸均属纳米晶范围（1 ~ 100nm）。图 5-7 为其暗场相及其衍射环。说明了梯度复合涂层内部存在纳米晶亚结构。纳米晶是在低于临界冷却速度的高冷速下，由

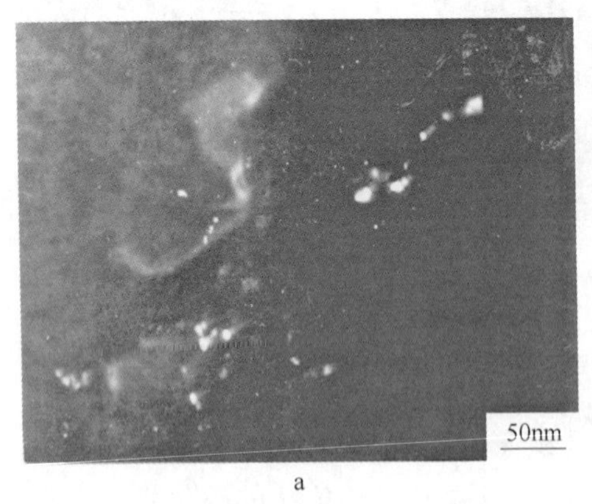


a

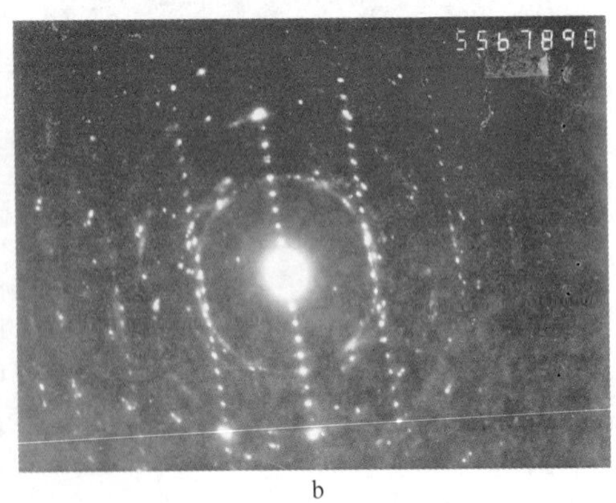


b

图 5-7 纳米晶的暗场相及衍射花样

a—纳米晶的暗场相；b—衍射环

很高的过冷度所造成的高形核率和由温度急剧下降所限制的低生长率作用的结果。鉴于纳米晶是一种稳定相，具有一系列独特的性能，诸如小尺寸效应、量子效应、宏观量子隧道效应、表面效应。因此，用激光熔覆直接在材料表面实现纳米晶这一新发现具有重要意义。

#### 5.1.3.3 梯度复合涂层的硬度

图5-8为19-4号试样由涂层表面至基材的硬度分布曲线。由图可知，由于激光直接作用，涂层表面温度高、烧损大，故硬度低；梯度层内铸造 $WC_p$ 分布均匀且有大量弥散析出相，故硬度较均匀；而梯度层之间以 γ-Ni 枝晶组织为主，硬化相较少，故硬度偏低；由熔覆到结合区再到热影响区的硬度变化平缓，这是因为在熔覆区与基材之间预置了一个过渡层，从而使熔覆材料与基材的结合层有较好的韧性，在实际应用中这样可减缓工件的开裂敏感性。

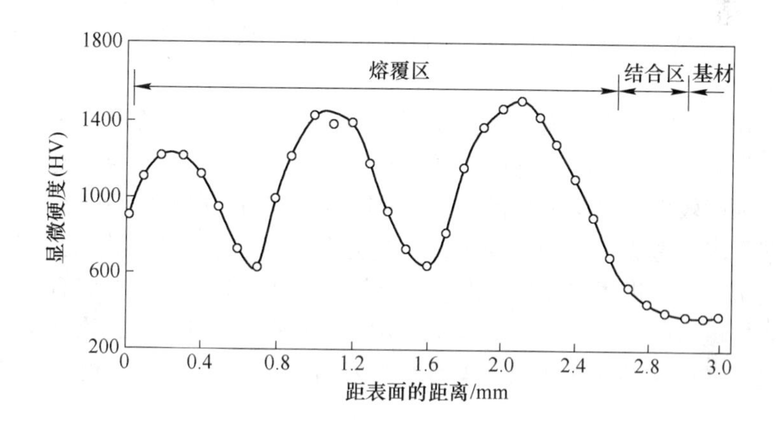


图5-8 19-4号试样由涂层表面至基材的硬度分布曲线

#### 5.1.3.4 梯度复合涂层的耐磨性能

耐磨性能试验参数为：转速200r/min，正压力980N，磨损时间1h。用精度为0.01mm的体视放大镜测量块形试件的磨损宽度和长度，用公式计算体积磨损量，用每磨损 $1mm^3$ 所对应的磨程 $Wv^{-1}$（即相对滑动距离，单位：m）表示耐磨性。用符号 $Wv^{-1}$ 表示。由图5-9可知，随着铸造 $WC_p$ 含量的增加，涂层的耐磨性提高。这是因为当铸造 $WC_p$ 含量增加时，溶解进入黏结合金的W、C增多，强化了基体相 γ-Ni，提高了复合涂层的强度。另一方面，弥散析出的强化相较多。梯度复合涂层的耐磨性最高为基材的3.4倍。

### 5.1.4 梯度复合材料涂层的应用

作者将取得的研究成果应用于贵州化肥厂、中国铝业贵州分公司、贵州

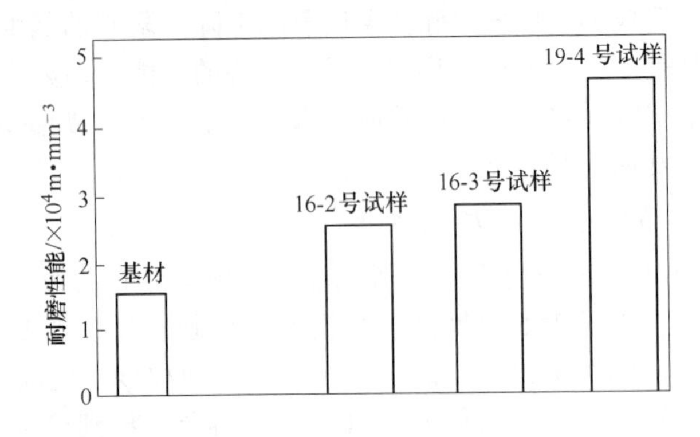


图 5-9　各试样的耐磨性能

宏福实业发展总公司、贵阳新阳汽车配件厂等国有大中型企业和民营企业的报废贵重零部件的激光表面强化与熔覆修复（如报废电机转子轴、大型进口装载机销轴与活塞拉杆、进口阀体阀座等）中，取得了较好的经济效益和社会效益。

图 5-10 为对电机转子轴磨损部位进行激光熔覆修复的情形，该转子轴磨损部位原来是采用热喷涂技术进行修复的，由于热喷涂制备的涂层与基材为机械结合，结合强度较低且涂层组织粗大，空洞较多，使用一段时间后，涂层容易从基材上剥落下来，造成生产线的停车，且修复次数多，造成企业的生产成本增大。采用激光熔覆技术进行修复后，由于涂层与基材之间为化学冶金结合，结合强度高，而且熔覆层的组织细密，所修复的电机转子轴磨损量极小，涂层至今未发生脱落现象。采用这种先进的修复技术降低了企业的生产成本，提高了综合经济效益。

图 5-10　激光熔覆修复矿山电机转子轴

图 5-11 为化工行业用的电机转子轴的激光熔覆修复的情形，该电机价值 10 多万元，由于电机转子轴磨损了，导致整体报废，采用激光熔覆技术修复后已有一年有余，至今尚未发生从基材上脱落的现象。

图 5-11 激光熔覆修复化工行业电机转子轴

图 5-12 为激光熔覆修复水泥行业大型齿轮轴磨损部位的情形。该大型齿轮轴价值 15 万元，激光熔覆修复后恢复了其使用性能，为企业节约了生产成本，受到厂家的高度赞誉。

图 5-12 激光熔覆修复水泥行业大型齿轮轴

总之，在国家大力提倡走循环经济道路的今天，激光熔覆技术必将以其特有的技术优势，逐渐展示出广阔的市场前景。

# 5.2 球墨铸铁激光熔凝淬火形成的网络状复合材料

## 5.2.1 球墨铸铁激光熔凝淬火组织

对于灰铸铁而言，其激光相变硬化组织为马氏体+残留奥氏体+碳化物+残留石墨片。对于球墨铸铁，当其原始组织为珠光体基体加球状石墨时，在珠光体区域的转变特征类似于灰铸铁的情况。而在球状石墨与原珠光体交界区域的相变特征却不同于灰铸铁的情况。在高能激光的作用下，由于界面反应，使石墨溶解并发生扩散，相邻固溶体含碳量升高，熔点下降而发生局部熔化，冷凝后获得了很细的共晶莱氏体组织。随着层深的增加，在靠近铸铁冷基体的热影响区，由于温度较低，界面反应不充分，石墨溶解量小，碳的扩散距离短，因而可能在石墨周围形成“马氏体壳”。

在激光输出功率 $P=2.4\text{kW}$，扫描速度 $v=30\text{mm/s}$，$40\text{mm/s}$，$50\text{mm/s}$ 的条件下，对球铁的组织进行了分析。图5-13～图5-15为扫描速度 $v=30\text{mm/s}$ 条件下的激光淬火组织，由图5-13可以看出，球墨铸铁最外层由于界面反应，使石墨溶解并发生扩散，相邻固溶体含碳量升高，熔点下降而发生局部熔化，冷凝后获得了很细的共晶莱氏体组织。由图5-14可知，在靠近铸铁冷基体的热影响区，由于温度较低，界面反应不充分，石墨溶解量小，碳的扩散距离短，在石墨球周围形成一圈具有碳浓度梯度的奥氏体，随后的快速冷却使其转变成马氏体环带，从而在石墨周围形成“马氏体壳”。图5-15为500倍下石墨周围“马氏体壳”的组织形貌，可以看出，在热影响区形成了基体组织+“马氏体壳”的网络状复合组织，这种复合材料使激光淬火后的球墨铸铁具有良好的强韧性配合，可以使

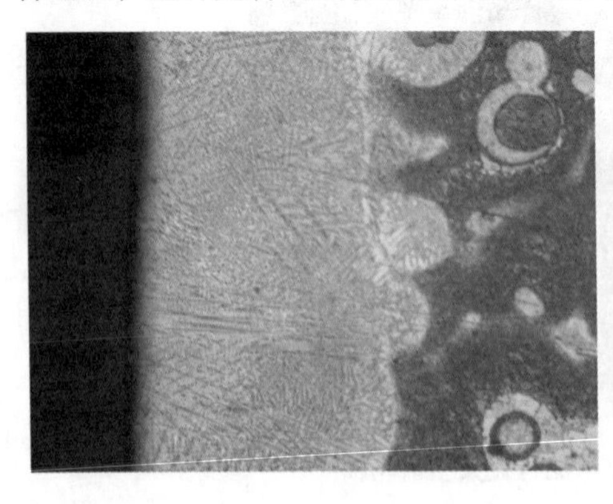

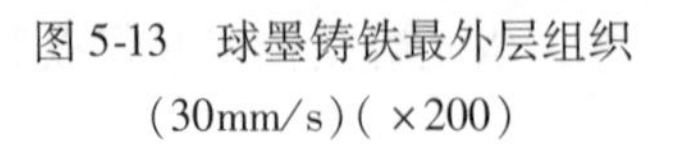

图5-13 球墨铸铁最外层组织
(30mm/s)(×200)

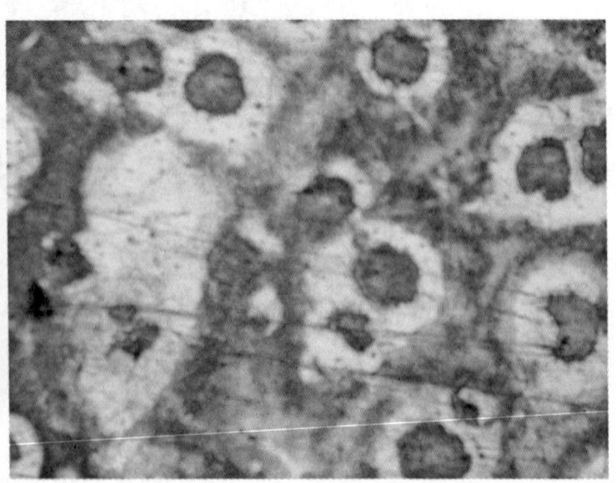

图5-14 球墨铸铁热影响区组织
(30mm/s)(×200)

经激光淬火后的球墨铸铁制件获得很高的强度、硬度和耐磨性。

图5-16和图5-17为扫描速度 $v=40\text{mm/s}$ 条件下的激光淬火组织，由图5-16可以看出，球墨铸铁最外层组织类似于图5-13，图5-17为500倍下石墨周围“马氏体壳”的组织形貌，可以看出，马氏体组织表现为针状特征。图5-18为扫描速度 $v=50\text{mm/s}$ 条件下的激光淬火组织，由图5-18可以看出，“马氏体壳”的组织明显减少，这是因为随着扫描速度的增加，作用于材料表面单位面积上的能量较小，热影响区石墨的溶解量较少所致。

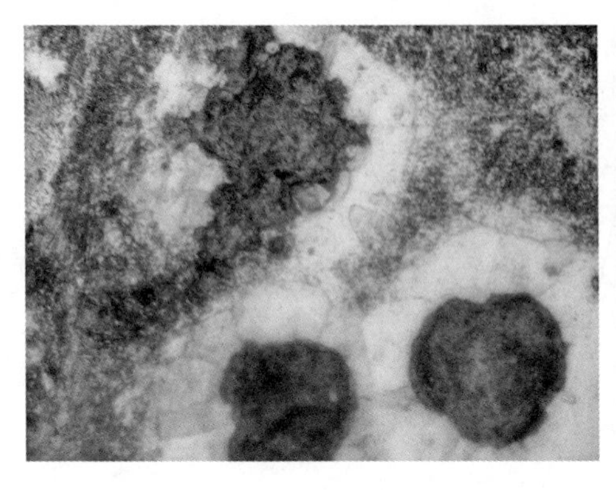

图5-15　球墨铸铁热影响区组织（30mm/s）（×500）

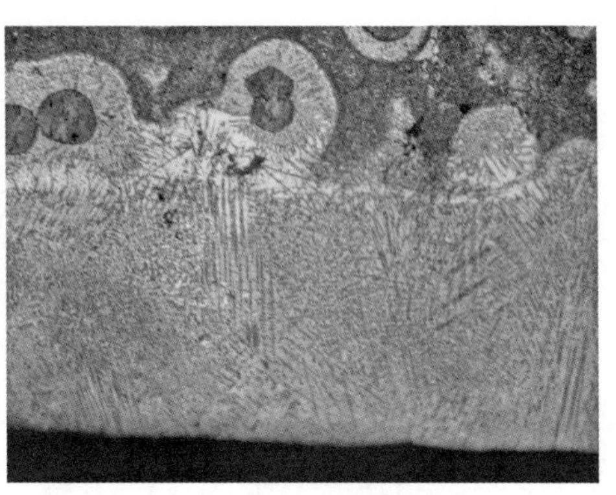

图5-16　球墨铸铁最外层组织（40mm/s）（×200）

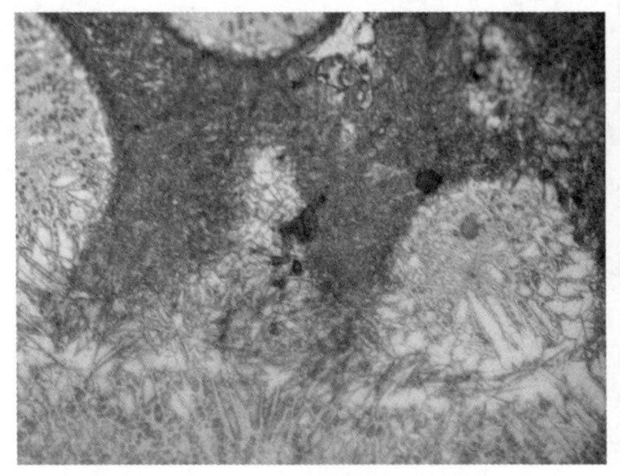

图5-17　球墨铸铁热影响区组织（40mm/s）（×500）

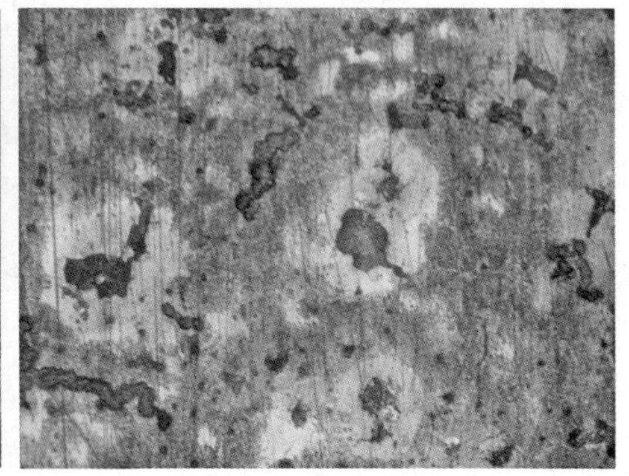

图5-18　球墨铸铁热影响区组织（50mm/s）（×200）

## 5.2.2　球墨铸铁激光熔凝淬火性能

### 5.2.2.1　球墨铸铁激光熔凝淬火硬度

图5-19～图5-21分别为 $P=2.4\text{kW}$，$v=30\text{mm/s}$、$40\text{mm/s}$、$50\text{mm/s}$ 条件下

沿激光能量输入方向的显微硬度分布曲线。由图 5-19 可以看出，在热影响区，显微硬度分布呈梯度下降的趋势。最高硬度达到 750HV。这是因为扫描速度慢，作用于材料表面单位面积上的能量较多，形成的马氏体环数量较多的缘故。由图 5-20 可知，在热影响区，显微硬度分布类似于图 5-19，但最高硬度略有下降，约为 740HV。由图 5-21 可以看出，热影响区的最高硬度下降较多，大约为 600HV，这是因为随着扫描速度的增加，作用于材料表面单位面积上的能量较小，形成的马氏体环数量较少的缘故。

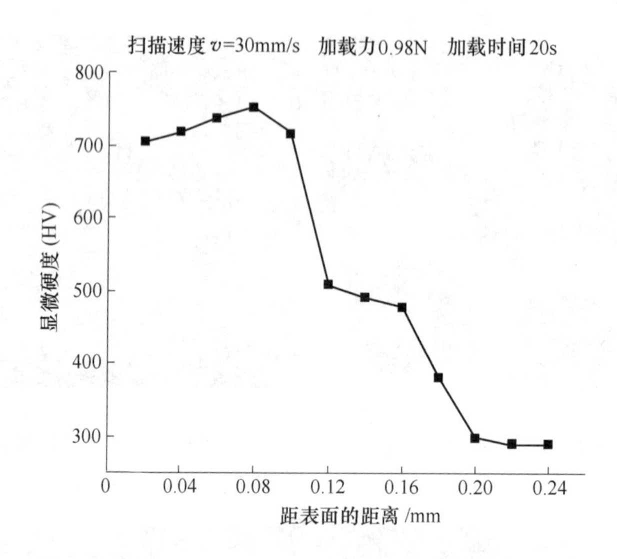


图 5-19　$P = 2.4\mathrm{kW}$，$v = 30\mathrm{mm/s}$ 条件下的显微硬度分布

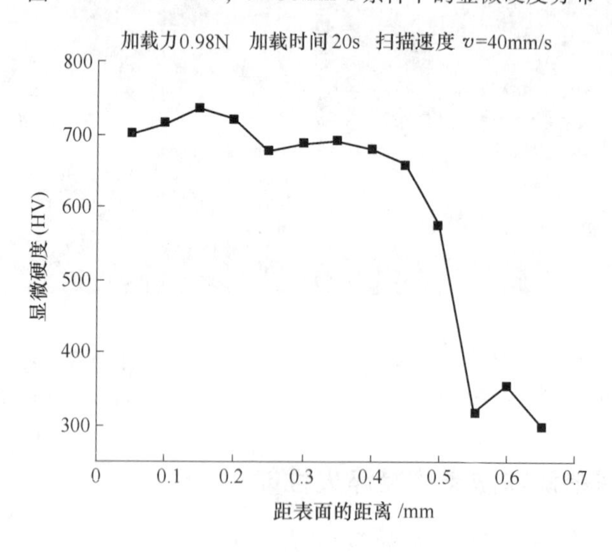


图 5-20　$P = 2.4\mathrm{kW}$，$v = 40\mathrm{mm/s}$ 条件下的显微硬度分布

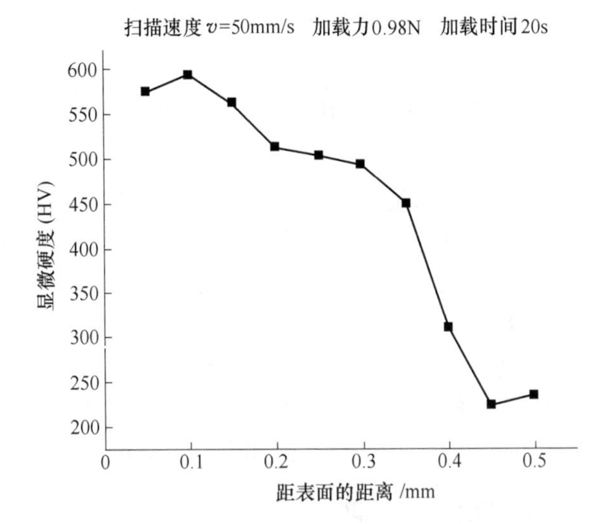


图5-21　$P=2.4\text{kW}$，$v=50\text{mm/s}$ 条件下的显微硬度分布

### 5.2.2.2　球墨铸铁激光熔凝淬火的耐磨性

表5-2是在功率为2.4kW，焦距为320mm不同扫描速度激光淬火磨损试验后各试样的数据。球墨铸铁激光熔凝淬火的耐磨性对比直方图（见图5-22）。

**表5-2　不同扫描速度激光淬火磨损试验后各试样数据**

| 激光扫描速度/mm·s$^{-1}$ | 上试样 | 试验前质量/g | 试验后质量/g | 磨损量/g |
|---|---|---|---|---|
| $v=30$ | 上试样① | 8.6864 | 8.6770 | 0.0094 |
| $v=40$ | 上试样② | 8.8538 | 8.6770 | 0.0111 |
| $v=50$ | 上试样③ | 8.8879 | 8.8830 | 0.0049 |
| —— | 上试样④(原样) | 8.7846 | 7.1514 | 1.6332 |

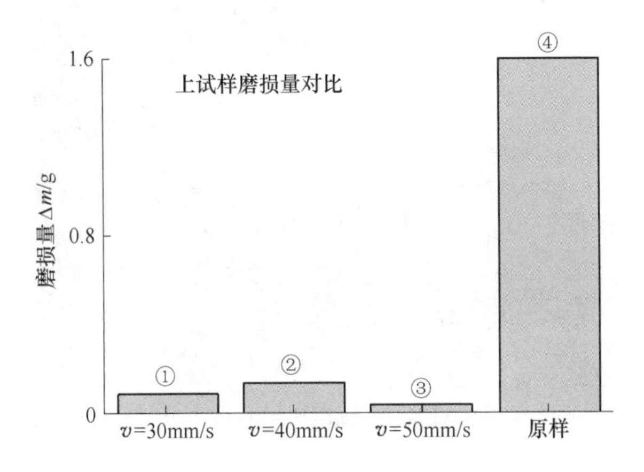


图5-22　球墨铸铁激光熔凝淬火的耐磨性对比直方图

# 5.3　球墨铸铁激光熔凝淬火的应用

某公司的金属拉丝卷筒原来是在中碳钢的表面采用热喷涂技术涂覆镍基合金，来提高其耐磨性的，在使用过程中涂层容易从基体上脱落，这种办法不仅成本高，而且产品质量很不稳定，影响了企业综合经济效益的提高。采用球墨铸铁为金属拉丝卷筒的基础材料，利用激光熔凝淬火技术作为加工手段，不仅保证了卷筒的强度、硬度和耐磨性，提高了产品的质量，而且使企业的生产成本大幅度下降，企业的综合经济效益得到了极大的提高升，产品运行了近 2 年时间，产品质量稳定，用户反应良好。图 5-23 为 $\phi$1200mm 的金属拉丝卷筒激光熔凝淬火实例。

图 5-23　$\phi$1200mm 的金属拉丝卷筒激光熔凝淬火实例

# 6 激光制备梯度生物医学陶瓷材料涂层及其应用

生物医用材料又称生物材料，它是对生物体进行诊断、治疗和置换损坏的组织、器官或增进机体功能的材料。它交叉了材料、医学、物理、生物化学等学科，属当前研究十分活跃的领域，生物医用材料的研究与开发对国民经济和社会发展具有十分重要的意义。近三十年来，生物医用材料的研究与开发取得了引人注目的成就，使得数以百万计的患者获得康复，大大提高了人类的生命质量。随着我国人口老龄化以及工业、交通、体育等导致创伤的增加，人们对生物医用材料及其制品的需求会越来越大。据统计，我国有6000万残疾人，随着生活水平的不断提高，广大残疾人对生活质量也有了更高的追求，对各种生物材料的需求与日俱增，这无疑给生物材料的产业化发展提供了巨大的市场。因此，研究和开发各类生物材料具有重大的学术及商业价值，生物材料被公认为是21世纪最有发展前途的新材料之一。

硬组织材料是生物医用材料的重要组成部分，在人体硬组织（骨、关节及牙等）的缺损修复及重建已丧失的生理功能方面起着重要的作用。众所周知，骨或关节是人体中承受载荷较复杂的部位，这就要求用于骨或关节等硬组织修复和替代的生物材料不仅要有好的强韧性、足够的力学强度，而且还要有较好的生物相容性。

目前，用于骨组织或关节等硬组织修复和替代的生物材料多为金属医用材料，如不锈钢、钛及钛合金、钴铬钼合金及钴铬合金等。尽管金属生物医用材料有较好的力学性能，如较高的强度和弹性模量等，但由于其与肌体的亲缘比较远，生物相容性差，当植入人体后，它们会与体液和血液中的蛋白质和氨基酸相互作用，使其表面发生腐蚀现象，造成金属离子进入人体体液或与生物原子（如蛋白质和酶）相结合，使人体发生中毒或过敏。以目前最引人注目的金属生物医学材料Ti26Al23V合金为例，当V离子进入人体后，会引起慢性炎症，而Al离子与无机磷结合，使体内缺磷，将诱发老年痴呆症。因此，金属医用生物材料植入人体后，对人体产生的危害是一个不可回避的现实。这严重地限制了金属材料作为生物医学材料的应用。

与此同时，生物陶瓷研究开发在近几十年获得了飞速的发展，主要分为两大类：一是生物医学惰性陶瓷材料，它是指在生物环境中能保持稳定，不发生或仅发生微弱化学反应的生物医学材料，主要包括 $Al_2O_3$、$ZrO_2$、$Si_3N_4$ 等；二是生物活性陶瓷材料，是指能诱发或调节活性的生物医用材料，其中以羟基磷灰石最为引人注目。因为人体骨骼及牙齿中含有大量的羟基磷灰石，它与人体组织有很好的生物相容性。但是，生物医用陶瓷材料自身也具有一些弱点，如强度低、脆性大等，这极大地限制了其在医学临床上的应用。

正是由于上述两大类生物医用材料各自的缺点，以及临床上的实际应用要求，促使人们研究各种各样的复合材料，以期获得力学性能好、生物相容性好、无毒、无副作用的生物医用复合材料。随着表面科学和技术的迅猛发展，在金属医用生物材料表面熔覆一层或多层生物陶瓷材料的研究和开发已备受人们的关注。在机械强度高、生物相容性差的金属等种植体基材表面涂敷上一层生物相容性好的生物陶瓷涂层，使其与生物体直接接触。通过控制表面处理工艺参数，可以调整生物陶瓷涂层的孔隙率和表面状态。这种多孔生物陶瓷涂层材料能够作为永久性的骨或作为细胞组织能够长入的骨。很明显，生物陶瓷涂层与金属基材相互取长补短，使复合体获得单一材料所不具备的性质，这被认为是开发新型生物陶瓷涂层材料最有希望的途径之一，已成为材料科学及生物医学工程学科领域研究的热点，因此，研究和开发这类生物陶瓷复合材料涂层不仅具有重大的学术价值，而且具有广阔的应用前景。

## 6.1　激光熔覆制备梯度生物活性陶瓷复合涂层

### 6.1.1　梯度生物活性陶瓷涂层成分设计

熔覆涂层中能否获得一定含量的磷酸钙生物活性陶瓷相，涂层能否与基材形成良好的冶金结合，涂层材料的选择是一个很重要的因素。本章选用 $CaHPO_4 \cdot 2H_2O$ 粉末、$CaCO_3$ 粉末以及 Ti 粉作为梯度生物陶瓷熔覆粉末，可基于以下几点考虑：

（1）熔覆材料应具有形成生物活性陶瓷相的能力：

$CaHPO_4 \cdot 2H_2O$ 和 $CaCO_3$ 在一定的条件下是可以获得 HA 的，其合成 HA 的化学反应为：

$$6CaHPO_4 \cdot 2H_2O + 4CaCO_3 \longrightarrow Ca_{10}(PO_4)_6(OH)_2 + 4H_2O + 4CO_2$$

由于激光熔覆具有快速加热和快速冷却的特点，其熔覆加工过程远离平衡状态，故熔池凝固结晶后只能获得含 HA 的生物活性陶瓷复合涂层。

（2）经济性上的考虑。研究表明：激光熔覆纯 HA 粉末，熔覆后不能获得纯

HA 生物活性陶瓷涂层，而且 HA 粉末较贵，经济上也是不合算的。为此，在基材上预先涂覆一定配比的 $CaHPO_4 \cdot 2H_2O$ 和 $CaCO_3$ 混合粉末，然后用宽带激光熔覆处理，使合成与涂覆含 HA 生物陶瓷复合涂层一步完成（即一步法），这样，既经济，又有较高的生产效率。

（3）相容性方面的考虑。由于混合体（$CaHPO_4 \cdot 2H_2O + CaCO_3$）是无机材料，而基材钛合金为金属材料，两者的线膨胀系数、熔点、密度等热物性参数相差较大，激光熔覆后冷却过程中极易在基材与涂层之间产生较大的热应力，进而在涂层与基材界面上及涂层内部引发裂纹，导致结合强度及其他性能下降，故直接在钛合金表面激光熔覆混合体（$CaHPO_4 \cdot 2H_2O + CaCO_3$）是很困难的，我们知道，Ti 的线膨胀系数 $\alpha$ 为 $8.5 \times 10^{-6}k^{-1}$，钛合金 Ti-6Al-4V 的 $\alpha$ 为 $8.8 \times 10^{-6}k^{-1}$，两者的线膨胀系数十分接近。

故考虑对熔覆涂层粉末成分采用梯度设计的思路。用 M 代表混合体（$CaHPO_4 \cdot 2H_2O + CaCO_3$）。将梯度涂层成分设计为三个梯度层，即在第一梯度层的设计中，往 M 中加入 70% 的 Ti 粉（质量分数），目的是使第一梯度层与基材的热物性参数尽量接近，以便在宽带激光熔覆过程中减少开裂倾向，提高涂层与基材之间的结合强度；在第二梯度层的设计中，将 Ti 粉的含量降为 40%，而混合体 M 的含量升至 60%，通过这种成分梯度的过渡设计，使第二梯度层与第一梯度层具有良好的物理化学相容性。同时，又使第二梯度层过渡为主要以无机材料为主；在第三梯度层的设计中，将 Ti 粉的含量进一步降为 10%，混合体 M 的含量升至 90%，这样既保证了第三梯度层和第二梯度层具有好的相容性，又使宽带激光熔覆第三梯度层后，最终在 Ti 合金表面得到含 HA 活性生物陶瓷涂层。

羟基磷灰石 HA 的 Ca∶P = 1.67，合成 HA 的 $CaHPO_4 \cdot 2H_2O$ 和 $CaCO_3$ 的组成为 72% $CaHPO_4 \cdot 2H_2O$ 和 28% $CaCO_3$（质量分数），考虑到高能激光熔覆过程中 Ca、P 存在烧损，特别是 P 的烧损更严重，故用 Ca∶P = 1.5 进行实验。则混合体 M 中 $CaHPO_4 \cdot 2H_2O$ 的含量为 78%，$CaCO_3$ 含量为 22%。（质量分数）文献报道了在涂层粉末材料（$CaHPO_4 \cdot 2H_2O + CaCO_3$）中加入 1% $Y_2O_3$（质量分数）对激光诱导催化形成 HA 的影响，故在混合体 M 中加入了一定量的 $Y_2O_3$，加入量（质量分数）分别为 0.2%，0.4%，0.6%，0.8%。用 T 代表 Ti 粉，则生物陶瓷涂层粉末梯度成分设计见表 6-1。

**表 6-1 梯度涂层成分设计**

| 层 次 | 成分（质量分数）/% | |
|---|---|---|
| | M（78% $CaHPO_4 \cdot 2H_2O$ + 22% $CaCO_3$ + $x$% $Y_2O_3$） | T（Ti 粉） |
| 第一梯度层 | 30 | 70 |
| 第二梯度层 | 60 | 40 |
| 第三梯度层 | 90 | 10 |

### 6.1.2　梯度生物活性陶瓷涂层的制备过程

#### 6.1.2.1　宽带激光熔覆工艺参数的优化

要想在熔覆涂层中获得含 HA 的钙磷基生物活性陶瓷相，并且涂层与基材有良好的结合，必须选择合适的激光熔覆工艺参数。研究发现控制较低的激光输出功率和较高的扫描速度，是获得含磷酸钙活性陶瓷涂层的关键。但输出功率过低或扫描速度过快，不能使基体和熔覆物质熔化或只能局部熔化，使熔覆层和基体结合不牢，影响其结合强度。因此本实验通过改变输出功率 $P$ 和扫描速度 $v$ 来确定最佳激光熔覆工艺参数。具体做法是：先固定光斑尺寸 $D$ 和扫描速度 $v$，改变输出功率 $P$；再固定光斑尺寸 $D$、输出功率 $P$，改变扫描速度 $v$。通过对试样的宏观形貌及微观组织和性能的分析优选出最佳工艺参数；通过对生成 HA 的热力学和动力学研究，理论上确定激光熔覆合成含 HA 的生物陶瓷复合涂层的温度，再通过温度场模拟，以检验最佳工艺参数下的熔覆温度是否与热力学理论温度一致。

#### 6.1.2.2　在钛合金表面预置涂层的方法

首先将混合体 M($CaHPO_4 \cdot 2H_2O + CaCO_3$) 与 Ti 粉及 $Y_2O_3$ 在玛瑙研钵中研磨 2h 以上，使之充分均匀混合，用一种对人体无害的黏结剂将配制好的涂层粉末材料预置于钛合金基体表面，用钢制刮刀均匀压紧涂层并平整表面，预置涂层厚度为 0.3～0.5mm。

#### 6.1.2.3　宽带激光熔覆梯度生物陶瓷涂层的制备

图 6-1 为宽带激光熔覆梯度生物陶瓷涂层制备过程示意图，其具体步骤为：

（1）首先在 Ti 合金表面预置第一梯度层粉末，然后用宽带激光进行表面熔覆处理，得到如图 6-1a 所示的组织形貌。由图可以看出，涂层主要为合金化层，基本没有陶瓷层出现。这是因为第一梯度层中 Ti 粉的含量高达 70%，在激光熔池中，Ti 与 V、Al 等元素反应，熔池凝固结晶后从而形成合金化层。而混合体 M 含量只有 30%，同时由于在高能激光作用下 Ca、P 等元素的烧损较大，因而较难形成生物陶瓷涂层。

（2）清理宽带激光熔覆第一梯度层粉末后所形成的涂层表面并烘干后，在其上预置第二梯度层粉末，同样用宽带激光进行表面熔覆处理，得到如图 6-1b 所示的整体组织形貌特征，由图可知，涂层中明显出现了一层黑色的生物陶瓷涂层，形成了合金化层 + 陶瓷层的这种梯度涂层。由于在第二梯度涂层成分中，混合体 M 含量增加到 60%，而 Ti 粉的含量降为 40%，这就为生物陶瓷涂层的形成提供了足够的 Ca、P 等元素。在宽带激光作用下，将第二梯度涂层粉末熔化并使第一梯度熔覆层表面发生重熔形成熔池，熔池在表面张力场的作用下产生对流传质，由于元素之间密度的差异，Ca、P、O、H 等元素易于浮在熔池的表面，通

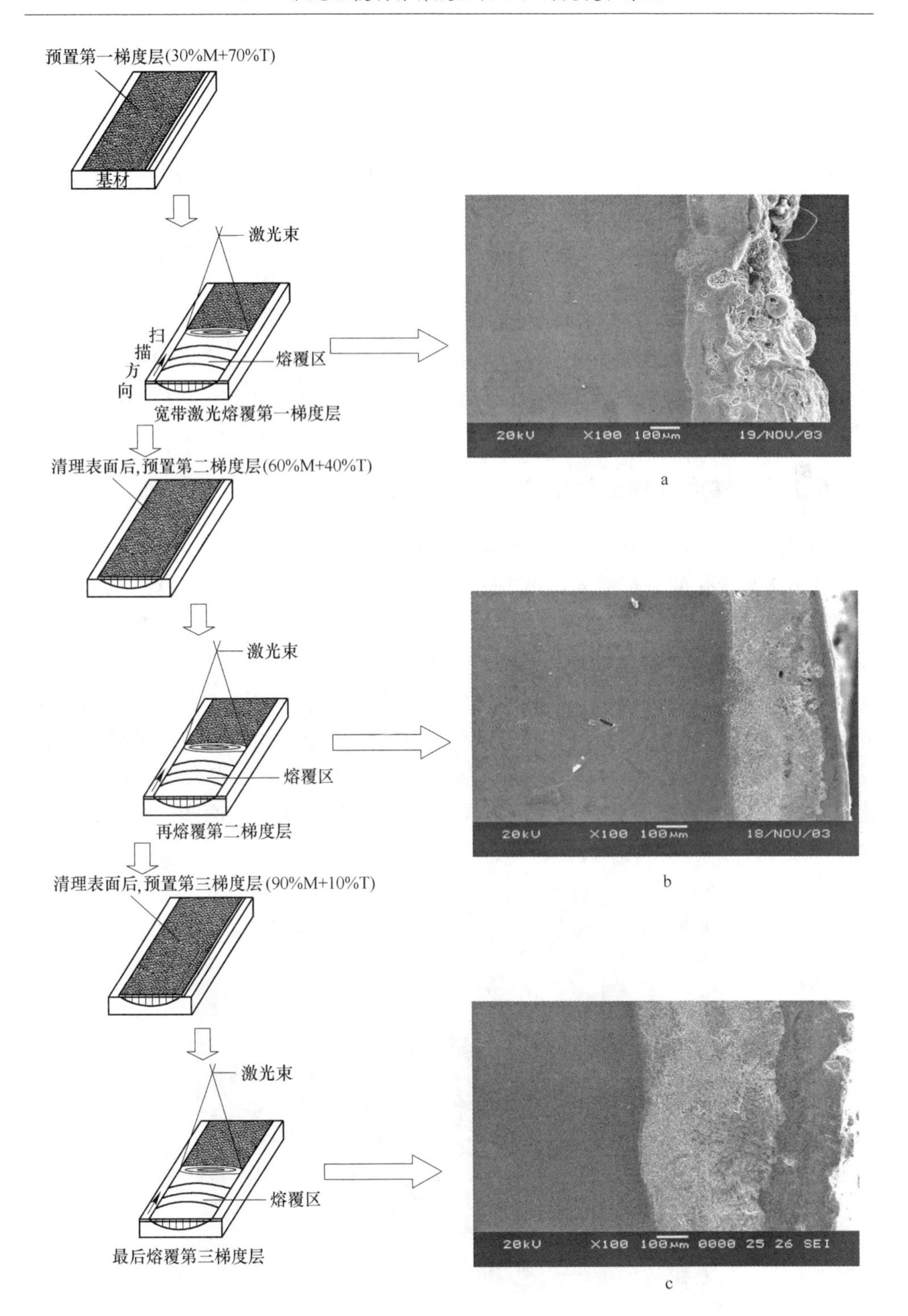


图 6-1　宽带激光熔覆梯度生物陶瓷涂层制备过程示意图

过烧结而形成羟基磷灰石等 Ca-P 基活性生物陶瓷。而在熔池中、下部则形成合金化层。

（3）清理宽带激光熔覆第二梯度层粉末后形成的涂层表面并烘干后，在其表面预置第三梯度层粉末，用宽带激光进行表面熔覆处理，得到如图 5-10c 所示的整体组织形貌特征，由图可以看出，整个涂层仍由合金化层和生物陶瓷层构成。只不过合金化层和生物陶瓷层的厚度均比图 6-1b 中的大，尤其以生物陶瓷涂层的厚度增加最为明显。这是由于在第三梯度涂层成分设计中，混合体 M 含量增加到 90%，而 Ti 粉的含量降为 10%，这就为生物陶瓷的形成提供了更充足的原料。在宽带激光作用下，使第三梯度层粉末熔化并使第二梯度熔覆层表面发生重熔形成熔池，熔池在表面张力场的作用下发生对流传质，凝固结晶后最终形成如图 6-1c 所示的涂层组织形貌。

### 6.1.3　梯度生物活性陶瓷涂层的组织结构

#### 6.1.3.1　生物陶瓷复合涂层的宏观组织

图 6-2 为优化的宽带激光熔覆工艺参数下含 0.6% $Y_2O_3$（质量分数）梯度生物陶瓷涂层的宏观照片，由图可见，生物陶瓷涂层表面较平整，表观质量较好，色泽为浅黑色，且具有明显的瓷釉特征，而基材呈金属光泽。仔细观察我们还可发现，生物陶瓷涂层表面呈波纹状，且波纹具有大致相等的间距，并向光束扫描反方向弯曲。涂层表面的这种波纹特征表明了在激光熔覆过程中熔池内液体的流动性和熔化过程的周期性变化。这是因为在激光束的照射下，光束的前缘产生熔化，而熔池后缘产生对流过程，这一对流过程使熔池后缘的液面产生凸起，在快速凝固过程中被冻结而形成波纹。

图 6-2　梯度生物陶瓷涂层的宏观照片

### 6.1.3.2 生物陶瓷涂层中元素的面分布及线扫描

图6-3a为含0.6% $Y_2O_3$（质量分数）梯度的生物陶瓷涂层的电子吸收像。图6-3b为C元素的分布，可见在生物陶瓷中有少量C元素主要分布在梯度生物陶瓷涂层的表面，这很可能是因为在激光熔覆过程中，$CaCO_3$分解成$CO_2$，一部分$CO_2$从熔池中逸出，另一部分$CO_2$在熔池的对流传质过程中可与微量的$Y_2O_3$发生反应，形成难熔的二元或多元的化合物，这种富C的化合物较轻，易浮于表层，在激光移开后熔池快速冷却凝固，致使富C的化合物被保留在涂层表面所致。图6-3c表明氧元素主要分布在生物陶瓷层中。而在基材及合金层中几乎没有氧元素分布。图6-3d为P元素的面分布，可以看出，合金层中有少量P分布，绝大部分P分布在生物陶瓷层中。图6-3e清楚地表明Ca元素全部分布在生物陶瓷涂层中。由图6-3c~e的元素分布可知，作为HA和β-TCP这两种活性相的主要元素O、Ca、P均分布在生物陶瓷涂层中，这就可以保证生物陶瓷涂层中能够形成一定量的羟基磷灰石和磷酸三钙。图6-3f为Al元素的面扫描照片，在生物陶瓷涂层中Al的分布极少。图6-3g为Fe的面分布，可以看出，在合金层中有少

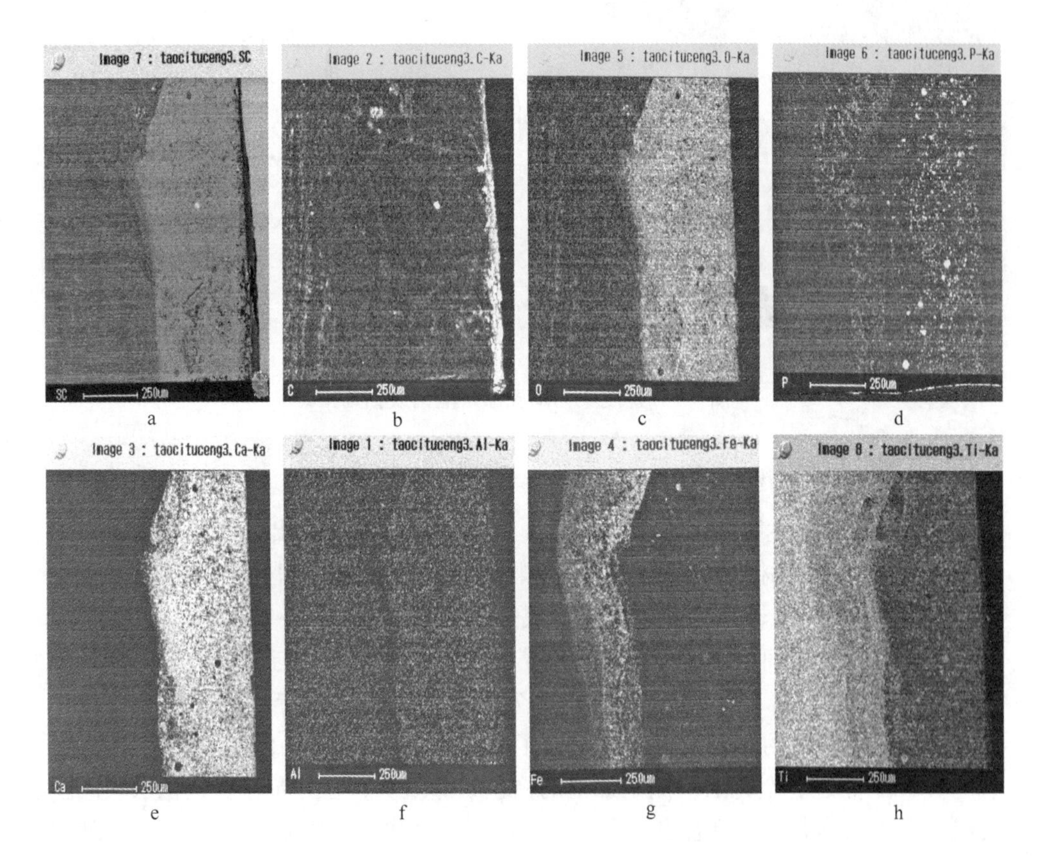


图6-3 陶瓷涂层中各元素的面分布

量的 Fe 元素分布，而在生物陶瓷层中几乎没有 Fe 元素的分布。合金化层中出现极少量铁的可能原因：一是钛合金不是很纯，二是在预置涂层时，钢制刮刀可能会带进一点铁。图 6-3h 为 Ti 元素的面分布，由图可知，在基材中 Ti 的分布很均匀，数量大，在合金层中 Ti 的分布较基材少，而在生物陶瓷层中 Ti 的分布较少。Ti 元素的这种分布是与涂层梯度设计一致的。

图 6-4 为梯度生物陶瓷涂层中主要元素的线扫描图，由图可见，钛元素在基材中的分布最高，在合金化层中次之，在生物陶瓷层中的分布最少；钙元素在基材及合金化层中几乎没有分布，而在生物陶瓷层中大量存在；磷元素在基材中无分布，在合金化层中有少量分布，在陶瓷层中分布较多；氧元素主要分布在合金化层及陶瓷层中。可以看出，钙、磷、氧元素在陶瓷层中的大量分布为形成具有生物活性的钙磷基磷灰石相提供了保证。作为 HA 和 β-TCP 这两种活性相的主要元素 O、Ca、P 在陶瓷层中的线扫描分布结果与其面分布是一致的。

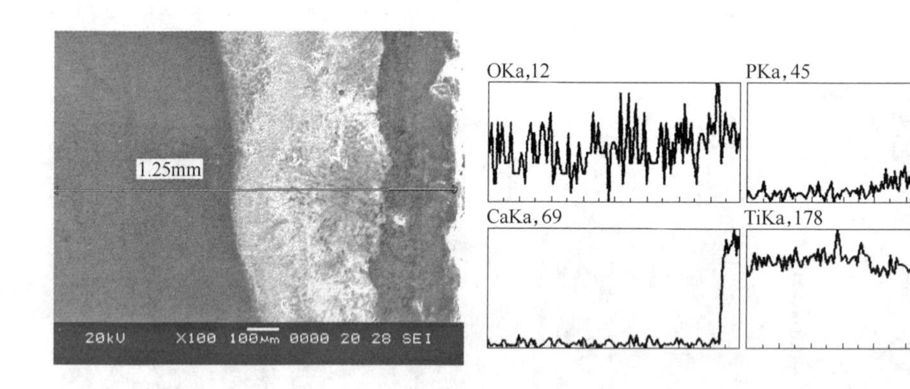


图 6-4 梯度生物陶瓷涂层能谱线扫描图

### 6.1.3.3 生物陶瓷复合涂层的结合界面

图 6-5 为梯度生物陶瓷涂层的横截面整体形貌，可以看出，梯度生物陶瓷涂层分为三层，即基材、合金化层以及生物陶瓷层，各层之间的结合界面处无裂纹。对图 6-5 中的 1、2、3 点进行能谱成分分析，结果如表 6-2 所示。可以看出，基材与涂层材料之间主要成分相互发生了扩散，这表明基材与涂层之间实现了良好的化学冶金结合。图 6-6 为基材与合金化层的界面结合特征，在靠近基材一侧，由于热影响区的影响，Ti 合金发生了马氏体相变，即由 β→α′转变，形成针状的 α′相。靠近合金化层一侧是细密的白色共晶组织，它分布在合金化层中的基底组织上。由图 6-6 还可看出，合金层中的组织像楔子一样插入基材中，这就保证了涂层与基材之间牢固地结合。

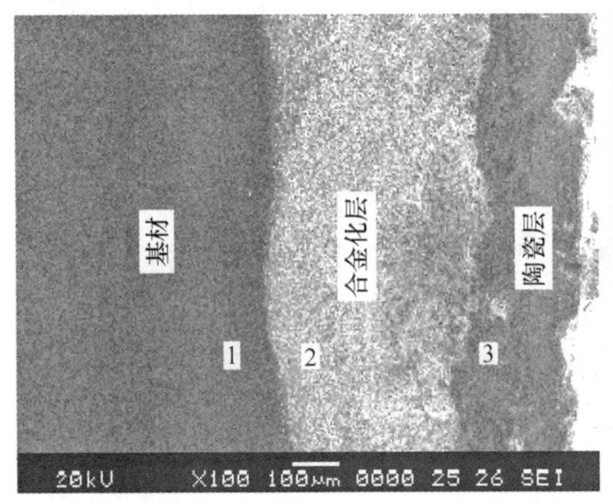


图 6-5 梯度生物陶瓷涂层整体形貌

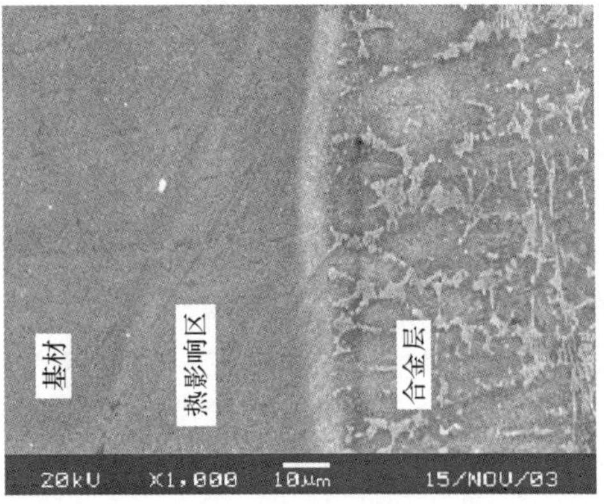


图 6-6 基材与合金化层的结合界面

**表 6-2 三区的能谱成分分析结果** （质量分数,%）

| 测试点 | Ti | Al | V | P | Ca |
|---|---|---|---|---|---|
| 1 | 76.70 | 5.79 | 3.81 | 4.02 | 0.95 |
| 2 | 46.06 | 1.53 | 1.82 | 6.43 | 1.62 |
| 3 | 15.32 | 0.21 | 0.18 | 15.58 | 34.25 |

图 6-7 为合金化层与陶瓷层的结合界面，可以看出，陶瓷层与合金化层的组织呈犬牙交错的组织结构，这种结构可以保证结合界面具有足够的强度。由图 6-7还可看出，由合金层过渡到陶瓷层，白色颗粒数量逐渐减少。

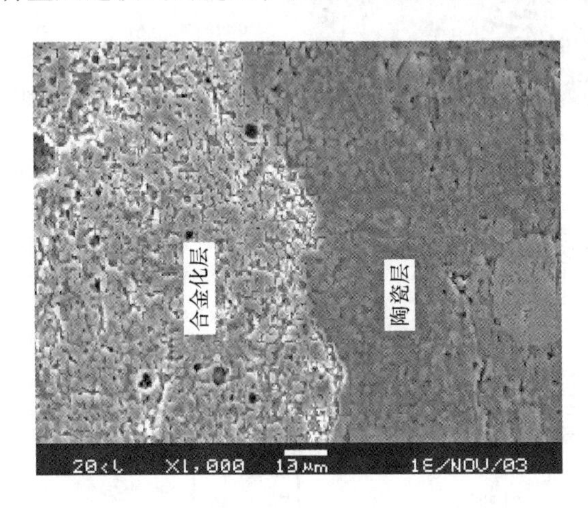


图 6-7 合金层与陶瓷层结合界面

#### 6.1.3.4 梯度生物陶瓷复合涂层的组织特征及相组成

图 6-8 为合金化层的组织特征，可见，基底组织为胞状晶和树枝晶，其上分布大小不等的白色颗粒，有的颗粒甚至达到纳米量级。合金层中存在这种细小的颗粒

可保证合金化层有足够的强韧性配合。众所周知，激光熔覆后，熔池冷却速度高达$10^6$℃/s，故由基底组织中凝固结晶析出的化合物相来不及长大而被迅速“冷冻”下来，形成微米级甚至纳米级的颗粒相。合金化层中基底组织的能谱分析如图6-9所示。主要为过饱和的Ti固溶体，固溶体中含有Al、P、V、Fe元素，合金层胞状及树枝晶状的基底组织可表示为$Ti_{76.40}(Al_{8.06}、P_{4.56}、V_{1.52}、Fe_{8.03})$。基底组织上分布的白色颗粒是宽带激光熔覆处理后，熔池凝固结晶析出的复杂化合物相。共晶体的能谱分析表明含有Al、P、V、Fe和少量O，可表示为$Al_{1.07}V_{3.06}$以及$Fe_{12.89}Ti_{24.36}O_{1.05}$。白色颗粒相的定点探针分析表明含有Al、V和Ti，可表示为$Al_3V_{0.333}Ti_{0.666}$。图6-10为剥落陶瓷层后合金层的X射线衍射谱，可以看出，合金层的主要相为Ti(Al，P，Fe，V)、$Fe_2Ti_4O$、$AlV_3$以及$Al_3V_{0.333}Ti_{0.666}$。结合能谱分析、定点探针及X射线衍射结果可以判定合金层中基底组织为Ti(Al，P，Fe，V)，白色的共晶组织为$Fe_2Ti_4O+AlV_3$，白色颗粒状组织为$Al_3V_{0.333}Ti_{0.666}$。

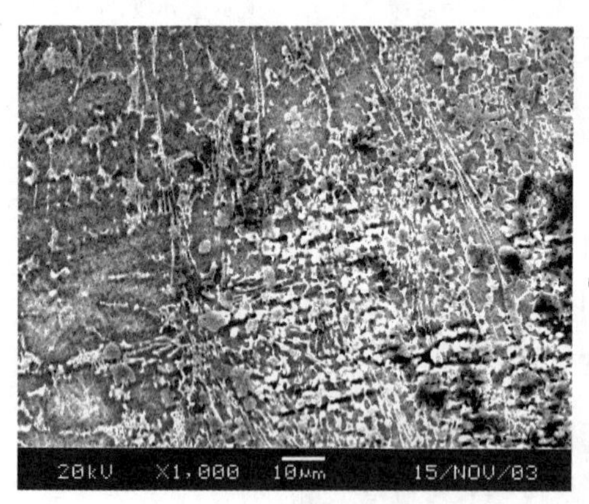


图6-8　合金层中的组织形貌图

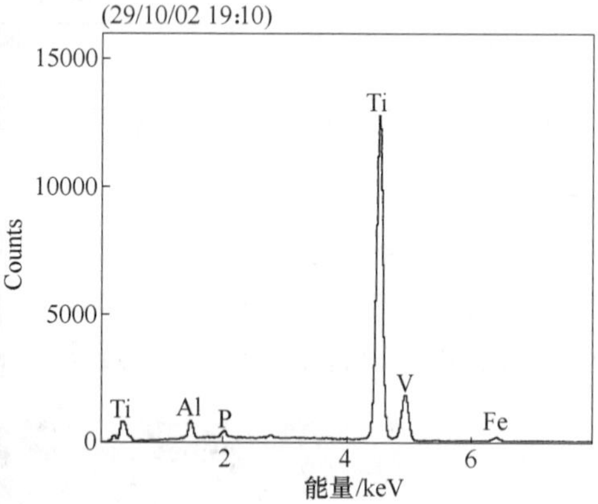

图6-9　合金层中基体组织的能谱图

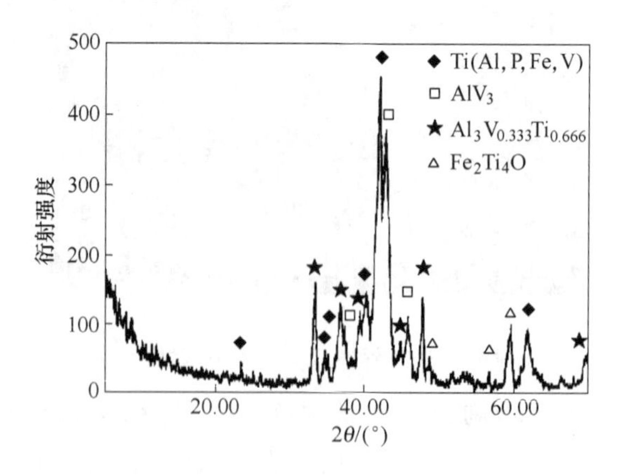


图6-10　合金化层的X射线衍射谱

值得指出的是，基材与生物陶瓷涂层之间存在致密的合金化层将作为一道屏障，在生物陶瓷复合涂层植入活体后可以有效地阻止 Al、V 等有害离子渗入体内，从而有助于提高生物陶瓷复合涂层在临床实际应用时的安全性。

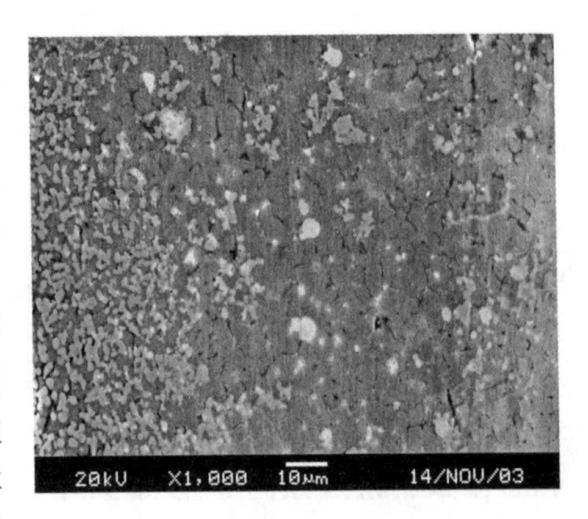


图 6-11　生物陶瓷层的组织形貌

图 6-11 为生物陶瓷涂层的组织形貌，由图可见，生物陶瓷层中基底组织有胞状晶，其上分布有灰色及白色颗粒组织。图 6-12 为生物陶瓷涂层中基体组织的能谱分析结果，可以看出，主要含有O、Ca、P、Ti 等元素。可表示为 $Ca_{1.77}P_{1.06}O_{4.62}$、$Ca_{15.78}Ti_{16.13}O_{45.62}$、$Ca_{1.35}O_{1.48}$。灰色颗粒能谱分析可表示为 $Ca_{3.12}P_{2.05}O_{8.25}$。白色颗粒相定点探针分析表明主要富含 O、Ti。可表示为 $Ti_{2.28}O_{2.35}$。由生物陶瓷涂层的 X 射线衍射分析结果可知，在生物陶瓷涂层中主要有 $CaTiO_3$、CaO、HA、α-TCP、β-TCP 及 TiO 相。结合梯度生物陶瓷涂层元素的面分布、能谱分析、电子探针以及 X 射线衍射分析结果可以判定生物陶瓷涂层中的基底组织为 $CaO + CaTiO_3 + HA$，灰色颗粒相为 α-TCP 和 β-TCP，白色颗粒相为 TiO。

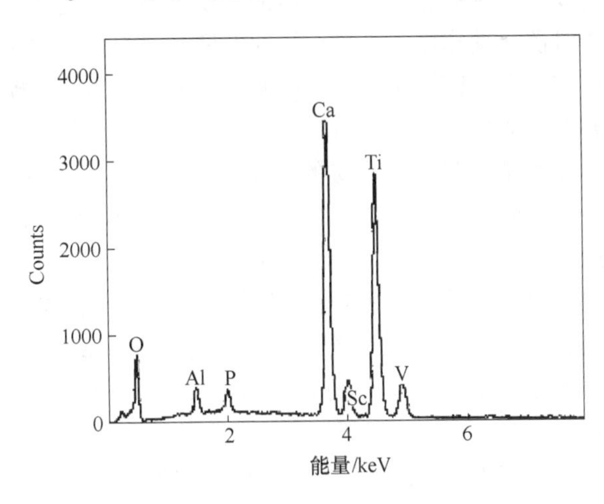


图 6-12　生物陶瓷涂层中基体组织的能谱图

### 6.1.3.5　生物陶瓷复合涂层的表面形貌分析

尽管宏观下观察生物陶瓷涂层较平整，但在高倍电镜下观察却发现其具有独特的表面结构，图 6-13 和图 6-14 为在优化的工艺参数下生物陶瓷复合涂层表面两种典型的形貌。由图 6-13 可见，生物陶瓷涂层表面形成了类珊瑚礁的结构。

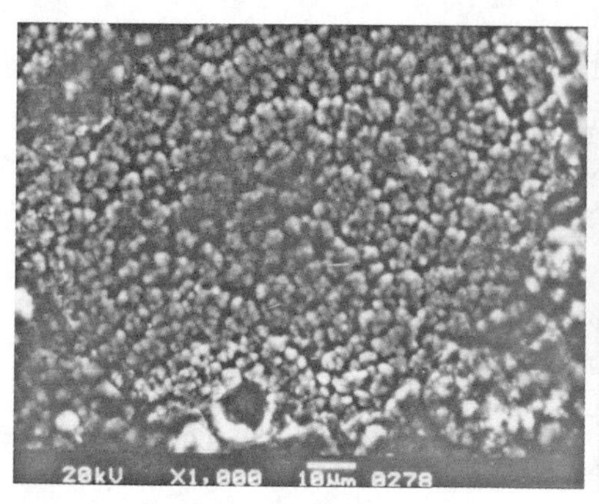


图 6-13　生物陶瓷涂层表面的类珊瑚状形貌

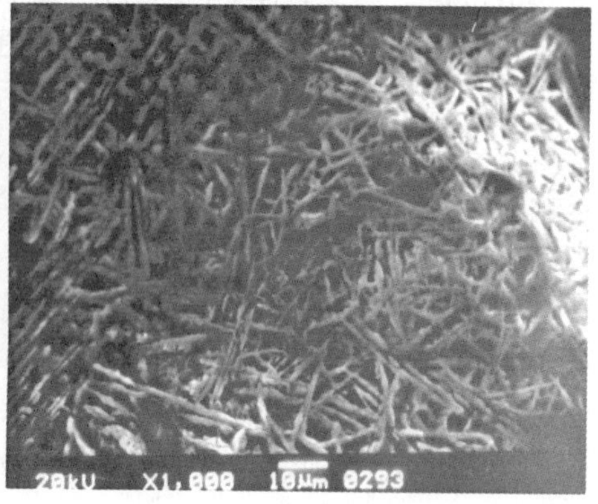


图 6-14　生物陶瓷涂层表面短杆堆积状形貌

这种表面结构将有助于骨组织长入生物陶瓷涂层。由图 6-14 可以看出，生物陶瓷涂层表面形成了短杆堆积结构，这是一种典型的羟基磷灰石结构，这种结构无疑将增加生物陶瓷涂层与骨组织的生物相容性。

### 6.1.4　梯度生物活性陶瓷涂层的力学性能

作为人体硬组织修复和替代的植入材料的主要功能是承受和传递载荷，由于肌肉通过多点连接于骨骼，使作用于骨骼系统的力呈多点分布，故应力场是十分复杂的。因为骨的结构与应力场密切相关，尽可能小地干扰力的传递模式是任何植入这一系统材料最重要的功能特点之一。因此，生物活性陶瓷涂层的力学性能指标，如涂层与基材之间的界面结合强度，涂层的硬度、抗压强度、弯曲强度、杨氏模量、断裂韧性等显得非常重要。特别是生物陶瓷复合涂层断裂韧性值的大小，对生物陶瓷复合涂层的使用性能有较大影响。同时，通常需要骨替换或骨增强的材料与临近骨具有尽可能相同的弹性模量，对涂层复合材料而言，其界面结合强度对植入效果具有决定性的影响。另外，作为关节替换材料，无论是全部还是部分替换，都要求其具有低摩擦和低磨损，因而涂层材料的耐磨性也十分重要。

硬组织植入材料的力学性能已受到国内外学者的广泛关注，近 10 多年来这方面的研究报道很多。本章重点介绍与生物活性陶瓷 TC4 梯度复合涂层的性能进行了系统的测试和研究，包括显微硬度、结合强度、拉伸强度、弯曲强度、断裂韧性、耐磨性能等。

#### 6.1.4.1　生物陶瓷复合涂层的显微硬度

用 FM7600 半自动显微硬度计测试生物陶瓷涂层显微硬度，载荷 0.98N (0.1kgf)，加载时间 10s，沿生物陶瓷涂层的横截面由表及里测量不同区域的硬度分布。

图6-15～图6-19分别为 $Y_2O_3$ 含量从0～0.8%的生物陶瓷复合涂层的显微硬度分布图，可以看出，显微硬度分布曲线大致分为四个区域：陶瓷层、合金化层、热影响区和基体。由图6-15可以看出，当未添加 $Y_2O_3$ 时陶瓷涂层的厚度较薄，这是因为未生成生物陶瓷HA、β-TCP等活性生物陶瓷的缘故，同时由于未添加 $Y_2O_3$，熔覆层存在一定量的气孔、疏松等缺陷，造成熔覆层组织的致密度不高，故熔覆层的硬度较低，由图还可看出，合金化层的显微硬度比陶瓷层高，这是因为合金化层中凝固结晶析出数量较多且尺寸细小的合金相所致。由图6-16可以看出，当添加0.2% $Y_2O_3$（质量分数）时，由于稀土氧化物具有催化合成HA + β-TCP的缘故，导致陶瓷涂层的厚度增加，陶瓷涂层的显微硬度较未加 $Y_2O_3$ 高，最高硬度为 $1012HV_{0.1}$，合金化层的显微硬度为 $1223HV_{0.1}$。这是由于在激光熔覆过程中稀土氧化物起到净化熔体的作用，使凝固结晶时气孔、疏松等缺陷大大下降。同时稀土聚集在晶界上，阻止了晶粒的长大，晶粒得到细化，组织致密，使复合涂层硬度提高；其次，富集于界面上的钇可以与钛等元素发生反应，

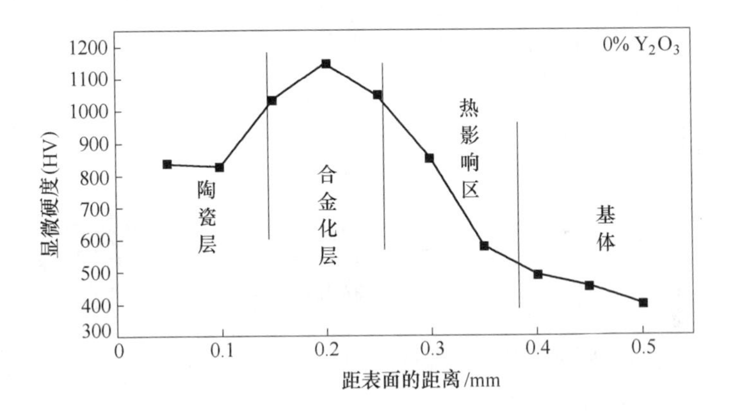


图6-15 未添加 $Y_2O_3$ 时的熔覆层显微硬度分布曲线图

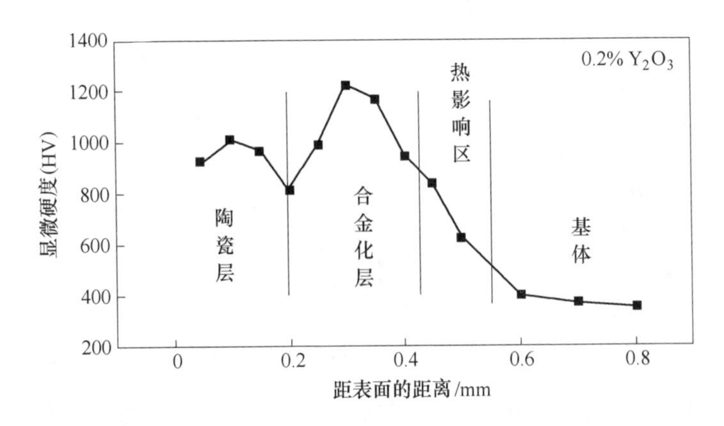


图6-16 0.2% $Y_2O_3$（质量分数）时的熔覆层显微硬度分布曲线图

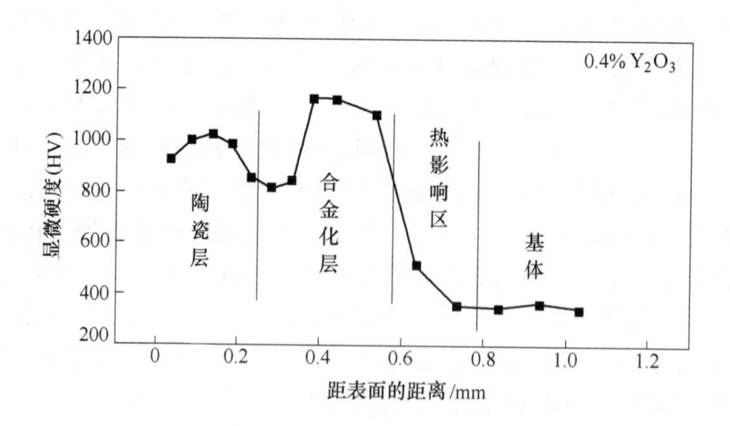


图 6-17　0.4% $Y_2O_3$（质量分数）时的熔覆层显微硬度分布曲线图

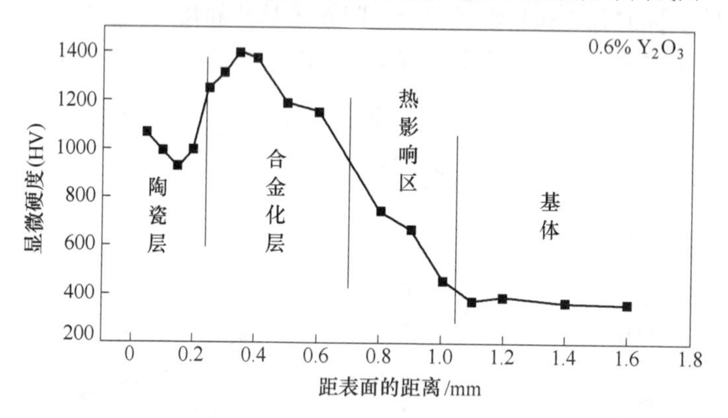


图 6-18　0.6% $Y_2O_3$（质量分数）时的熔覆层显微硬度分布曲线图

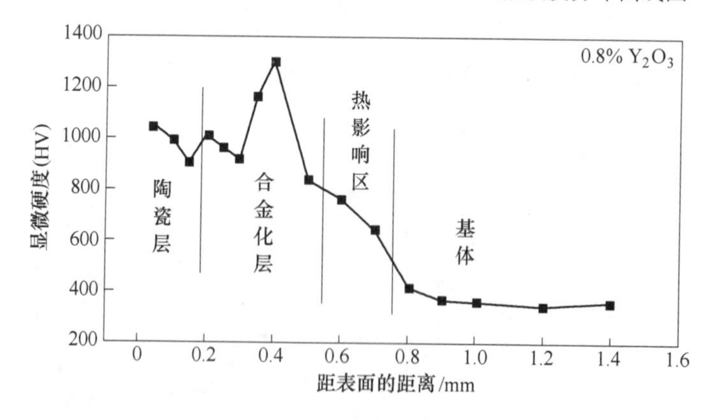


图 6-19　0.8% $Y_2O_3$（质量分数）时的熔覆层显微硬度分布曲线图

改善界面结构，促进界面冶金结合，提高界面区域的硬度；最后，钇可以与某些杂质元素发生反应，生成化合物，净化陶瓷相/金属相界面和陶瓷相/陶瓷相界面，提高界面结合强度，使裂纹的扩展阻力增大，从而提高硬度。以上所述几点原因可导致生物陶瓷涂层及合金化层显微硬度值比未加 $Y_2O_3$ 时有所增加。由图6-17 可以看出，当 $Y_2O_3$ 含量(质量分数)为 0.6% 时，由于这时 $Y_2O_3$ 催化合成 HA + β-TCP 的活跃程度最大，因而生成活性生物陶瓷的量增多，故生物陶瓷涂层厚度增加。陶瓷涂层的显微硬度最高值为 1062$HV_{0.1}$，合金化层的显微硬度为 1405$HV_{0.1}$。可见，$Y_2O_3$ 含量(质量分数)为 0.6% 时无论是生物陶瓷层还是合金化层的显微硬度均达到最大值。由图 6-18 还可以看出，从合金化层至基材的硬度分布曲线呈梯度下降趋势，这可以保证生物陶瓷涂层与基材之间产生良好的冶金结合，避免使用过程中从界面处发生开裂。由图 6-19 可知，当 $Y_2O_3$ 含量(质量分数)为 0.8% 时，由于 $Y_2O_3$ 催化合成 HA + β-TCP 的作用减弱，导致生物陶瓷涂层厚度减小，显微硬度的最大值为 1045$HV_{0.1}$，较 0.6% $Y_2O_3$(质量分数)时的生物陶瓷涂层的显微硬度略低，合金化层的显微硬度最大值为 1300$HV_{0.1}$，也比 $Y_2O_3$ 含量(质量分数)为 0.6% 时的低。

#### 6.1.4.2　生物陶瓷复合涂层界面结合强度

将试样线切割为 10mm × 10mm × 5mm 尺寸，采用型号为 WDW-50 的微机控制电子万能拉伸机进行试验，其最大试验力是 50kN。所用黏结剂由中蓝晨光化工研究院生产，型号为 DG-35。在进行拉伸试验前，先加工两个大小相等，互相对称的测试棒，其大小为 $\phi$20mm × 100mm，在测试棒上分别钻一个孔，便于夹具固定，孔的直径为 $\phi$10mm。测试棒简图见图 6-20。

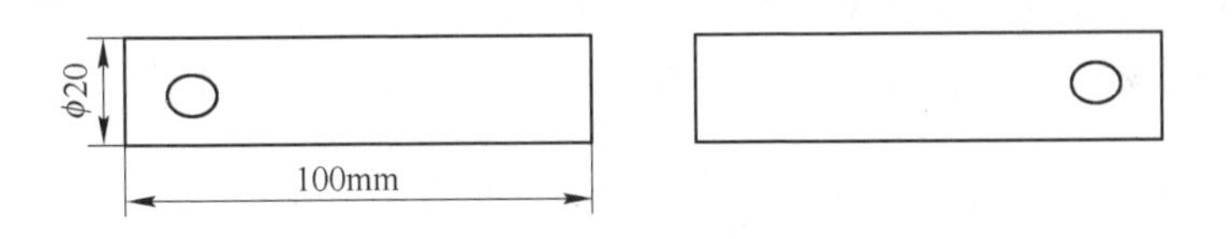


图 6-20　结合强度实验所用夹具示意图

将生物陶瓷试样 10mm × 10mm 两面在砂纸上磨平，用丙酮擦拭干净。测试前，用黏结剂将一根测试棒垂直地黏合在有陶瓷复合涂层的表面上，另一根测试棒垂直地黏合在没有陶瓷复合涂层的表面上。为保证陶瓷层表面、测试棒与黏结剂有足够的结合强度，将测试样品在常温下放置 24h。测试时，沿测试棒方向逐渐增加载荷，当载荷增加到一定值时，就会导致测试棒从陶瓷涂层表面拉开。与此同时，数字应力纪录仪记下这时的断裂应力。测试三个试样，取平均值。

三次实验断裂均发生在陶瓷涂层与黏结剂之间，而不发生在陶瓷涂层与钛合金基体之间。这表明，陶瓷层与钛合金基体之间的结合强度大于陶瓷层与测试棒之间的黏合强度。三次实验的结果分别是：37.5MPa、38.2MPa、40.6MPa。三次的平均值为：38.8MPa。头两次实验由于表面没有磨平，表面粗糙度比较大，里面可能进了空气，粘得不太牢固，因此强度较低。实验结果表明，宽带激光熔覆的梯度生物陶瓷涂层与钛合金基体的结合强度在 38.8MPa 以上。国内王迎军等人用等离子喷涂制备的生物陶瓷涂层，当采用梯度过渡层时，涂层与基体的结合强度为 34.5MPa；当直接喷涂纯 HA 时，涂层与基体的结合强度仅为 16.2MPa。郑学斌等人用等离子喷涂制备 HA/Ti 复合涂层与基体的结合强度只有 23.5MPa，而高家诚等人用激光熔覆的陶瓷涂层与基体的结合强度达到 37.4MPa 以上。由此可见，激光熔覆陶瓷涂层与基体的结合强度要大于等离子喷涂陶瓷涂层与基体的结合强度；而采用梯度设计的方法制备的生物陶瓷复合涂层与基体的结合强度要大于不采用梯度设计的陶瓷涂层与基体的结合强度。

#### 6.1.4.3 拉伸性能

所有试样均是在 Ca：P = 1.5，添加 $Y_2O_3$（质量分数）为 0.6% 的条件下制备拉伸试样，采用非标试样，尺寸大小如图 6-21 所示。复合涂层拉伸实验在 INSTRON8501 型材料拉伸试验机上进行，将试样两端装夹于试验机板状试样夹头内，载荷由载荷传感器传递，位移由光电编码器传递，将试样长度、宽度、高度输入计算机。实验在室温下进行，以 2mm/min 的实验速度对试样施加载荷（最大载荷为 100kN），试样破坏后计算机自动输出应力、应变曲线和实验数据，拉伸弹性模量 $E$ 可在记录曲线弹性段采集数据而求出 $E = \dfrac{\Delta P_i L_0}{A_0 \delta(\Delta l)_i}$，拉伸结果见表 6-3。

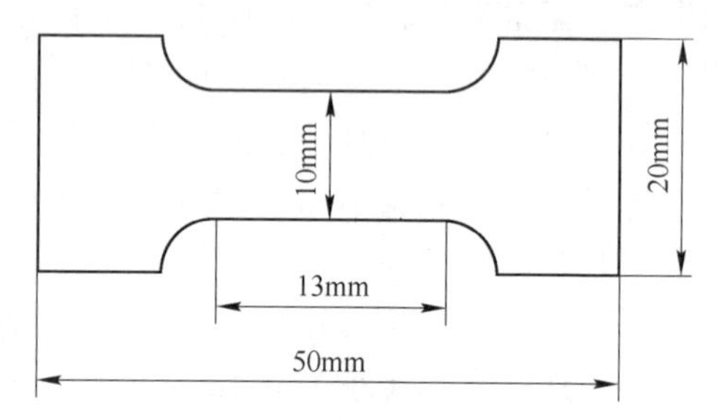


图 6-21 梯度生物陶瓷复合涂层拉伸试样简图

**表 6-3 梯度生物陶瓷复合涂层拉伸试验结果**

| 试样编号 | 最大载荷/kN | 拉伸强度/MPa | 弹性模量/GPa |
|---|---|---|---|
| 1 | 38.78 | 775.63 | 22.62 |
| 2 | 39.15 | 782.92 | 21.65 |
| 3 | 38.49 | 769.80 | 21.82 |
| 4 | 37.98 | 759.64 | 22.31 |
| 5 | 37.56 | 751.14 | 21.45 |
| $\bar{x} \pm SD$ | | 767.83 ± 12.63 | 21.97 ± 0.48 |
| TC4 | 55.40 | 1107.95 | 22.80 |

表 6-3 中的 $SD$ 代表标准偏差 $\sigma$，它表示同一被测量值的 $n$ 次测量所得结果

的分散性参数，即测量值围绕被测量真值的离散（或分散）程度。它等于各个随机误差（$\delta_1$、$\delta_2$、…、$\delta_n$）平方的算术平均值的开方根。即 $\sigma = \sqrt{\frac{\sum_{i=1}^{n}\delta_i^2}{n}}$。但由于被测量的真值总是无法知道的，所以通常用多次测量结果的算术平均值来代表被测量的真值，再用测得值与算术平均值的差值（残余误差）来计算标准偏差，即：

$$\sigma = \sqrt{\frac{\sum_{i=1}^{n}(X_i - \overline{X})^2}{n-1}} \quad \text{（贝塞尔公式）}$$

由表6-3可以看出，未进行激光熔覆生物陶瓷涂层的钛合金试样平均拉伸强度、平均弹性模量均比熔覆生物陶瓷复合涂层的试样高。由于激光熔覆后，在生物陶瓷涂层中产生了较大的拉应力，这种拉应力与熔覆面垂直，而生物陶瓷复合涂层试样的拉伸方向平行于熔覆面。生物陶瓷涂层的拉应力会抵消复合陶瓷涂层部分拉伸强度。所以激光熔覆的生物陶瓷复合涂层试样的平均拉伸强度、平均弹性模量均比钛合金试样低。

采用扫描电镜对拉伸试样断口形貌特征进行观察，梯度生物陶瓷复合涂层拉伸试样的断口电子扫描电镜照片如图6-22所示。从图可知，断面上具有韧性断裂的韧窝特征，这表明我们所制备的生物陶瓷涂层具有较好的韧性。同时我们发现断口上还有反映疲劳断裂特征的平行疲劳条带。表明复合涂层的断裂是疲劳造成的。

图6-23为钛合金基材断口形貌，由于钛合金具有很好的韧性，故在断口上可以看到大量的大小不等的韧窝。

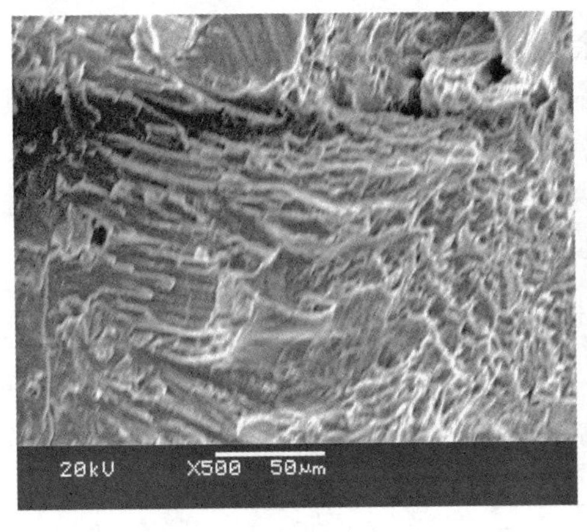


图6-22　拉伸试样断口形貌

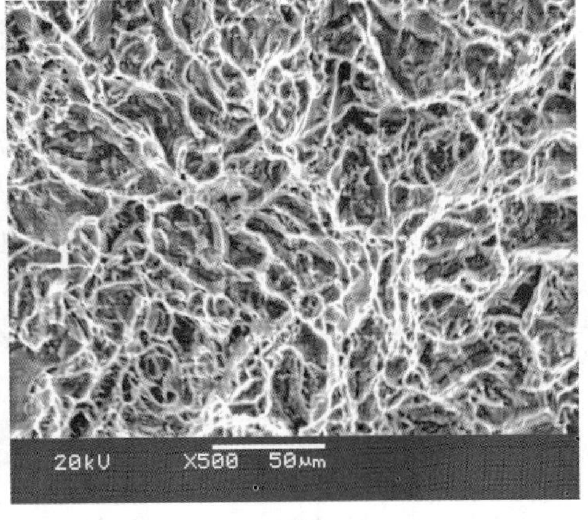


图6-23　钛合金基材断口形貌

弹性模量是度量材料刚度的指标，它反映了材料对弹性变形的抗力。在对材料进行拉伸试验过程中，在弹性变形阶段，其应力 $\sigma$ 与应变 $\varepsilon$ 成正比，服从虎克定律：$\sigma = E \times \varepsilon$，式中 $E$ 为材料的弹性模量。

因为拉伸试验测出的弹性模量为钛合金/生物陶瓷涂层复合材料的弹性模量，并非单纯生物陶瓷涂层的弹性模量。因此须采用以下公式来计算单纯生物陶瓷涂层的弹性模量。

计算公式如下：

$$E_c = \frac{E_t - E_s \times V_s}{V_c}$$

式中　$E_c$——涂层的弹性模量，GPa；

$E_t$——复合材料的弹性模量，GPa；

$E_s$——钛合金基体的弹性模量，GPa；

$V_s$——平行段部分基体的体积分数；

$V_c$——平行段部分涂层的体积分数。

由表6-4 可知 $E_s$ =22.8GPa。借助 IAS-4 定量金相分析系统，可测量出生物陶瓷涂层的厚度，从而计算可得 $V_s$、$V_c$。生物陶瓷涂层弹性模量计算结果如表6-4 所示。

**表 6-4　梯度生物陶瓷复合涂层弹性模量计算结果**

| 试样编号 | $V_c$(体积分数)/% | $V_s$(体积分数)/% | $E_t$/GPa | $E_c$/GPa |
|---|---|---|---|---|
| 1 | 0.03 | 0.97 | 22.62 | 16.80 |
| 2 | 0.10 | 0.90 | 21.65 | 11.30 |
| 3 | 0.11 | 0.89 | 21.82 | 13.89 |
| 4 | 0.09 | 0.91 | 22.31 | 17.36 |
| 5 | 0.11 | 0.89 | 21.45 | 10.53 |
| $\bar{x} \pm SD$ | | | 21.97 ±0.48 | 13.98 ±3.10 |

由表6-4 可以看出，生物陶瓷复合涂层的弹性模量最高值为 17.36GPa，最低值为 10.53GPa。表6-5 为致密骨等不同材料性能对比表，由表可知，致密骨的弹性模量为 3.9~11.7GPa，而我们制备的生物陶瓷复合涂层的弹性模量平均值为 13.98GPa，可见与人体致密骨的弹性模量相当接近。这种结果可望在涂层植入活体后减少骨头对植入体的应力屏蔽效应，为植入后的组织匹配和力学匹配提供了有利条件。

**表 6-5　不同材料性能对比**

| 材　料 | $HV_{0.2}$ | $\sigma_{bb}$/MPa | $\sigma_b$/MPa | $\sigma_c$/MPa | $E$/GPa |
|---|---|---|---|---|---|
| 牙本质 | 72 | — | 51.7 | 295 | 18.2 |
| 牙釉质 | 350 | — | 10.3 | 384 | 82.4 |
| 致密骨 | — | 117~230 | 89~114 | 88~164 | 3.9~11.7 |
| 致密 HA | 539 | 80~195 | — | 70~920 | 75~103 |
| 生物陶瓷涂层 | 1030 | 1671.65 | 767.83 | — | 13.98 |

#### 6.1.4.4 弯曲强度

将梯度生物陶瓷复合涂层加工成尺寸为50mm×10mm×5mm的试样（激光熔覆面为50mm×10mm），在INSTRON8501型万能试验机上进行三点弯曲试验，测试试样弯曲强度（见图6-24）。其中跨距为40mm，将试样的原始数据输入计算机，以2mm/min的实验速度对试样施加载荷。实验结束后计算机自动输出实验结果见表6-6。

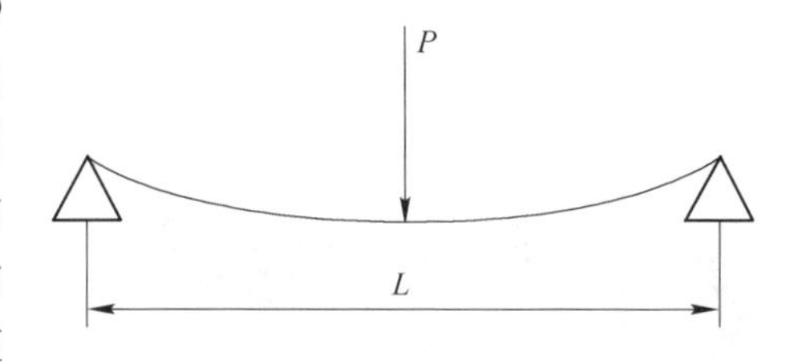


图6-24 三点弯曲试验加载方式

由表6-6可以看出，平均弯曲强度值为1671.65MPa。将平均值与TC4的弯曲强度进行比较，发现两者差别不大。这也说明该生物陶瓷涂层具有较好的生物力学性能。

**表6-6 梯度生物陶瓷复合涂层弯曲试验结果**

| 试样编号 | 弯曲强度/MPa | 试样编号 | 弯曲强度/MPa |
|---|---|---|---|
| 1 | 1656.27 | 5 | 1661.53 |
| 2 | 1707.51 | $\bar{x} \pm SD$ | 1671.65±20.58 |
| 3 | 1663.64 | TC4 | 1535.69 |
| 4 | 1669.28 | | |

#### 6.1.4.5 断裂韧性

目前针对复合材料涂层的断裂韧性研究较少，生物陶瓷复合材料涂层的断裂韧性研究更少，国内郑学斌等人研究了等离子喷涂HA/Ti复合涂层的断裂韧性，结果表明，该涂层的断裂韧性较小，仅为0.49MPa·$m^{1/2}$。国外Wang等人研究了单层和功能梯度活性涂层的断裂韧性，结果表明，单层的球状羟基磷灰石的$K_{IC}$为0.5MPa·$m^{1/2}$左右。而进行梯度成分设计的功能梯度涂层的$K_{IC}$最大值上升到1.76MPa·$m^{1/2}$左右。他们对$K_{IC}$的计算均采用以下公式：

$$K_{IC} = 0.016(E/H)^{1/2} \cdot (L/C^{3/2}) \tag{6-1}$$

式中 $E$——陶瓷涂层的弹性模量，GPa；

$H$——陶瓷涂层的显微硬度值，MPa；

$L$——所加载荷，N；

$C$——裂纹长度，m。

由式（6-1）可知，要计算生物陶瓷涂层的$K_{IC}$必须测出其弹性模量和显微硬度以及裂纹长度。本书研究采用Ca∶P＝1.5，不同$Y_2O_3$含量试样制备金相试样，用FM7600半自动显微硬度计测量生物陶瓷复合涂层的显微硬度，加载2.94N

(0. 3kgf)，保压时间 10s。图 6-25 ~ 图 6-27 分别为 Ca：P ＝ 1. 5，$Y_2O_3$ 含量（质量分数）为 0. 4% ~0. 8% 的生物陶瓷复合涂层菱形压痕形貌。由图可见，菱形压痕四个边角处均不同程度地出现了长短不一的裂纹。通过测量菱形压痕，4 个边角处所产生裂纹的长度以及涂层的显微硬度，然后用式（6-1）计算出梯度生物陶瓷复合涂层断裂韧性 $K_{IC}$。

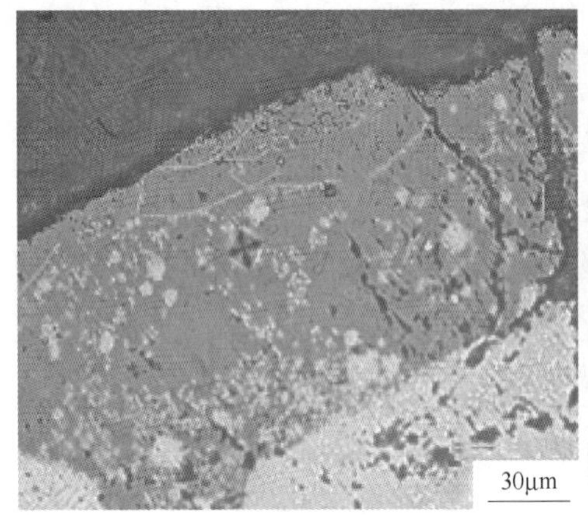


图 6-25　$Y_2O_3$ 含量（质量分数）为 0. 4% 的涂层压痕形貌

图 6-26　$Y_2O_3$ 含量（质量分数）为 0. 6% 的涂层压痕形貌

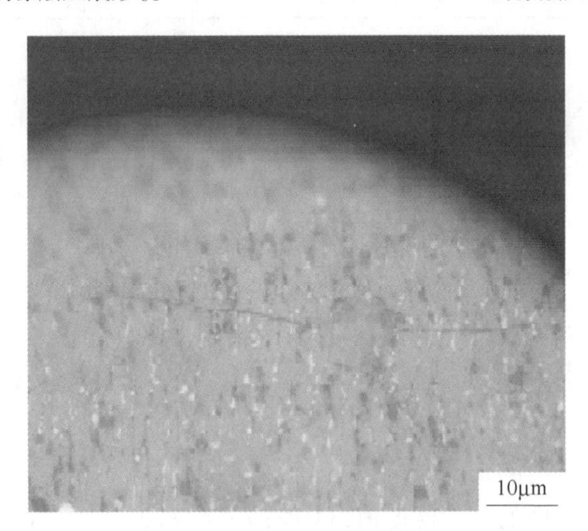


图 6-27　$Y_2O_3$ 含量（质量分数）为 0. 8% 的涂层压痕形貌

弹性模量 $E$ 参见拉伸试验中表 6-5 的结果，由表可知 $E$ = 13. 98GPa，载荷 $L$ 为 2. 94N(0. 3kgf)，即 2. 94N。断裂韧性计算结果如表 6-7 所示。由表可知，428 号试样的断裂韧性值最大，为 6. 46MPa · $m^{1/2}$，426 号试样的断裂韧性值最小，为1.02MPa · $m^{1/2}$。这是因为未添加 $Y_2O_3$ 的426号试样未生成HA、β-TCP等活性生物陶瓷相的缘故，同时由于未添加 $Y_2O_3$，熔覆层存在一定量的气孔、疏松等缺陷，造成熔覆层组织的致密度不高，另一方面，由于未添加 $Y_2O_3$，晶粒的细化作用较差，因而断裂韧性值较小。

**表6-7 生物陶瓷复合涂层断裂韧性计算结果**

| 试样 | $K_{IC}$ /MPa · $m^{1/2}$ | 试样 | $K_{IC}$ /MPa · $m^{1/2}$ | 试样 | $K_{IC}$ /MPa · $m^{1/2}$ | 试样 | $K_{IC}$ /MPa · $m^{1/2}$ | 试样 | $K_{IC}$ /MPa · $m^{1/2}$ |
|---|---|---|---|---|---|---|---|---|---|
| 426号 0% $Y_2O_3$ | 2.90 | 427号 0.2% $Y_2O_3$ | 7.51 | 428号 0.4% $Y_2O_3$ | 5.95 | 429号 0.6% $Y_2O_3$ | 6.39 | 430号 0.8% $Y_2O_3$ | 3.51 |
| | 0.74 | | 8.56 | | 8.94 | | 2.60 | | 7.54 |
| | 0.60 | | 1.41 | | 6.80 | | 2.83 | | 0.93 |
| | 0.49 | | 4.99 | | 6.82 | | 7.42 | | 2.53 |
| | 0.64 | | 5.20 | | 2.72 | | 7.37 | | 3.43 |
| | 0.74 | | 5.28 | | 7.50 | | 8.11 | | 5.39 |
| $\bar{x} \pm SD$ | 1.02 ±0.93 | | 5.49 ±2.47 | | 6.46 ±2.08 | | 5.79 ±2.44 | | 3.89 ±2.30 |

众所周知，陶瓷的致命弱点是脆性，羟基磷灰石的断裂韧性较小，仅为钛合金的1/40～1/70，致密HA的断裂韧性约为0.70～1.30MPa · $m^{1/2}$，因此羟基磷灰石生物陶瓷仅限用于不承力的体位。而我们计算得到的添加 $Y_2O_3$ 的生物陶瓷涂层断裂韧性值在3.89～6.46MPa · $m^{1/2}$之间，可以看出，采用宽带激光熔覆技术制备的梯度生物陶瓷活性涂层具有良好的强韧性配合。可望大大改善作为硬组织替代材料的生物陶瓷复合涂层的生物力学性能。

图6-28为不同 $Y_2O_3$ 含量试样的断裂韧性误差图，较为直观地反映了各试样的断裂韧性。由表6-8还可以看出，用这种方法计算出来的断裂韧性值的误差还是比较大的，误差大的原因主要来自以下几个方面，由于生物陶瓷涂层中致密度不一样，当压头打在致密度高的涂层时，得到的硬度值就较大，当压头打在致密度低的涂层时，得到的硬度值就较小。将该结果带入 $K_{IC}$ 的计算公式，必然造成一定的误差。另一方面，当压头打在致密度高的涂层时，裂纹长度

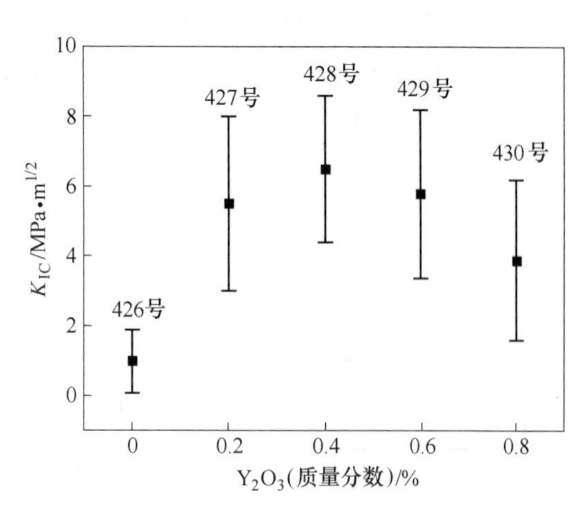

图6-28 不同 $Y_2O_3$ 含量试样的断裂韧性误差图

可能较短，而打在孔隙率较大的部位时，得到的裂纹长度又可能较长，用$K_{IC}$的公式来计算，也必然会造成一定的误差。此外，由于计算生物陶瓷涂层弹性模量时存在一定误差，将此结果带入$K_{IC}$的公式计算时必然会造成进一步的误差。可见，以上这几种因素可能造成了断裂韧性值出现较大的误差。

将梯度生物陶瓷复合涂层力学性能试验结果与表6-6中所列材料进行比较后可以看出，梯度生物陶瓷复合涂层的强度和硬度均高于人体硬组织，因此植入活体后完全能够承受生理条件下的载荷。由于稀土的细化晶粒与净化作用、激光熔覆后生物陶瓷涂层中存在的残余应力以及物相组成的差异，因而涂层的硬度高于人体硬组织。据报道，钛合金等生物医用金属材料虽然具有良好的综合力学性能，但其弹性模量与硬组织相差很大，植入人体将导致应力分布不均匀，对周围的硬组织造成屏蔽。而骨的生长是基于对应力的响应，因此这种屏蔽作用可能会导致骨生长的减缓乃至骨的退化。而作者所制备的梯度生物陶瓷复合涂层弹性模量接近于致密骨的弹性模量。由此可见，我们在钛合金表面宽带激光熔覆制备的生物梯度复合陶瓷涂层能显著减小植入体与活体硬组织的弹性模量差异，可在硬组织与钛合金基体之间起到过渡作用，提高其力学相容性，改善应力分布状况，有利于骨的生长及保持其生理活性。

#### 6.1.4.6　生物陶瓷涂层的摩擦磨损试验

作为关节替换材料，无论是全部还是部分替换，都要求具有低摩擦和低磨损，因而研究涂层材料的耐磨性就显得十分重要。将梯度生物陶瓷复合涂层试样加工成30mm×7mm×5mm（激光熔覆面为30mm×7mm），对磨试样为环形状，材料为Cr12MoV，表面经氮化处理，硬度为58～63HRC，试样和对磨环尺寸如图6-29所示。磨损实验设备为MM-200磨损试验机，图6-29为本次摩擦磨损试验的简图。为使生物陶瓷复合涂层植入活体后达到实际生理环境效果，试验采用模拟体液（Hank's溶液）作为润滑剂来进行摩擦磨损试验。Hank's的溶液配方为：NaCl 8.00g + KCl 0.4g + $CaCl_2$ 0.14g + $NaHCO_3$ 0.35g + $C_6H_{12}O_6$

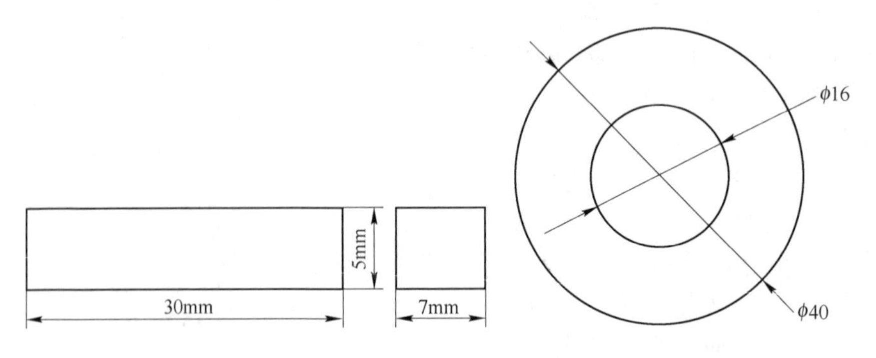


图6-29　试样和对磨环简图

(葡萄糖) 10g + $MgCl_2 \cdot 6H_2O$ 0.1g + $MgSO_4 \cdot 7H_2O$ 0.06g + $KH_2PO_4$ 0.06g + $Na_2HPO_4 \cdot 12H_2O$ 0.06g + 1000mL 水。模拟体液通过油杯的油孔滴漏在条形试样上进行自流润滑，大约 130 滴/min，试验参数为：转速 200r/min，压力 196N，磨损时间 8h。用感量为 $10^{-5}$ 的分析天平测量试样磨损前后的质量，并计算磨损质量。摩擦磨损试验简图见图 6-30。

A 梯度生物陶瓷复合涂层摩擦系数

表 6-8 为固定扫描速度 $v = 150$mm/min，光斑尺寸 $D = 16$mm × 2mm，改变输出功率时所制备生物陶瓷试样的平均摩擦系数的试验结果。从生物陶瓷涂层试样平均摩擦系数结果来看，功率为 2.5kW 条件下的生物陶瓷涂层的试样平均摩擦系数低于 2.3kW、2.7kW 和 2.9kW 的生物陶瓷涂层的平均摩擦系数。可见，扫描速度 $v = 150$mm/min，光斑尺寸 $D = 16$mm × 2mm，功率 $P = 2.5$kW 条件下的生物陶瓷涂层具有最小的摩擦系数。在这一最佳工艺参数下所制备的生物陶瓷涂层由于具有较小的孔隙率和最高的显微硬度，因而在摩擦磨损过程中表现出较小的摩擦系数。

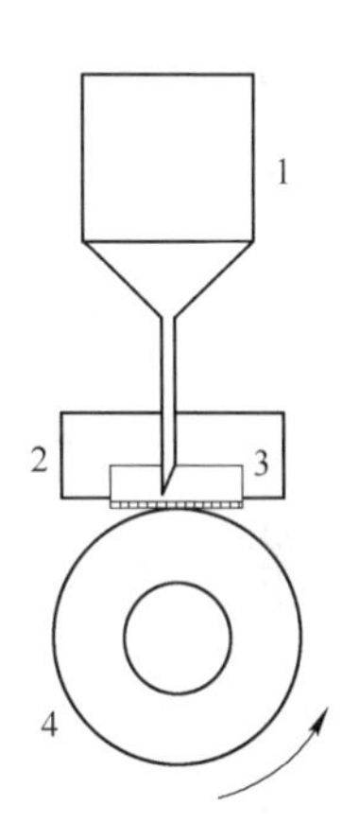


图 6-30 摩擦磨损试验简图

1—油杯（内盛模拟体液）；2—夹具；3—生物陶瓷涂层试样；4—环形对磨试样（Cr12MoV）

**表 6-8 生物陶瓷涂层的摩擦系数**

| 试样编号 | $P$/kW | 对磨试样 | 生物陶瓷涂层平均显微硬度/$HV_{0.1}$ | 试样平均摩擦系数 |
|---|---|---|---|---|
| 12 | 2.3 | Cr12MoV | 1026 | 0.218 |
| 13 | 2.5 | Cr12MoV | 1120 | 0.212 |
| 14 | 2.7 | Cr12MoV | 927 | 0.231 |
| 15 | 2.9 | Cr12MoV | 897 | 0.238 |

B 梯度生物陶瓷复合涂层磨损特性

最大正压力为 196N，转速 200r/min，模拟体液润滑的试验条件下，不同工艺参数下的生物陶瓷复合涂层平均质量磨损量如表 6-9 所示。由表可见，功率为 2.5kW 条件下的生物陶瓷涂层的平均质量磨损量低于功率为 2.3kW、2.7kW 和 2.9kW 的生物陶瓷涂层的平均质量磨损量，这说明功率为 2.5kW 条件下的生物陶瓷复合涂层耐磨性能最好。且生物陶瓷复合涂层磨损量与其硬度有较好的对应关系，即硬度升高，磨损量下降，材料的耐磨性好。

**表 6-9　生物陶瓷复合涂层及对磨环磨损质量损失**

| 试样编号 | $P$/kW | 试样质量磨损量/mg | 试样平均质量磨损量/mg | 对偶件质量磨损量/mg | 对偶件平均质量磨损量/mg |
|---|---|---|---|---|---|
| 12-1 | 2. 3 | 5. 6 | 6. 53 | 24. 1 | 24. 7 |
| 12-2 | | 7. 2 | | 25. 2 | |
| 12-3 | | 6. 8 | | 24. 8 | |
| 13-1 | 2. 5 | 7. 1 | 5. 27 | 24. 3 | 21. 17 |
| 13-2 | | 5. 1 | | 24. 5 | |
| 13-3 | | 3. 6 | | 20. 7 | |
| 14-1 | 2. 7 | 4. 7 | 6. 43 | 23. 6 | 26. 37 |
| 14-2 | | 8. 5 | | 26. 7 | |
| 14-3 | | 6. 1 | | 28. 8 | |
| 15-1 | 2. 9 | 6. 5 | 7. 53 | 25. 3 | 27. 07 |
| 15-2 | | 7. 8 | | 26. 8 | |
| 15-3 | | 8. 3 | | 29. 1 | |

图 6-31 为生物陶瓷复合涂层磨损质量损失的直方图，从图中可更为直观地看出输出功率为 2. 5kW 的生物陶瓷涂层的耐磨性优于工艺参数为 2. 3kW、2. 7kW 和 2. 9kW 的生物陶瓷涂层，且生物陶瓷复合涂层耐磨性能最好。这是由于当功率较低时，单位面积上所吸收的激光比能小，熔池形成不完全，导致熔池

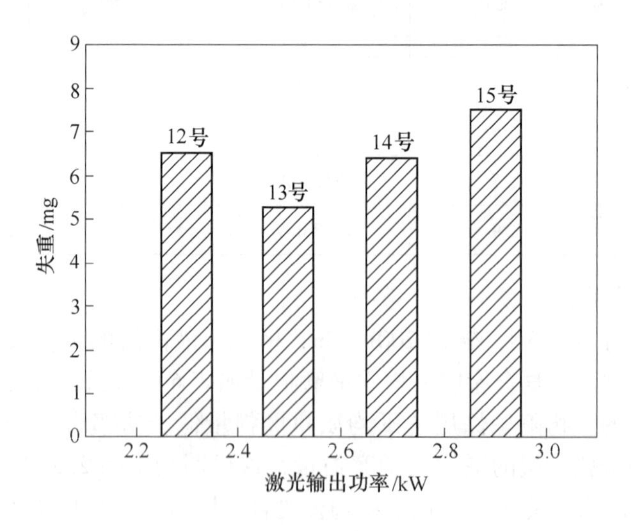


图 6-31　生物陶瓷复合涂层磨损质量损失的直方图

中各种合金元素不能充分对流，引起激光熔覆过程中生物陶瓷不能充分烧结，进而造成陶瓷涂层性能下降。同样，当功率过高时，单位面积上所吸收的激光比能高，熔池对流剧烈，陶瓷层中易出现较多气孔、疏松等缺陷，造成生物陶瓷涂层的组织致密性下降，力学性能降低。只有当功率为2.5kW时，熔池对流充分，生物陶瓷充分烧结，组织致密，加之由于稀土的净化、细化作用，使生物陶瓷层中的气孔、夹杂物减少，生物陶瓷涂层组织细小，陶瓷层与基体形成良好的冶金结合，生物陶瓷涂层的综合力学性能提高，从而有利于降低生物陶瓷涂层的摩擦系数，提高生物陶瓷复合涂层的耐磨性能。复合材料涂层的显微硬度与材料的许多力学性能有着重要的联系，表面硬度的提高有利于材料的抗摩擦和抗磨损性能。功率为2.5kW时的生物陶瓷复合涂层的显微硬度最高，因此，具有最低的摩擦系数和最高的耐磨性能。

C 梯度生物陶瓷复合涂层的磨损形貌分析及磨损机理

材料的磨损是由于摩擦力及与摩擦力有关的介质、温度等的作用使其形状、尺寸、组织和性能发生变化的过程。对于摩擦磨损的分类，有很多的分类方法，但是大多数的文献都根据磨损失效的特点，把磨损分为四类：

（1）黏着磨损，两个物体相互滑动时产生摩擦破坏，磨损产物由一个物体脱落到另一个物体表面，然后在随后的摩擦过程中表面层断裂，形成自由点，也可能再黏到原来的表面上。其表面特征是表面有细的划痕，严重时产生金属转移现象，其磨屑呈片状或层状。

（2）磨粒磨损，这是硬质点划过或犁过金属表面产生的破坏形式，形成与机械加工相似的微型切屑。其磨屑呈条状或切屑状。

（3）接触磨损，在滚动或滑动与滚动混合摩擦条件下，金属表面因反复加载与卸载，表面或者皮下形成裂纹，随后导致的磨损称为接触疲劳。接触磨损的磨屑呈块状。

（4）腐蚀磨损，在腐蚀介质中进行摩擦时，金属表面形成的薄膜在摩擦力的作用下发生破坏，由于腐蚀作用不断发生腐蚀、破坏，再腐蚀、再破坏的失效过程，其磨屑为薄的碎片或粉末。

每一种磨损又可根据不同的磨损特征进行细分，如磨粒磨损又可分为凿削式磨粒磨损、高应力辗碎式磨粒磨损和低应力擦伤式磨粒磨损，根据受损表面的数目多少可分为二体磨粒磨损和三体磨粒磨损，根据金属硬度与磨料硬度之间的相对关系又可分为硬磨粒磨损和软磨粒磨损等。

为研究生物陶瓷复合涂层的磨损机理，采用JSM-6300LV扫描电镜对生物陶瓷涂层表面磨痕形貌进行观察。为了减少杂物对表面磨痕能谱分析的影响，所有用于扫描电镜观察的试样都经超声波进行清洗。图6-32为13号试样磨痕形貌图及其对应能谱，由图可见，未出现明显的犁沟或划痕，但仔细观察，隐约可见细小犁沟的痕迹，可以认为这种磨损形貌不具备磨粒磨损的典型特征。由能谱图可以看出，磨痕表面的 Fe、Cr 等元素的含量较高，这说明生物陶瓷涂层与 Cr12MoV 对磨环在摩擦磨损过程中发生了材料转移的现象，即对磨件 Cr12MoV 中的 Fe、Cr 等元素粘在生物陶瓷涂层表面。

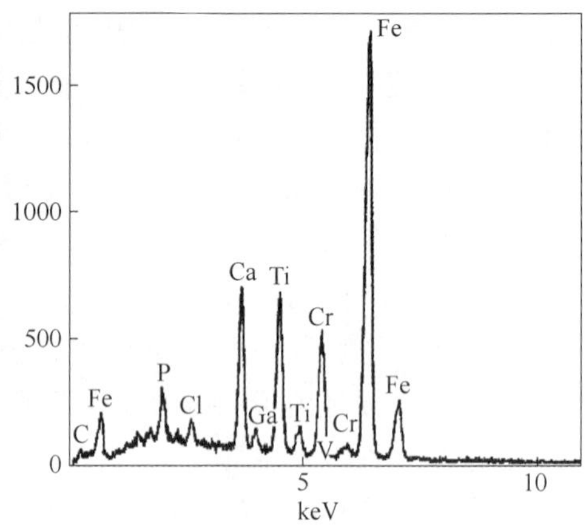


图 6-32　13 号试样磨痕形貌及能谱图

图 6-33 为 13 号试样生物陶瓷涂层另一位置的磨痕形貌图及其对应能谱，由图可见，该区域的磨痕较图 6-32 而言不太明显，基本保持了原涂层表面的形貌。由能谱图可以看出，主要含有 Ca、Ti、O、P 等元素，基本保持了原生物陶瓷涂层的主要成分，这说明原生物陶瓷涂层磨损较少。这进一步论证了该生物陶瓷涂层耐磨性能较好。由图还可以看出，磨痕表面也含有一定量的 Fe、V、Cr 等元素，这表明对磨环的材料转移到了陶瓷涂层表面。

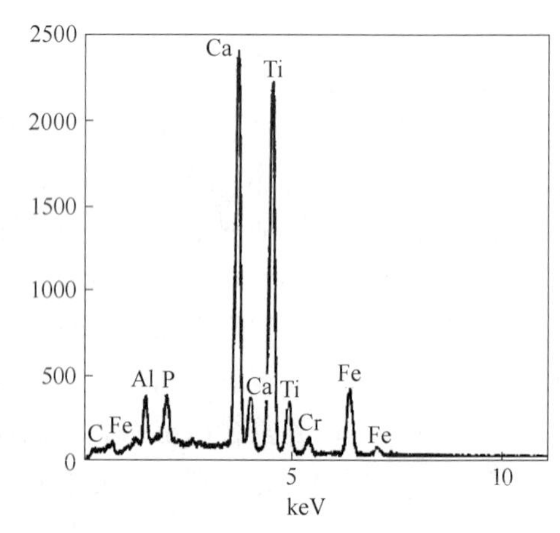


图 6-33　13 号试样另一位置的磨痕形貌及能谱图

以上研究结果说明，生物陶瓷涂层与对磨件之间发生了黏着磨损。

图6-34和图6-35为14号试样未磨损部位的生物陶瓷涂层表面形貌和已磨损部位的鱼鳞状磨痕表面形貌，造成鱼鳞状表面磨痕的原因是由于熔覆层表面具有一定的孔隙率，表面的粗糙度较大，涂层与对磨件磨损后，对磨件直接碾平涂层中的凸起部位所造成的。

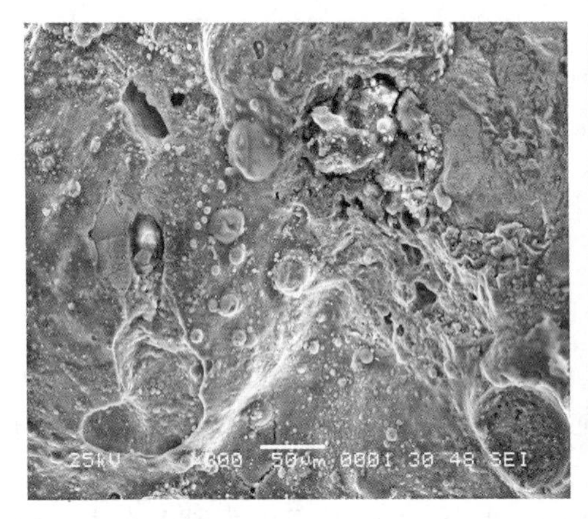


图6-34 未磨损的陶瓷涂层表面形貌

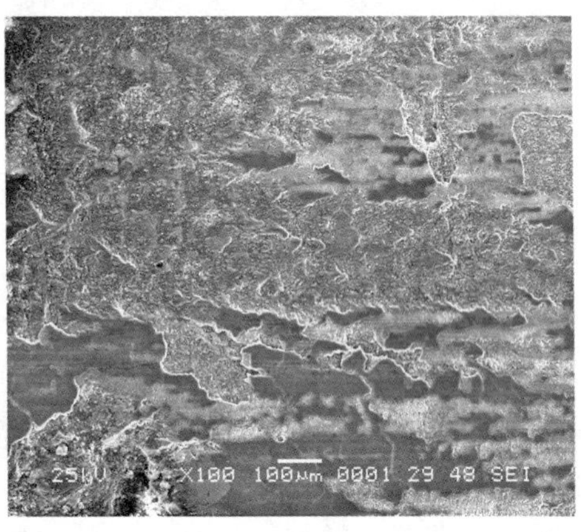


图6-35 鱼鳞状磨痕形貌

图6-36为14号试样生物陶瓷涂层与对磨件Cr12MoV对磨后生物陶瓷涂层的磨痕表面形貌图，图中箭头1和2分别代表磨损区域与未磨损区域。在磨损区域，可看到较为平整的磨痕面。而在未磨损区域，可看到生物陶瓷复合涂层的原貌。图6-37为磨损区域的高倍形貌图及其对应能谱图，尽管磨痕在低倍下看起

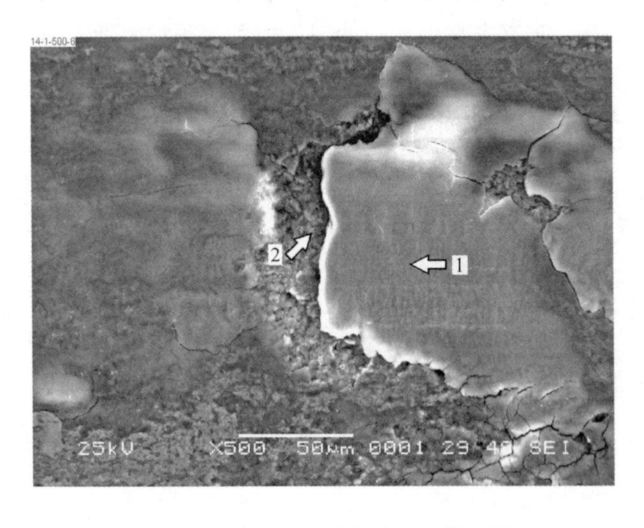


图6-36 14号试样磨损表面整体区域

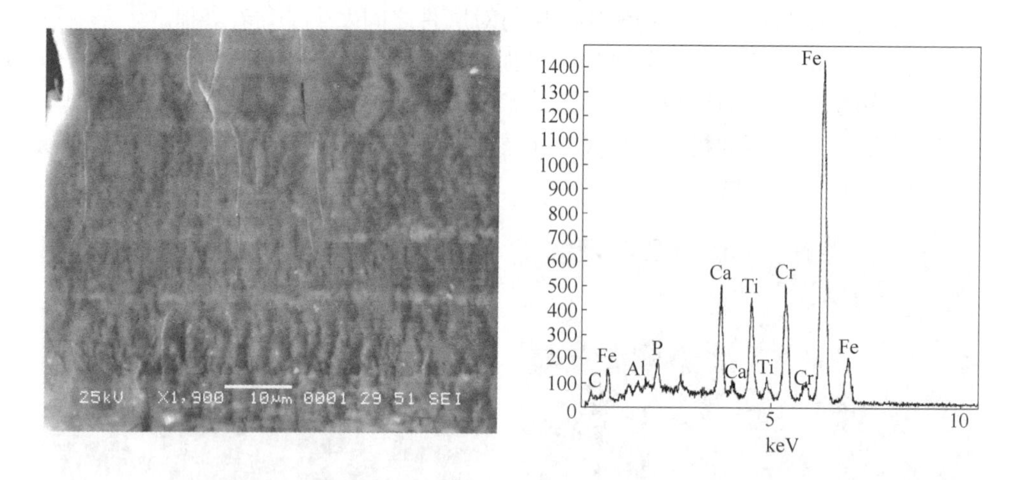


图 6-37　图 6-36 中已磨损区域（1 区）高倍形貌及对应能谱分析结果

来较平整，但在高倍下仍可见凸凹不平的磨痕表面。由能谱图可知，磨痕表面的 Fe、Cr、V 等元素的含量较高，这表明生物陶瓷涂层与 Cr12MoV 对磨件在对磨过程中材料发生了转移，即对磨件 Cr12MoV 中的 Fe、Cr、V 等元素黏着在生物陶瓷表面。可见在磨损区域生物陶瓷涂层表面存在材料“黏附转移”现象，这说明发生了黏着磨损。图 6-38 为未磨损区域的高倍表面形貌图及其对应的能谱图。由图可见，Ca、Ti 等元素的含量较高，这些元素主要为生物陶瓷涂层的原始组分。这说明该区域未发生显著磨损，这是由于生物陶瓷涂层的强韧性配合较好，对磨件 Cr12MoV 相对为软质点，相对滑动的表面在摩擦力的作用下将发生塑性变形，由于分子力的作用使摩擦的两个表面焊合起来，如果外力克服不了焊合点及其附近的结合力，便发生咬卡；当外力大于这个结合力时，外力克服结合处的

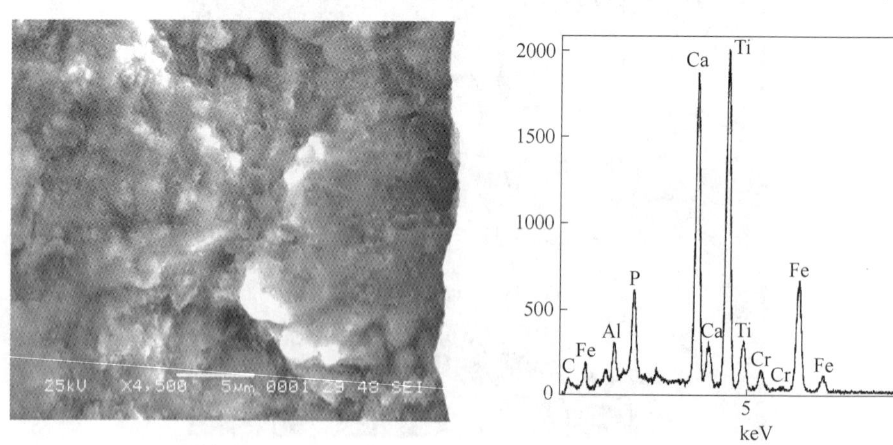


图 6-38　图 6-36 中未磨损区域（2 区）高倍形貌及对应能谱分析结果

剪切强度，结合处将被剪断。强度较高的生物陶瓷涂层表面上将黏附对磨件黏附物，在以后的重复摩擦接触中黏附物将辗转于对磨件的表面之间，产生黏着磨损。

由于激光熔覆具有快速加热和快速冷却的特点，使生物陶瓷涂层中不可避免的产生微小孔隙、空洞乃至位错，这些显微缺陷都集中在亚表层，这些孔洞和位错在循环载荷导致的应力场作用下，产生剪切变形并不断积累。平行表面的正应力将阻止裂纹向深度方向扩展，所以裂纹在一定深度沿平行表面的方向扩展，当裂纹扩展到临界长度后，在裂纹与表面之间的涂层材料将以片状磨屑的形式剥落下来，这说明激光熔覆生物陶瓷涂层在磨损的早期发生了黏着磨损，随着磨损的进行出现了剥层现象，造成剥层磨损，如图 6-36 所示。

由于稀土元素可以细化组织，可提高生物陶瓷层的强度和硬度以及生物陶瓷涂层与基材之间的结合强度，另外，稀土元素具有净化作用，可以降低生物陶瓷层中夹杂物、微观裂纹的数量。稀土元素的加入，使作为强化相的硬质颗粒与作为基体相的固溶体的结合进一步加强，提高了生物陶瓷层抗硬质点剥落的能力。稀土元素可使生物陶瓷涂层中的夹杂物球化，减少了应力集中，这些都有利于降低生物陶瓷涂层的摩擦系数，降低磨损量，提高耐磨性能。

综上所述，宽带激光熔覆生物陶瓷复合涂层的磨损机理比较复杂，往往同时涉及黏着磨损、磨粒磨损和接触磨损等多种机制，通过对磨损表面形貌的分析可以看出，生物陶瓷复合涂层磨损机理主要为黏着磨损。

## 6.2 梯度生物活性陶瓷涂层的生物活性

### 6.2.1 生物陶瓷涂层的模拟体液试验

通过模拟体液浸泡是检测材料生物活性最基本且简单可行的方法。自日本京都大学 T. Kokubo 等人对生物玻璃在模拟体液（Simulated Body Fluid，SBF）中的生物活性进行研究以来，通过 SBF 体外浸泡后能否形成类骨磷灰石已成为考察生物材料具备生物活性的主要依据之一。生物材料具有生物活性即在体内能与活体组织形成键性结合的必要条件是：在 SBF 中该材料能诱导类骨磷灰石在其表面生成。类骨磷灰石能与基体内的胶原蛋白纤维结合，与基体组织形成紧密的结合层。因此，不同的动物种类体内的离子浓度是不同的，pH 值也有差异。T. Kokubo 等人根据为表征生物材料在近似人体环境下的性能研制了一系列的溶液，最常用的是 C-SBF，其无机成分与人体血浆极为相似，且具有相似的 pH 值（7.25）。试样在 SBF 溶液浸泡过程中，溶液中离子浓度的变化以及试样所发生的溶解、生长等过程与生物体内的生物矿化过程极为相仿，而骨替代材料的生物活性正是来源于这种生物矿化过程。因此，模拟体液浸泡实验可以有效地在体外表征该类材料在生物体内是否具在生物活性以及活性的强弱。

因此，对激光熔覆生物陶瓷涂试样进行模拟体液浸泡实验，利用 SEM、EPMA、ICP 等测试方法研究了试样在模拟体液中浸泡不同时间后的溶解、析出等行为并评价其生物活性。

#### 6.2.1.1　模拟体液浸泡后的表面形貌及成分分析

将试样分别在模拟体液中浸泡 7 天、14 天、28 天后观察试样表面形貌变化，发现浸泡时间对沉积效果有一定影响，随着浸泡时间的延长，不同试样表面形貌发生了形态各异的变化。激光熔覆生物陶瓷涂层在模拟体液中浸泡 2 天后表面即出现团絮状沉积物，随着浸泡时间的延长，团絮状物质不断增多，浸泡 7 天后试样的表面及边缘出现了肉眼可见的白色沉积物。14 天后在试样表面沉积了一薄层白色沉积物，同时溶液中开始出现絮状沉淀。28 天后白色沉积物有所增厚，试样表面绝大部分已经被白色沉积物覆盖，瓶中出现了大量絮状的沉淀。试样继续浸泡，涂层厚度不再增加，反而有部分涂层溶解。

图 6-39 为添加 $CeO_2$ 激光熔覆生物活性陶瓷涂层在模拟体液中浸泡 7 天后涂层表面的扫描电镜照片。由图可见，涂层表面出现了一些球状颗粒（图 6-39a）及块状沉积物（图 6-39b），局部发现絮状沉积（图 6-39c）及少量的片状沉积物（图 6-39d）。由于试样取出后用去离子水冲洗过，因而这些沉积物不是模拟体液中沉积物的简单附着，而是材料表面与模拟体液之间发生了某种化学反应生成的新物质。

图 6-40 为未加稀土涂层在模拟体液中浸泡 7 天后的复合涂层扫描电镜图。可见，涂层表面局部出现少量的球状颗粒，大部分区域出现了块状结晶。未经激光熔覆处理的基体材料表面在 SBF 中浸泡 7 天后表面出现的主要是块状和花瓣状结晶（见图 6-41）。经能谱分析后发现主要为 Cl(85.29%，质量分数)，还有少量 Na 和 K 等，结合 SBF 配方，故可推断这些块状结晶为盐类沉积。

图 6-42 为添加 $CeO_2$ 激光熔覆涂层表面在 SBF 中浸泡 14 天后的扫描电镜照片。可以看出，涂层表面的球状颗粒发生了变化，在其周围出现了很多微小的针状组织（见图 6-42a），使圆形球状颗粒变为表面粗糙的毛绒状（见图 6-42b）。而涂层表面的更多区域则以片状沉积物为主（见图 6-42c）。在较高放大倍数下，能看到在陶瓷表面生成的晶体都是扁平状的，且片状晶体交叉生长（见图 6-42d）。能谱分析表明主要为钙和磷，钙磷比为 1.54。涂层表面在发现 SBF 的中浸泡 14 天后其表面生成的毛绒状和片状沉积物与发现 SBF 的创始人

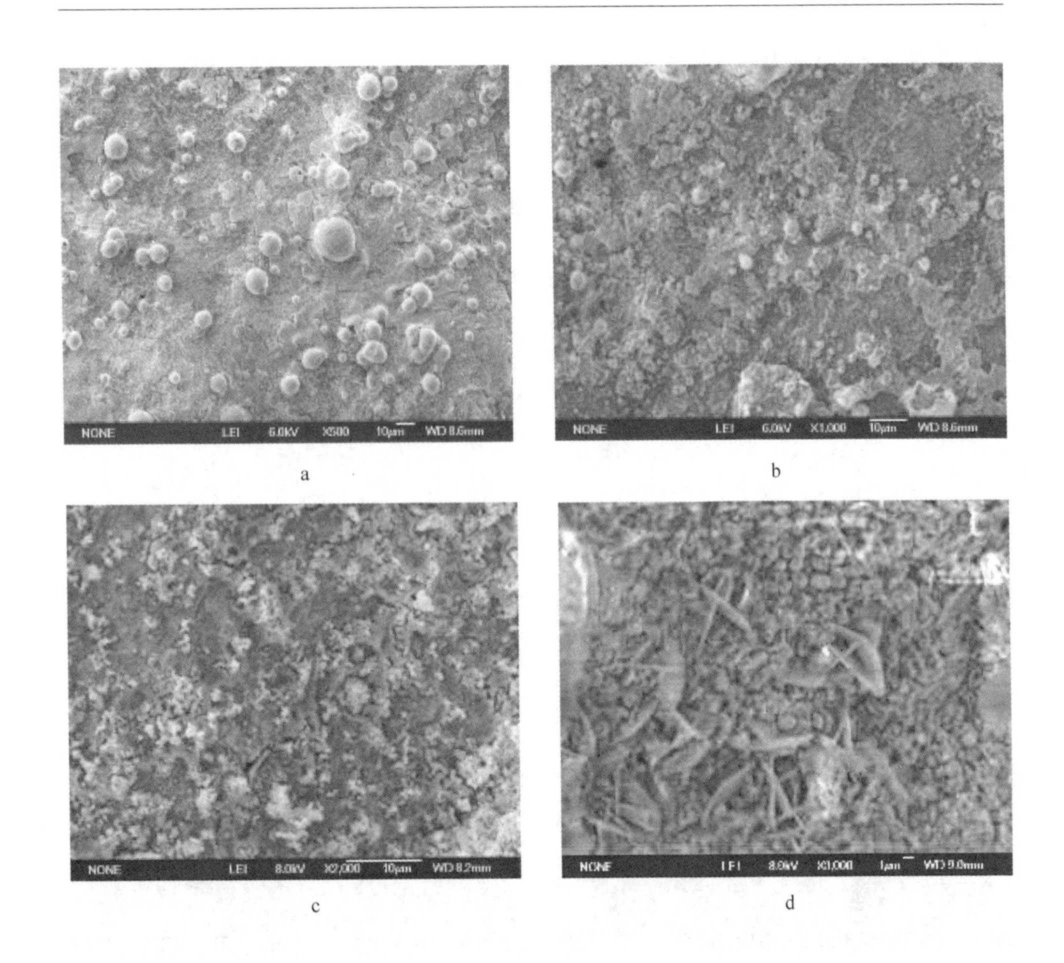


图 6-39 添加 $CeO_2$ 试样在 SBF 中浸泡 7 天后的表面形貌

图 6-40 未添加 $CeO_2$ 激光熔覆试样在 SBF 中浸泡 7 天后的 SEM 图

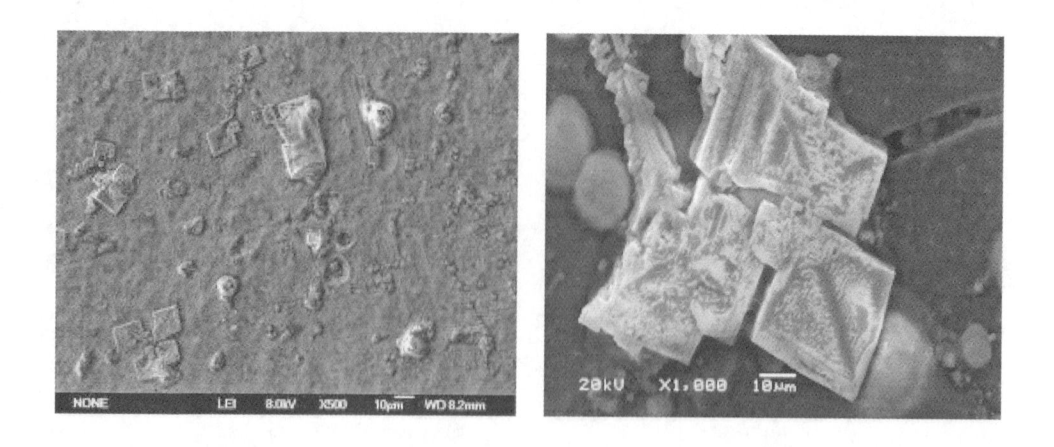


图 6-41　未处理基材在 SBF 中浸泡 7 天后的表面形貌

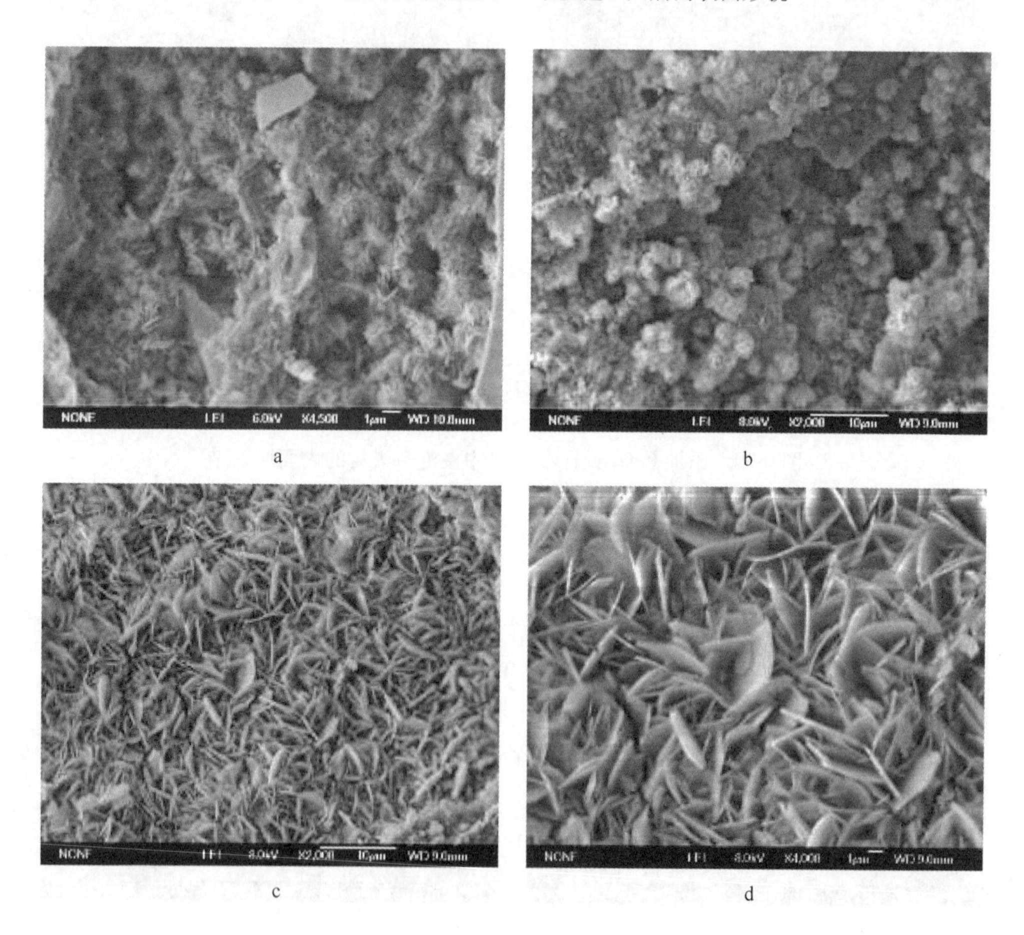


图 6-42　添加 $CeO_2$ 涂层在 SBF 中浸泡 14 天后的典型表面形貌

T. Kukuboo 在生物活性玻璃陶瓷上浸泡后的类骨磷灰石的形貌相似，如图 6-43 所示。表明激光制备的生物陶瓷涂层具备生物活性。

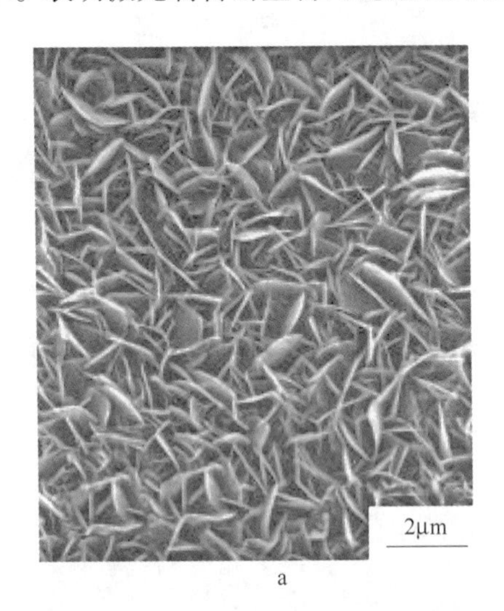


a

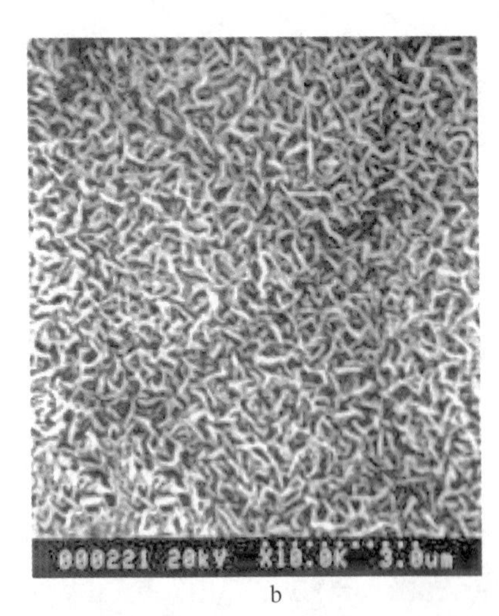

b

图 6-43　生物活性玻璃陶瓷在 SBF 中浸泡后表面磷灰石形貌（T. Kokubo）

通过 SEM 观察，激光熔覆涂层经 SBF 中浸泡后局部区域还出现了一些其他形貌，如贝状（见图 6-44a）、蠕虫状沉积物（见图 6-44b）。涂层表面还发现有一些密集生长的细针状物（见图 6-44c，d）。其表面出现的相互连结微裂纹可能是由于在 SBF 中诱导生成的磷酸盐沉积层过程中含有较多的水分子，试样从 SBF 中取出干燥时水分子蒸发，是沉积层因脱水收缩所致。

此外，激光熔覆生物陶瓷涂层表面还发现了少量的 HA 晶须（HA whisker），直径约 0. 3 ~ 0. 8μm，长径比约为 10 ~ 40μm（见图 6-45a ~ d）。生成的晶须状 HA 对增强激光熔覆生物活性陶瓷涂层的韧性十分有利。

a

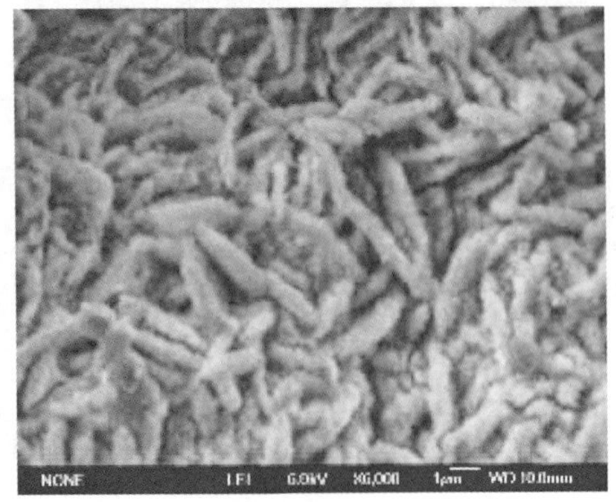

b

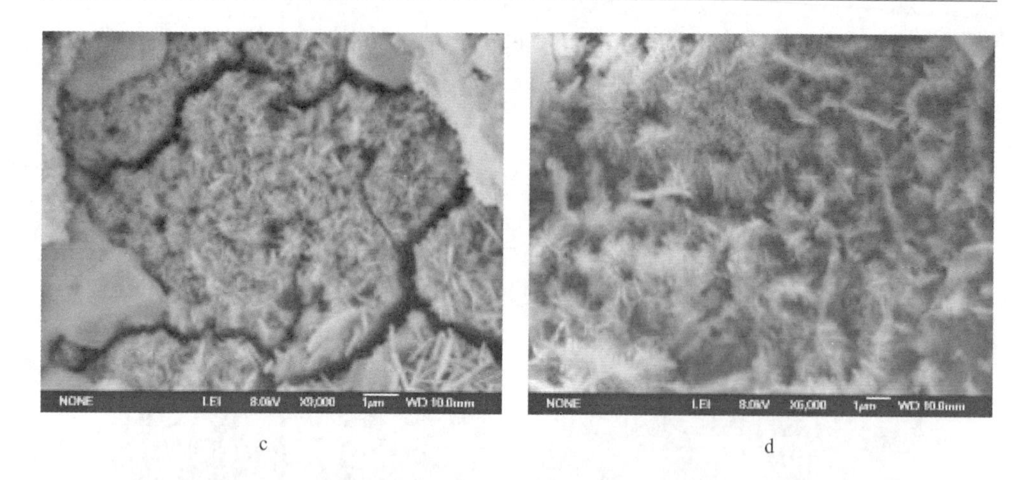


图 6-44　添加 $CeO_2$ 涂层在 SBF 中浸泡 14 天后的其他表面形貌

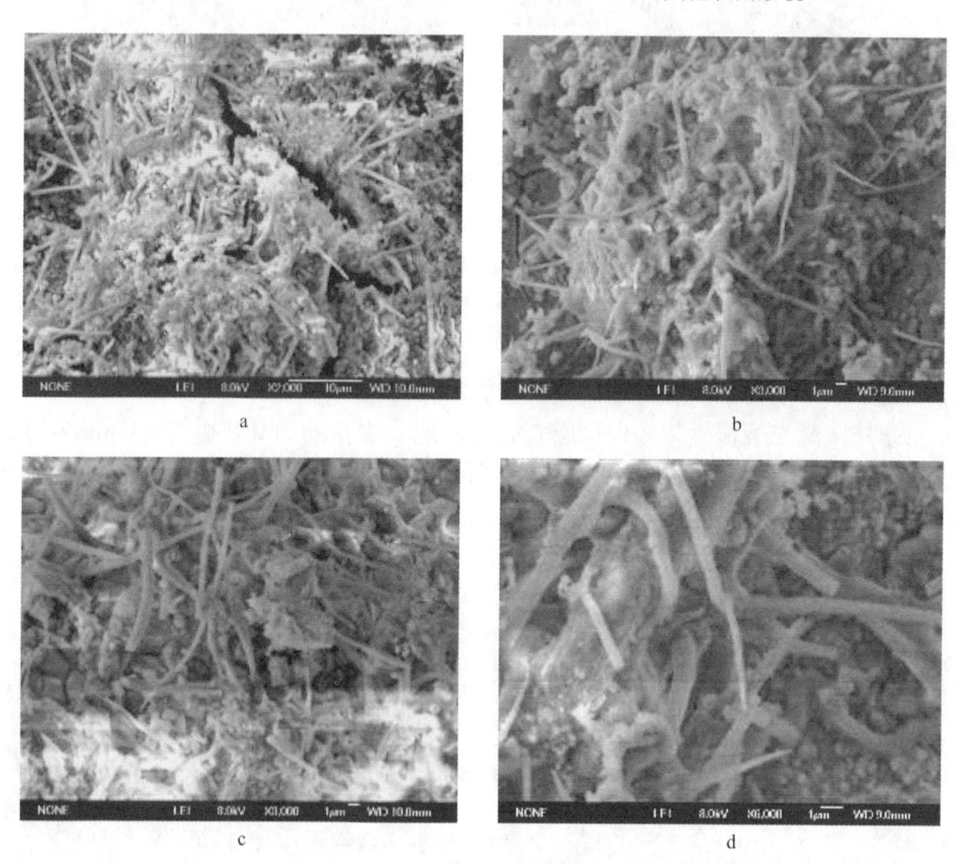


图 6-45　添加 $CeO_2$ 涂层在 SBF 中浸泡 14 天后出现的晶须形貌

图 6-46 为未添加稀土氧化物涂层，在 SBF 中浸泡 14 天后的扫描电镜照片。

浸泡 14 天后涂层表面亦形成了片状磷灰石，较浸泡 7 天表面略有增多。但其生成的数量低于添加 $CeO_2$ 的激光熔覆涂层，且片状析出物明显小于添加 $CeO_2$ 的激光熔覆涂层。这表明钙磷相在未添加稀土氧化物的激光熔覆生物陶瓷涂层表面形核长大过程中，随浸泡时间的延长，其形核及长大受到一定限制。

a

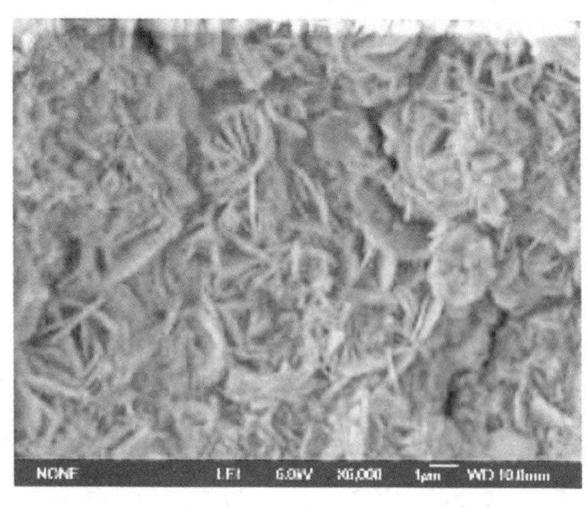


b

图 6-46　未添加 $CeO_2$ 试样在 SBF 中浸泡 14 天后的表面形貌

图 6-47 为未进行激光处理的基材在 SBF 中浸泡 14 天后的扫描电镜照片。可以看出，即使在 SBF 中浸泡了 14 天，其表面仍未生成类似磷灰石相的沉积物，只有残留的浸泡痕迹及生长的盐类沉积物。可见，未进行激光处理的基材不具备生物活性。

图 6-47　基体在 SBF 中浸泡 14 天后的表面形貌

由以上观察可见，激光熔覆生物陶瓷涂层在 SBF 中浸泡后，最初在其表面主要表现为析出一些细小的磷灰石晶粒，随着浸泡时间的延长，析出晶粒尺寸变大并呈现聚集的趋势。之后析出的晶粒随着浸泡时间的延长进一步长大，更多的晶粒聚集在一起。对比未添加稀土氧化物的试样在SBF中浸泡后的形貌发现，添加稀土后试样的稳定性进一步提高。激光熔覆生物陶瓷涂层粗糙的表面更易于钙磷相的析出。这是由于凹凸不平的表面可使涂层的表面积增大，致使这些离子局域浓度较高，更易于磷灰石的形核和长大。

#### 6.2.1.2　浸泡后模拟体液中离子浓度变化

图6-48为激光熔覆复合涂层在SBF中浸泡后模拟体液中离子浓度与浸泡时间的关系。由图可见，随浸泡时间的延长，磷离子的浓度不断升高，一周后趋于稳定。而钙的离子浓度先出现升高趋势，接着出现略微的下降，然后又继续升高。钙、磷的离子浓度在SBF中浸泡初期都呈现增长趋势，主要是由于激光熔覆生物陶瓷涂层表面含有的钙磷离子会析出，因此SBF溶液中的钙、磷量升高。随着浸泡时间的延长，钙、磷在SBF中处于过饱和状态，激光熔覆生物陶瓷涂层表面出现磷灰石沉积物，而这必然会消耗SBF溶液中的钙和磷。而从图中发现磷的消耗比较多。而随着激光熔覆生物陶瓷涂层表面磷灰石相的增多，又会出现溶解，使得SBF中的钙磷继续升高直至趋于稳定。

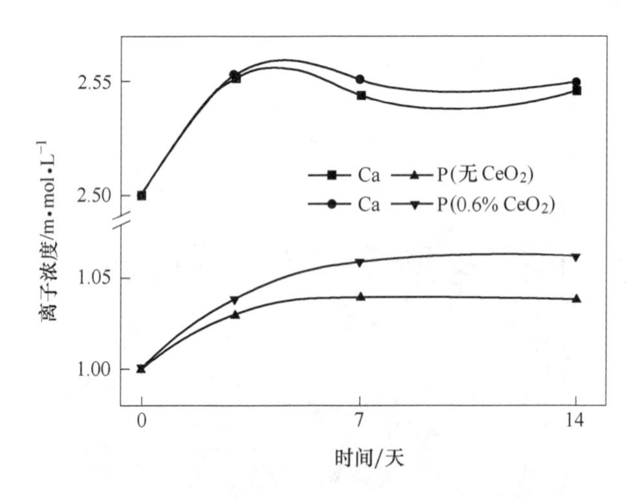


图6-48　模拟体液中离子浓度与浸泡时间关系

#### 6.2.1.3　生物陶瓷复合涂层表面的物相变化

图6-49为激光熔覆制备的生物陶瓷涂层在SBF中浸泡前后的XRD衍射图谱，图中右上角为经SBF浸泡后衍射角$2\theta$为45°~65°范围内的放大图。

由图可见，经模拟体液浸泡后，HA对应的衍射峰明显增强。与未经模拟体液浸泡的试样相比，可见磷灰石相的衍射峰强度都有所提高。且浸泡后涂层中的CaO的衍射峰强度大幅度降低，这是由于CaO容易溶解于模拟体液的缘故。同时，在 2$\theta$ 为 45°～65°范围内，出现了明显的羟基磷灰石特征峰。这表明激光熔覆生物陶瓷涂层在 SBF 溶液中具有快速诱导磷灰石沉积的能力。

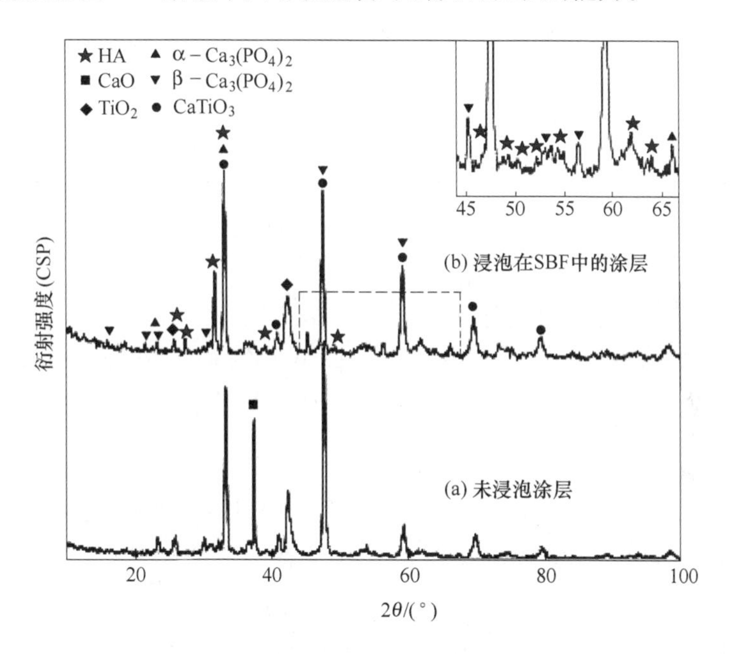


图 6-49 SBF 浸泡前后激光熔覆生物陶瓷涂层表面的 XRD 图谱

由以上的模拟体液实验结果可以看出，这种在模拟体液中生成的磷灰石在结构上与人体的自然骨相似，都具有较低的结晶度，从生物学的角度来看，磷灰石结构的不完整性有利于获得更好的生物活性，这也是我们所期望的。有关文献的研究结果表明，生物陶瓷表面在活体中生成一层具有生物活性的类骨磷灰石层是生物材料与活体骨之间产生化学键合的必要条件，可见，作者研究的这种梯度生物陶瓷复合涂层具有很好的生物活性，有望通过这层磷灰石层与活体骨产生牢固的化学键合。

## 6.2.2 梯度生物陶瓷涂层的动物实验

### 6.2.2.1 成年健康狗的股骨埋植实验

实验动物为成年健康狗 3 只，体重 25kg 左右。

植入材料为最佳宽带激光熔覆工艺参数下制备的梯度生物陶瓷复合涂层，生物陶瓷复合涂层的 Ca：P 分别取 1.3，1.4，1.5 和 1.67，生物陶瓷涂层中 $Y_2O_3$ 的含量（质量分数）为 0.6%，其中 2 号样品的 $Y_2O_3$ 的含量为 0，为便于统计与分析，每一种样品编号的生物陶瓷涂层共准备 6 个样品，植入时期分别为 6 周、12 周和 24 周，如表 6-10 所示。表 6-11 为狗股骨埋植实验的进度安排。

**表 6-10　动物实验用植入材料**

| 样品编号 | Ca∶P | $Y_2O_3$ 含量(质量分数)/% | 样品数量 |
| --- | --- | --- | --- |
| 1 号 | 1.5(78% $CaHPO_4 \cdot 2H_2O$ +22% $CaCO_3$) | 0.6 | 6 |
| 2 号 | 1.5(78% $CaHPO_4 \cdot 2H_2O$ +22% $CaCO_3$) | 0 | 6 |
| 3 号 | 1.4(81% $CaHPO_4 \cdot 2H_2O$ +19% $CaCO_3$) | 0.6 | 6 |
| 4 号 | 1.3(85% $CaHPO_4 \cdot 2H_2O$ +15% $CaCO_3$) | 0.6 | 6 |
| 5 号 | 1.67(72% $CaHPO_4 \cdot 2H_2O$ +28% $CaCO_3$) | 0.6 | 6 |

**表 6-11　狗埋植试验进度安排**

| 项　目 | 动物编号 | 植入样品数量/个 | | | | | 植入时间 | 取材时间 | 埋植期 |
| --- | --- | --- | --- | --- | --- | --- | --- | --- | --- |
| | | 1 号 | 2 号 | 3 号 | 4 号 | 5 号 | | | |
| 第一批埋植 | 1 号狗左腿 | 1 | 1 | 1 | 1 | 1 | 2004 年 1 月 7 日 | 2004 年 7 月 7 日 | 24 周 |
| | 2 号狗左腿 | 1 | 1 | 1 | 1 | 1 | 2004 年 4 月 6 日 | 2007 年 7 月 7 日 | 24 周 |
| 第二批埋植 | 1 号狗右腿 | 1 | 1 | 1 | 1 | 1 | 2004 年 1 月 7 日 | 2004 年 7 月 7 日 | 12 周 |
| | 2 号狗右腿 | 1 | 1 | 1 | 1 | 1 | 2004 年 4 月 6 日 | 2004 年 7 月 7 日 | 12 周 |
| 第三批埋植 | 3 号狗左腿 | 1 | 1 | 1 | 1 | 1 | 2004 年 4 月 24 日 | 2004 年 6 月 7 日 | 6 周 |
| | 3 号狗右腿 | 1 | 1 | 1 | 1 | 1 | 2004 年 4 月 24 日 | 2004 年 6 月 7 日 | 6 周 |
| 固定时间 | 2004 年 6 月 7 日 ~2004 年 7 月 22 日<br>2004 年 7 月 7 日 ~2004 年 8 月 22 日 | | | | | | | | |
| 包　埋 | 2004 年 7 月 22 日 ~2004 年 8 月 22 日<br>2004 年 8 月 22 日 ~2004 年 9 月 22 日 | | | | | | | | |
| 切　片 | 2004 年 8 月 22 日 ~2004 年 11 月 20 日<br>2004 年 9 月 22 日 ~2004 年 11 月 20 日 | | | | | | | | |
| 抛　光 | 2004 年 11 月 20 日 ~2004 年 12 月 1 日 | | | | | | | | |
| 染色、观察、照相 | 2004 年 12 月 1 日 ~2004 年 12 月 25 日 | | | | | | | | |

A　手术过程

手术过程为：

(1) 麻醉：3%戊巴比妥钠，按 30mg/kg 体重给药。

(2) 植入手术：剪掉欲植入部位的体毛，用 2.5%的碘酒及 75%的酒精对术区进行消毒，铺巾，无菌条件下，逐层切开并分离皮肤、皮下组织、肌肉、骨膜，露出皮质骨。用低转速骨钻间歇地在骨上钻孔，孔间距应大于 8mm，植入物直径与植入床应适宜，指压将样品插入孔内。逐层缝合肌筋膜、皮下组织和皮肤。手术后肌肉注射青霉素，预防感染。左右股骨分别植入 5 个材料。图 6-50 为 5 种样品植入狗左腿股骨上的情形，可见 5 个样品均已植入股骨中。

B　观察指标

需观察的指标有：

(1) 大体观察：术后观察动物一般情况。

(2) X 片观察：取样前一天将试验狗用硫喷妥钠麻醉后拍 X 光片，硫喷妥钠麻醉剂量 22mg/kg 体重。分别摄于术后 6 周、12 周、24 周样品植入股骨处的 X 光片，观察骨的增生情况。

(3) 组织学观察：取材前无痛苦处死动物，取出植入材料的股骨段，用20%福尔马林固定。然后进行 PMMA 包埋、切片，TB 染色，最后用低倍和高倍显微镜观察切片组织。了解骨组织与生物陶瓷涂层之间的生物活性及生物相容性。

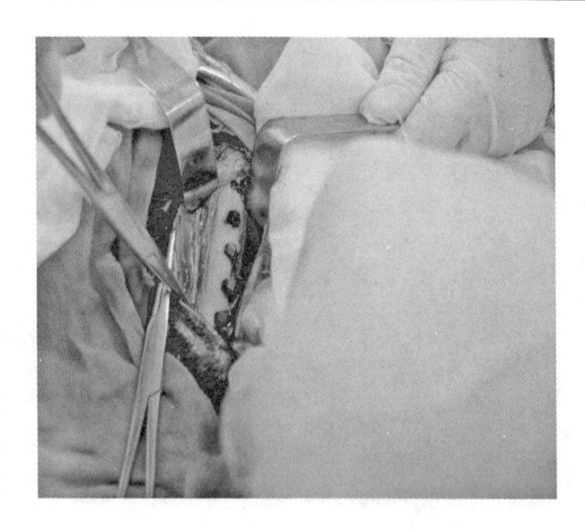

图 6-50 5 种样品植入狗的股骨中

C 结果与分析

a 大体观察

图 6-51 为手术 7 天后狗的左腿股骨伤口恢复情况，可以看出，伤口恢复得较好，未见过敏、排斥、化脓、溃烂等现象。狗的左腿活动自如，进食很好。可以认为植入物对动物的机体无明显毒副作用。

b X 片观察

图 6-52 为植入股骨 6 个星期后的拍片，由图可知，5 个试样均植入股骨中段，骨质增生不明显。图 6-53 为植入股骨 12 周后的 X 光片，可以看出，有明显的骨质增生现象。图 6-54 为植入 24 周后的 X 光片，发生了明显的骨质增生现象。但骨质增生厚度变化不显著。由图 6-52 ~ 图 6-54 还可以看出，生物陶瓷涂层试样均已植入骨髓腔中。

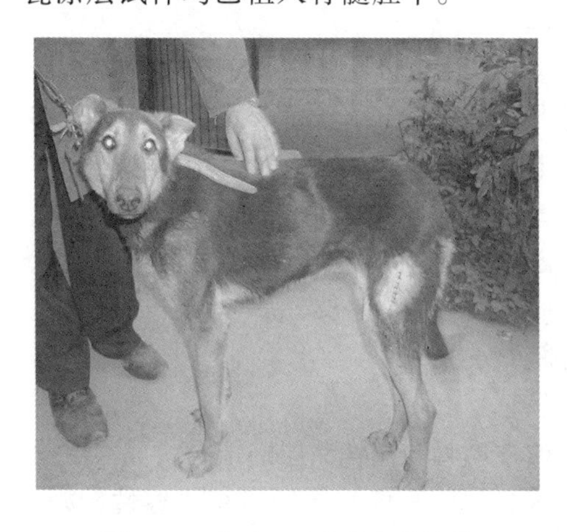

图 6-51 术后 7 天狗的生长情况

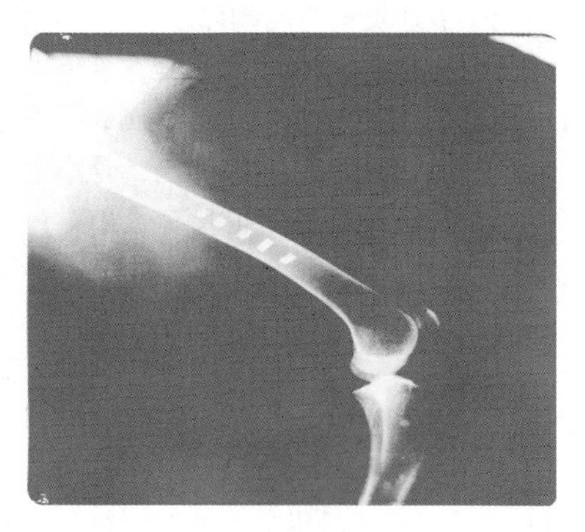

图 6-52 植入股骨 6 周后的 X 光片

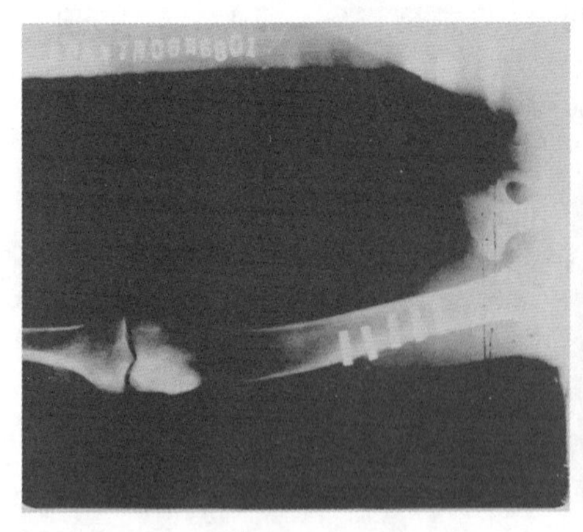

图 6-53 植入股骨 12 周后的 X 光片

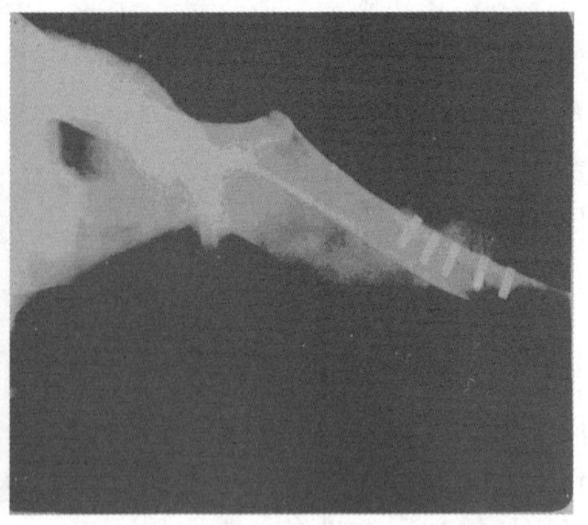

图 6-54 植入股骨 24 周后的 X 光片

c 组织学观察及分析

（1）1 ~ 5 号样品 6 周时的组织学观察及分析。

1）皮质骨与生物陶瓷涂层的结合状况。

图 6-55a ~ e 分别为 1 ~ 5 号样品 6 周时皮质骨与陶瓷涂层的结合状况，由图可以看出，所有样品均未见明显的纤维包囊形成，说明陶瓷涂层的组织相容性较好；没有发现慢性炎症，没有明显的组织形貌变性，证明陶瓷涂层中的 $Y_2O_3$ 没有毒性。由图还可以看出，在 6 周时新骨组织就长在了 3 号样品的涂层上，且骨组织与涂层之间几乎没有间隙，这说明 3 号样品具有较好的成骨性能。4 号样品也有部分新骨组织长在了涂层上，但是局部尚有间隙。而 1 号、2 号及 5 号样品与原骨之间存在较大的间隙，均没有和生物陶瓷涂层产生键合。可以认为，在 5 个样品中，3 号样品具有最好的生物活性，4 号样品次之。

2）骨小梁与生物陶瓷涂层的结合状况。

由于植入体植入后骨小梁在承重中起重要作用，因此考察骨小梁与陶瓷涂层的结合也显得十分重要。图 6-56a ~ e 分别展示了 1 ~ 5 号样品 6 周时骨小梁与陶瓷涂层的结合状况，可以看出，骨小梁基本上与 3 号样品陶瓷涂层实现了较为牢固的结合，4 号样品上也长有骨小梁，但骨小梁与陶瓷涂层之间局部尚有间隙。而对于 1 号、2 号和 5 号样品而言，骨小梁少有长在陶瓷涂层表面。这种结果也进一步表明，3 号样品的生物活性最好。

（2）1 ~ 5 号样品 12 周时的组织学观察及分析。

1）皮质骨与生物陶瓷涂层的结合状况。

图 6-57a ~ e 分别为 1 ~ 5 号样品 12 周时皮质骨与陶瓷涂层的结合状况，由图可见，所有样品均未见明显的纤维包囊形成，说明陶瓷涂层的组织相容性较好；没有发现慢性炎症，也没有明显的组织形貌变性。在 12 周时，骨组织已经完全

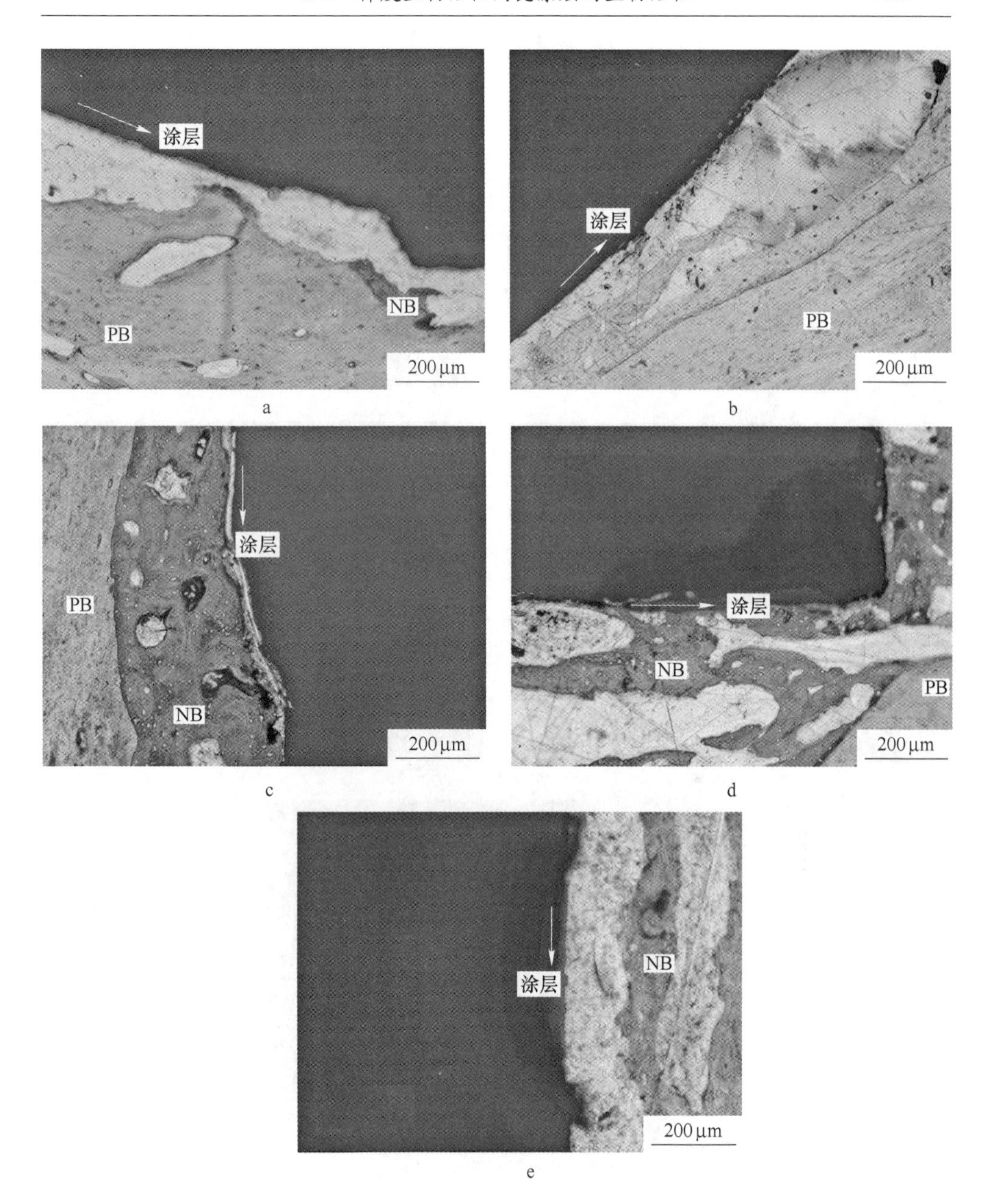


图 6-55 不同 Ca∶P 比样品 6 周时的 TB 观察 a ~ e（皮质骨）

a—1 号样品（Ca∶P = 1.5，0.6% $Y_2O_3$）；b—2 号样品（Ca∶P = 1.5，0% $Y_2O_3$）；
c—3 号样品（Ca∶P = 1.4，0.6% $Y_2O_3$）；d—4 号样品（Ca∶P = 1.3，0.6% $Y_2O_3$）；
e—5 号样品（Ca∶P = 1.67，0.6% $Y_2O_3$）

PB—原骨；NB—新骨

与 3 号样品涂层表面紧密地结合在一起，由图还可以看出，3 号样品涂层表面部

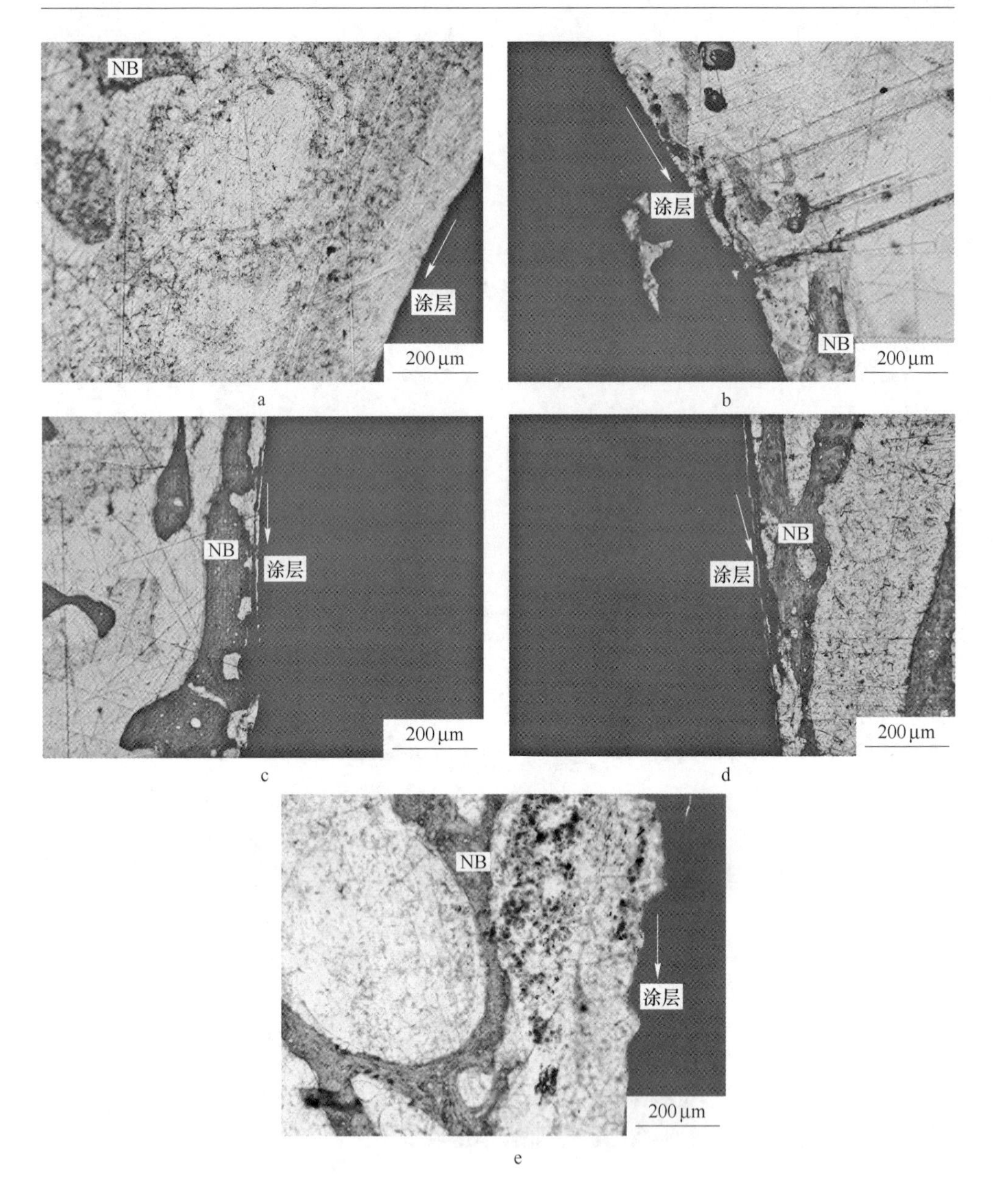


图 6-56　不同 Ca∶P 比样品 6 周时的 TB 观察 a ~ e（骨小梁）

a—1 号样品（Ca∶P = 1.5，0.6% $Y_2O_3$）；b—2 号样品（Ca∶P = 1.5，0% $Y_2O_3$）；
c—3 号样品（Ca∶P = 1.4，0.6% $Y_2O_3$）；d—4 号样品（Ca∶P = 1.3，0.6% $Y_2O_3$）；
e—5 号样品（Ca∶P = 1.67，0.6% $Y_2O_3$）

分区域发生降解，这主要是由于陶瓷表面的 β-TCP 发生降解所致。长入涂层表面的骨组织开始出现钙化。4 号样品植入股骨 12 周后，骨组织也基本长在了涂层

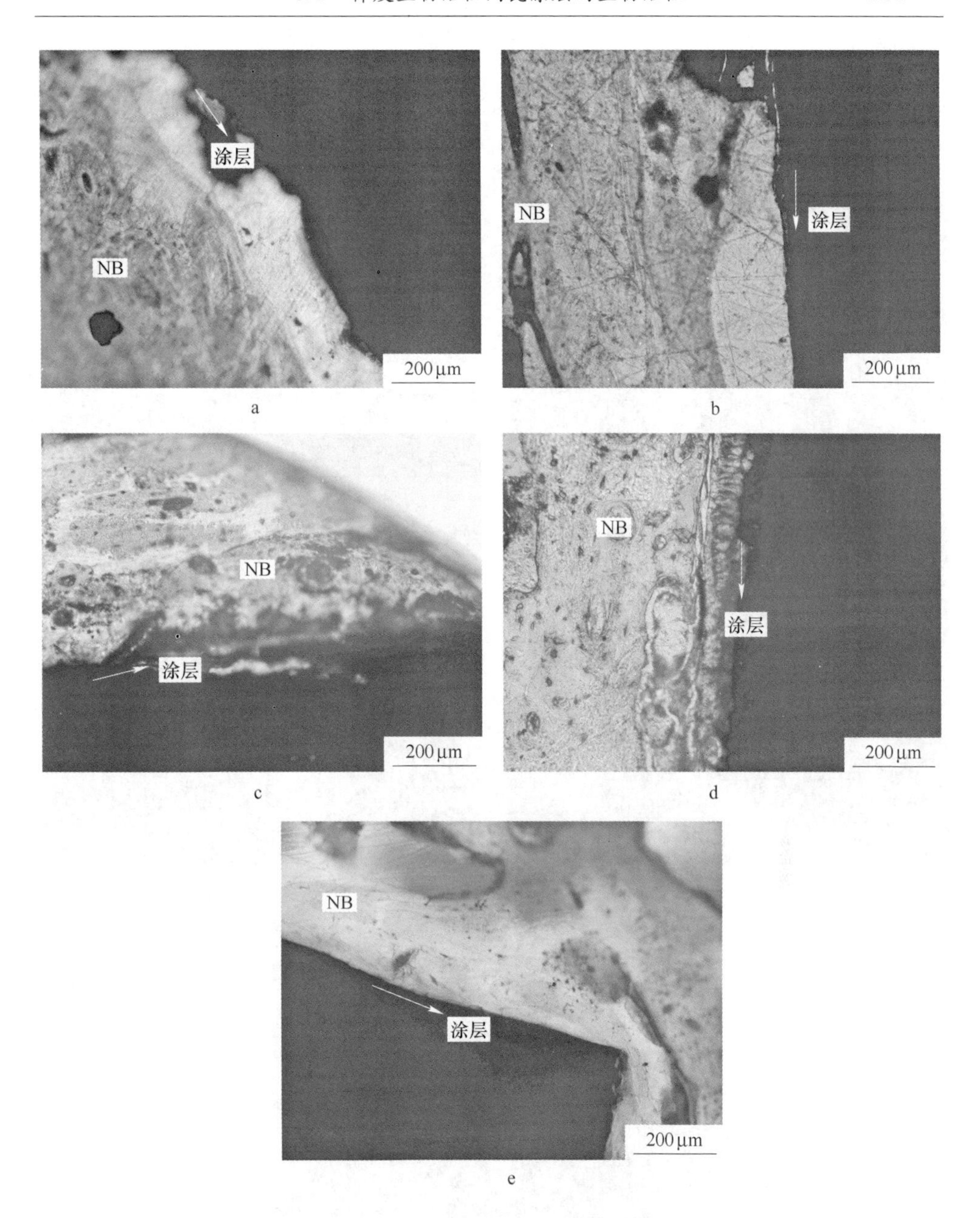


图 6-57 不同 Ca∶P 比样品 12 周时的 TB 观察 a ~ e（皮质骨）

a—1 号样品（Ca∶P = 1.5，0.6% $Y_2O_3$）；b—2 号样品（Ca∶P = 1.5，0% $Y_2O_3$）；
c—3 号样品（Ca∶P = 1.4，0.6% $Y_2O_3$）；d—4 号样品（Ca∶P = 1.3，0.6% $Y_2O_3$）；
e—5 号样品（Ca∶P = 1.67，0.6% $Y_2O_3$）

上，但是局部尚有间隙。而 1 号、2 号及 5 号样品尽管经历了 12 周，但骨组织与涂层之间还是存在较大的间隙，均没有和生物陶瓷涂层产生键合。

2）骨小梁与生物陶瓷涂层的结合状况。

图6-58a ~ e分别展示了1 ~ 5号样品12周时骨小梁与陶瓷涂层的结合状况，

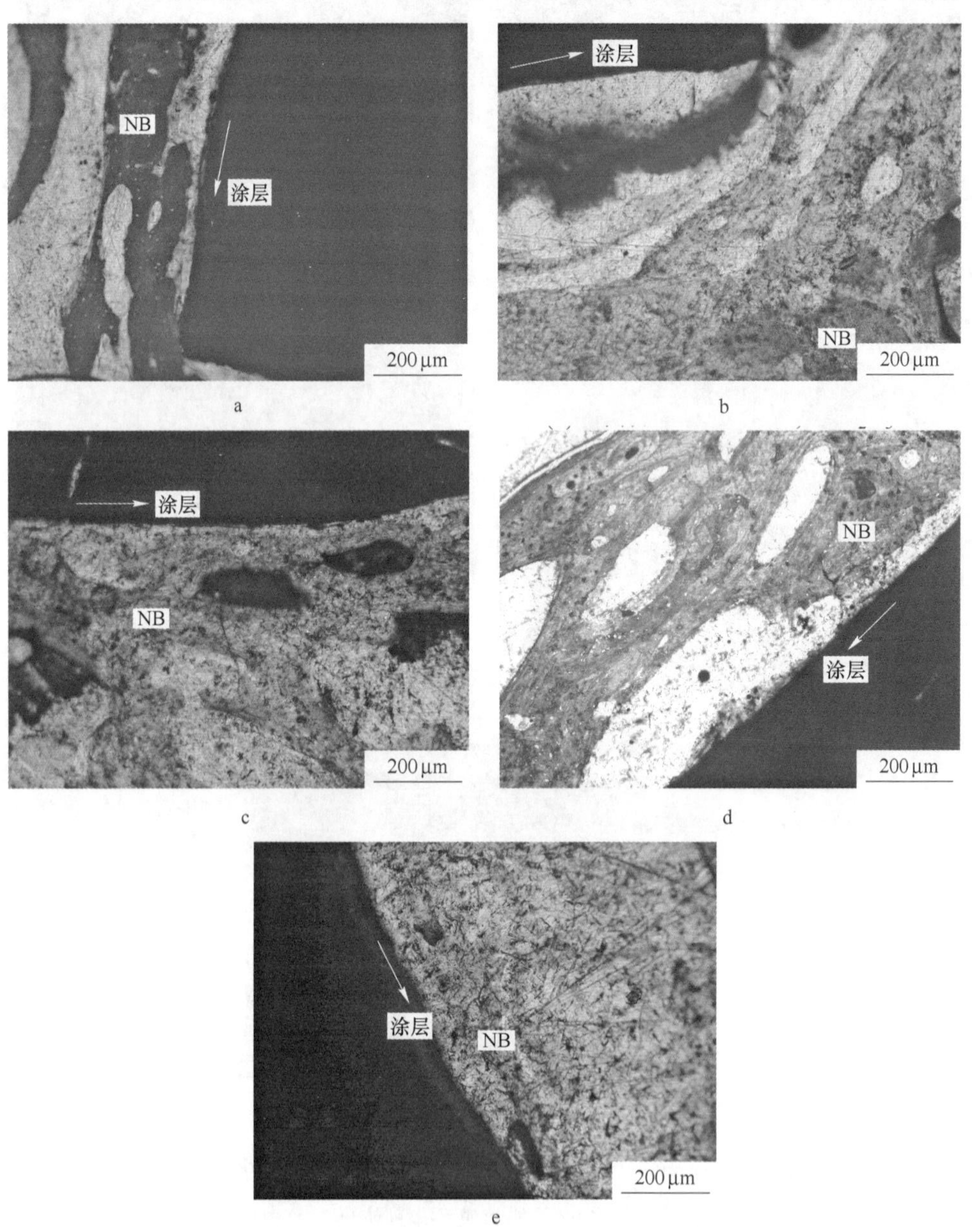


图6-58　不同Ca∶P比样品12周时的TB观察a ~ e（骨小梁）

a—1号样品（Ca∶P = 1.5, 0.6% $Y_2O_3$）；b—2号样品（Ca∶P = 1.5, 0% $Y_2O_3$）；
c—3号样品（Ca∶P = 1.4, 0.6% $Y_2O_3$）；d—4号样品（Ca∶P = 1.3, 0.6% $Y_2O_3$）；
e—5号样品（Ca∶P = 1.67, 0.6% $Y_2O_3$）

由图可见，骨小梁基本上与3号样品陶瓷涂层表面实现了良好的结合，4号样品涂层表面也与骨小梁发生了结合，但涂层表面与骨小梁之间尚有间隙，且间隙要大于3号样品。

(3) 1~5号样品24周时的组织学观察及分析。

1) 皮质骨与生物陶瓷涂层的结合状况图。

图6-59a~e分别为1~5号样品24周时皮质骨与陶瓷涂层的结合状况，由图可见，对3号样品而言，骨组织已经完全与涂层表面紧密地结合在一起，且长入涂层表面的骨组织大部分钙化。4号样品涂层表面植入股骨24周后，骨组织也基本长在了涂层上，而1号和5号样品经历了24周后，骨组织与涂层表面之间虽结合在了一起，但是局部存在较小的间隙。对于2号样品而言，尽管经历了24周的生长，涂层与骨组织之间还是没有产生键合。

2) 骨小梁与生物陶瓷涂层的结合状况。

图6-60a~e分别展示了1~5号样品24周时骨小梁与陶瓷涂层的结合状况，可以看出，骨小梁已经完全与3号样品的涂层表面实现了良好的结合，这表明随着时间延长至24周，骨小梁组织可以与3号样品涂层表面实现键合。这可以保证植入体在将来临床应用中具有较好的承重功能。4号样品的涂层表面也与骨小梁组织产生了结合，但是局部还是存在间隙，键合程度低于3号样品。由图还可以看出，尽管经历了24周的生长，1号、2号和5号样品周围骨小梁的形成量有所增加，但是涂层表面仍然没有与骨小梁发生结合。

因此，从不同植入时期的实验结果来看，3号样品涂层表面无论是与皮质骨，还是与骨小梁，都实现了良好的化学键合。可以认为，3号样品具有最佳的生物活性和生物相容性。

该样品具有良好的生物相容性和成骨性能的原因可能是：其一，宽带激光熔覆生物陶瓷复合涂层，其表面具有一定的粗糙度及细小微孔，它们为骨组织的长入创造了生理环境及通道。其二，我们制备的复合涂层的弹性模量接近人体的致密骨，减少了骨头对植入体的应力屏蔽效应，这就为植入后的组织匹配和力学匹配提供了有利条件。第三，在Ca∶P = 1.4，添加$Y_2O_3$0.6%（质量分数）条件下，可能激光熔覆过程中稀土诱导催化合成的HA和β-TCP数量较多，植入活体后β-TCP会发生降解，降解成分（为$Ca^{2+}$、$PO_4^{3-}$）足以为新骨形成提供所需的Ca和P离子，有可能参与新骨的形成，从而加速骨组织生长。

以上三种因素导致3号样品植入后新生骨细胞形成早、生长速度快、骨结合紧密、稳定。

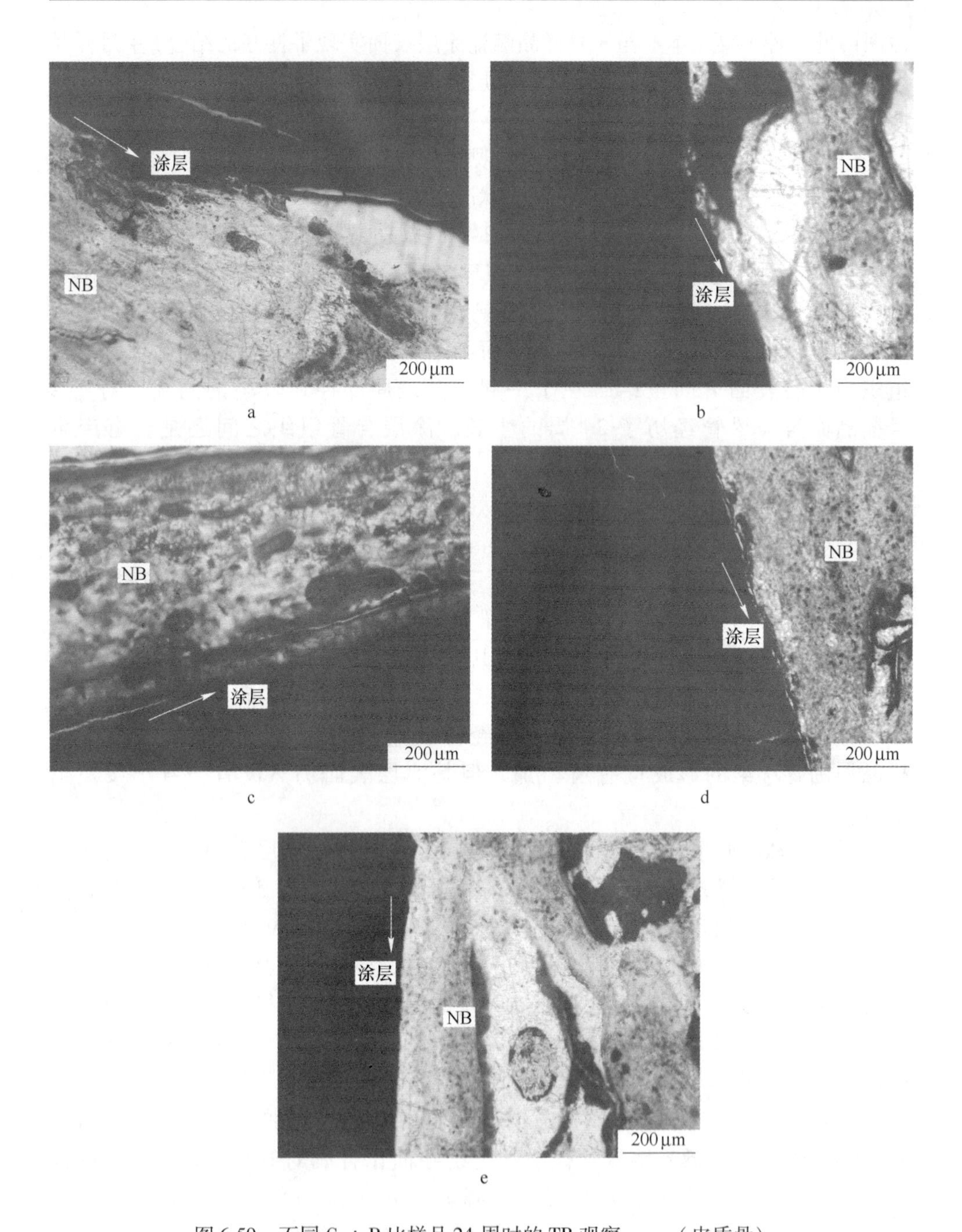


图6-59 不同Ca∶P比样品24周时的TB观察a～e（皮质骨）

a—1号样品（Ca∶P = 1.5，0.6% $Y_2O_3$）；b—2号样品（Ca∶P = 1.5，0% $Y_2O_3$）；

c—3号样品（Ca∶P = 1.4，0.6% $Y_2O_3$）；d—4号样品（Ca∶P = 1.3，0.6% $Y_2O_3$）；

e—5号样品（Ca∶P = 1.67，0.6% $Y_2O_3$）

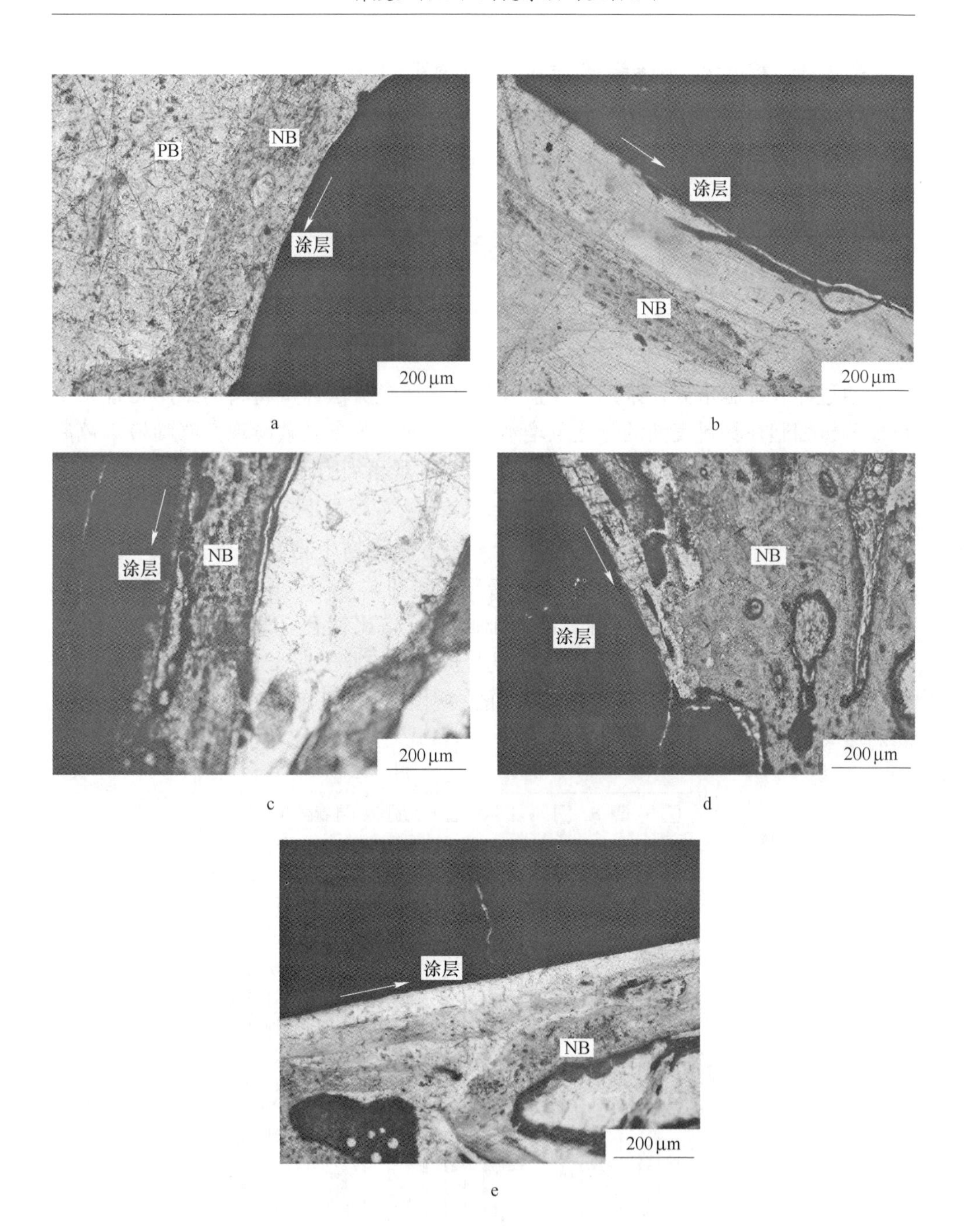


图 6-60　不同 Ca∶P 比样品 24 周时的 TB 观察 a ~ e（骨小梁）

a—1 号样品（Ca∶P = 1.5，0.6% $Y_2O_3$）；b—2 号样品（Ca∶P = 1.5，0% $Y_2O_3$）；

c—3 号样品（Ca∶P = 1.4，0.6% $Y_2O_3$）；d—4 号样品（Ca∶P = 1.3，0.6% $Y_2O_3$）；

e—5 号样品（Ca∶P = 1.67，0.6% $Y_2O_3$）

## 6.2.3　梯度生物陶瓷涂层的细胞学实验

### 6.2.3.1　实验材料

表6-12为用于细胞相容性实验的梯度生物陶瓷涂层材料。

**表6-12　Ca/P为1.4条件下样品编号对应的 $Y_2O_3$ 和 $CeO_2$ 含量**

| 试样编号 | $S_2$ | $S_4$ | $S_8$ | $O_2$ | $O_4$ | $O_8$ |
|---|---|---|---|---|---|---|
| 稀土氧化物含量 | 0.2% $CeO_2$ | 0.4% $CeO_2$ | 0.8% $CeO_2$ | 0.2% $Y_2O_3$ | 0.4% $Y_2O_3$ | 0.8% $Y_2O_3$ |

### 6.2.3.2　试验方法

通过体外细胞培养，采用四唑盐（MTT）比色方法评价材料的细胞毒性，定量地分析细胞在材料表面的分化及增殖情况；通过荧光显微镜观察吖啶橙染色后的鲜活细胞在材料表面的生长形态；通过SEM观察细胞在材料表面的微观形态。

### 6.2.3.3　体外细胞培养实验结果

图6-61为不同种类及不同含量的含稀土氧化物生物陶瓷涂层试样经MTT实验得到的吸光度值（即OD值）与培养时间的关系图。由图可见，所有加稀土氧化物的生物陶瓷涂层材料表面的细胞生长均比钛合金表面生长得要旺盛，这说明经过宽带激光熔覆后的陶瓷涂层已经具有了比钛合金更好的细胞相容性；同时，从图中还可以看出加 $CeO_2$ 的材料表面的细胞增殖数量比加 $Y_2O_3$ 的材料要多。

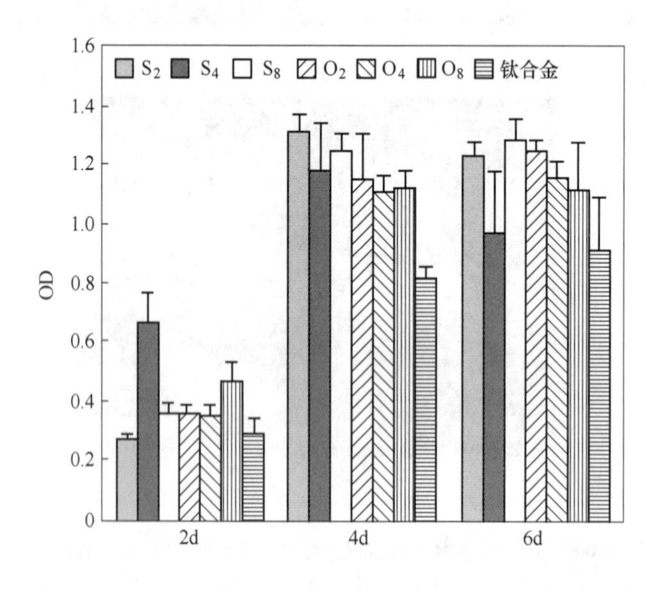


图6-61　陶瓷涂层试样的OD值与培养时间的关系图

从时间点来看，在2d的时候 $S_4$ 和 $O_8$ 的细胞数量较多，这与 $CeO_2$ 含量

（质量分数）为0.4%时催化合成HA+TCP数量最大以及$Y_2O_3$含量（质量分数）为0.8%时催化合成HA+β-TCP数量最大的结果一致。在这个时间段内，这两种材料表面细胞繁殖较快。但是到了4d和6d的时候$S_4$相对$S_2$和$S_8$来说繁殖速度减慢。这是由于$S_4$表面的细胞增殖开始时较快，当4d的时候，$S_4$表面的细胞增殖数量达到最大值，这时可能细胞互相存在挤压导致细胞死亡，故数量有所下降。

利用matlab软件对各试样OD值进行统计学分析，表6-13给出了各试样OD值的差异显著性，可以根据概率判断$P_{时间}=0$，是小概率事件，因此我们有理由认为时间段之间有显著性差异；$P_{试样}=0$，是小概率事件，我们同样有理由认为不同试样之间有显著性差异；$P_{交互}=0.0006$，是小概率事件，可以认为交互作用有显著性差异。

**表6-13　各试样OD值统计学分析结果**

ANOVA Table

| 来源 | SS | df | MS | F | Prob>F |
|---|---|---|---|---|---|
| 栏目 | 12.5095 | 2 | 6.25477 | 267.77 | 0 |
| 扰度 | 1.2897 | 7 | 0.18424 | 7.89 | 0 |
| 交互作用 | 1.0057 | 14 | 0.07184 | 3.08 | 0.0006 |
| 误差 | 2.2424 | 96 | 0.02336 | | |
| 总数 | 17.0473 | 119 | | | |

再通过$F$检验看出$P_{时间}[1-0.05](2,96)\approx 3.09<267.77$，拒绝；$P_{试样}[1-0.05](7,96)\approx 2.10<7.89$，拒绝；$P_{人\times试样}[1-0.05](14,96)\approx 1.79<3.08$，拒绝。

由以上分析可知，加入不同种类和不同含量的稀土氧化物涂层材料之间有显著性差异，不同时间点也存在显著性差异。

#### 6.2.3.4　荧光染色分析

图6-62为不同稀土种类和含量的生物陶瓷涂层样品接种细胞2天时的荧光观察照片，由图6-62a～c可见，成骨细胞在添加不同$Y_2O_3$含量的生物陶瓷涂层表面的生长形态都很正常，呈典型的梭形状，且很好地铺展开来。由图6-62d～f可以看出，成骨细胞在添加不同$CeO_2$含量的生物陶瓷涂层表面的生长形态及铺展性类似于添加$Y_2O_3$的生物陶瓷涂层。这种结果表明稀土氧化物$CeO_2$和$Y_2O_3$对成骨细胞均无毒副作用。

#### 6.2.3.5　SEM形貌分析

图6-63为不同种类稀土氧化物和含量的生物陶瓷样品接种细胞4天时的扫描电镜图片。成骨细胞通常呈梭形，有贴壁生长的特性，其在材料表面的正常形态为平铺、伸展成梭形或多角形，有伪足伸出紧贴于材料表面。由图6-63a～c

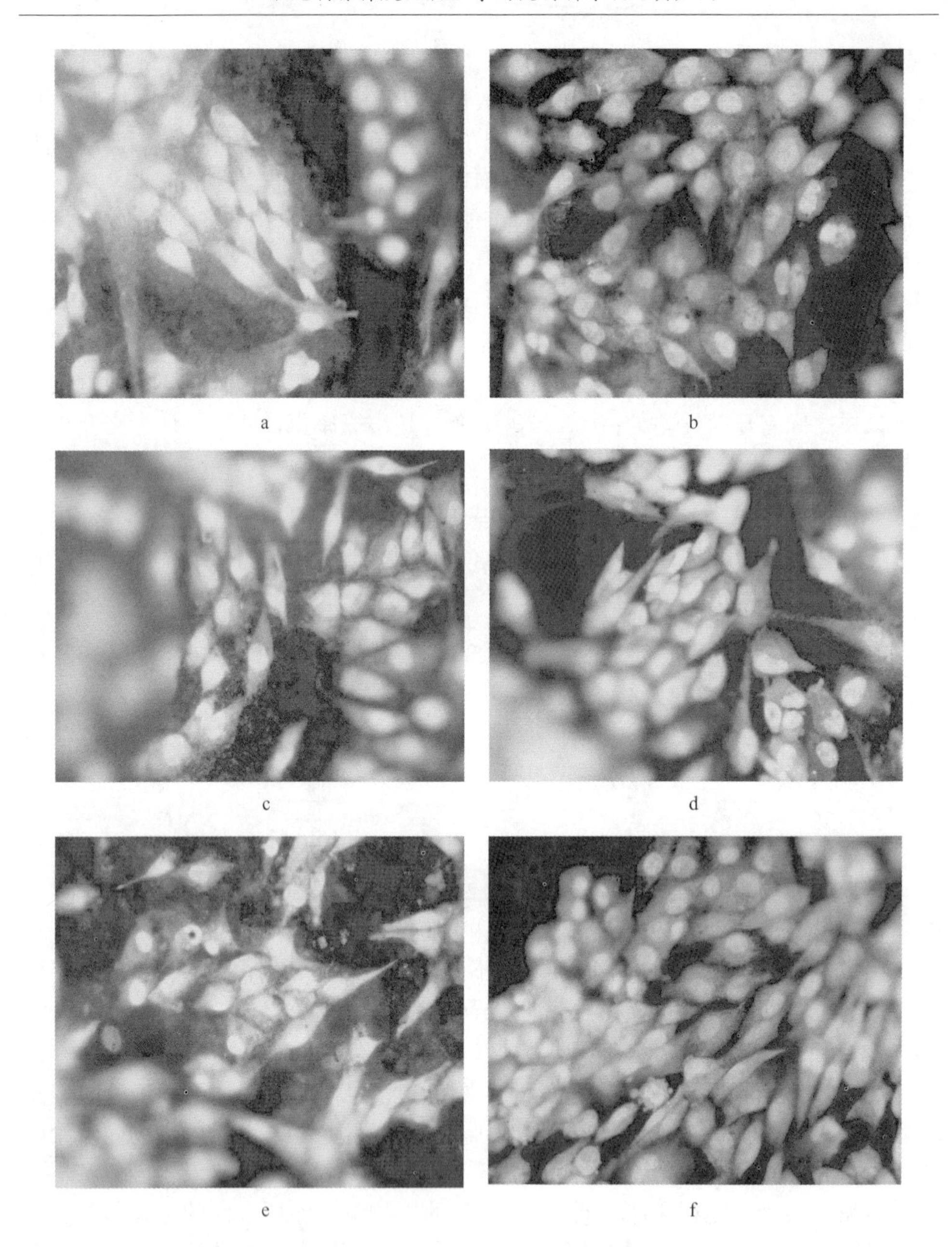

图 6-62　不同稀土种类和含量的生物陶瓷样品接种细胞 2 天时的荧光观察（×200）
a—$O_2$ 样品荧光图；b—$O_4$ 样品荧光图；c—$O_8$ 样品荧光图；
d—$S_2$ 样品荧光图；e—$S_4$ 样品荧光图；f—$S_8$ 样品荧光图

可见，在添加不同 $Y_2O_3$ 含量的生物陶瓷涂层表面的成骨细胞呈典型的梭形状，且很好地铺展开来，并且能清晰地看到细胞分化繁殖的痕迹。由图 6-63d ~ f 可

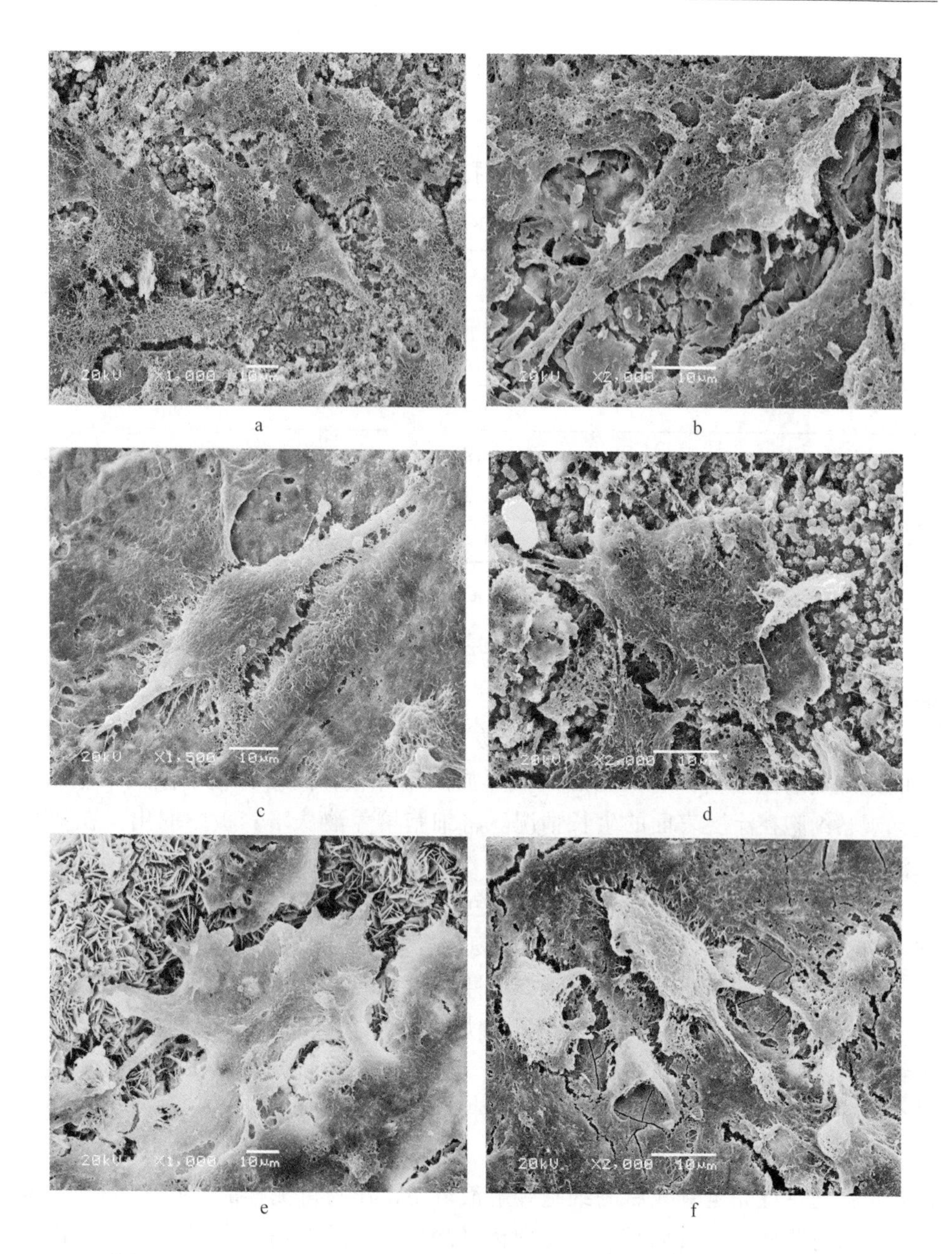


图 6-63 不同稀土种类和含量的生物陶瓷样品接种细胞 4 天时的扫描电镜

a—$O_2$ 样品 SEM 图；b—$O_4$ 样品 SEM 图；c—$O_8$ 样品 SEM 图；

d—$S_2$ 样品 SEM 图；e—$S_4$ 样品 SEM 图；f—$S_8$ 样品 SEM 图

以看出，在添加不同 $CeO_2$ 含量的生物涂层表面，成骨细胞同样也呈现出很好的生长形态。这些现象都说明涂层材料对细胞有较好的生物相容性。

### 6.2.4　梯度生物陶瓷涂层与蛋白质的相互作用

#### 6.2.4.1　实验材料

表6-14为用于蛋白质实验的梯度生物陶瓷涂层材料。

**表6-14　Ca/P为1.4条件下样品编号对应的 $CeO_2$ 含量**

| 样品编号 | Ca：P | $CeO_2$(质量分数)/% |
|---|---|---|
| 40 | 1.4 | 0 |
| 42 | 1.4 | 0.2 |
| 44 | 1.4 | 0.4 |
| 46 | 1.4 | 0.6 |
| 48 | 1.4 | 0.8 |
| 备　注 | Ca：P ＝1.4（81% $CaHPO_4 \cdot 2H_2O$ + 19% $CaCO_3$）(质量分数) | |

#### 6.2.4.2　试验方法

选用大鼠成骨细胞系Ros17/28作为研究模型，取2天、4天、6天作观察时间点。

（1）Hyp（hydroxyproline，羟脯氨酸）的测定。参照南京建成生物工程研究所的羟脯氨酸试剂盒：将灭菌后的试样放入培养板，向培养板中注入细胞培养液，观察细胞在涂层表面的生长情况。将细胞培养液从培养板中取出，在95℃水浴中充分水解，将羟脯氨酸指示剂滴入培养液中，调pH值，用活性炭萃取，离心处理后得到上清液，加入显色剂显色，在60℃水浴中加热，进行离心处理，取上清液测吸光度值。用公式计算羟脯氨酸含量。

（2）ALP（alkaline phosphatase，碱性磷酸酶）的测定。

1）取尽试样中的细胞培养液，分别加入1%的TritonX-100(曲拉通）1mL裂解细胞，然后放入－80℃的冰箱里冻存（注意：不要冻干），24h后取出来室温完全解冻。以这种处理方式将样品放入冰箱反复解冻三次。

2）参照BCA蛋白含量检测试剂盒（BCA™ Protein Assay Kit，23227）测蛋白含量：将室温完全解冻后的细胞裂解液取出，作为待测样品。把BCA工作液分别加入待测样品和去离子水的蛋白标准溶液，然后振荡并在37℃进行水浴使其充分混匀，测吸光度值，并绘制蛋白标准曲线及从曲线图中查相应的蛋白含量。

3）参照南京建成生物工程研究所的碱性磷酸酶试剂盒：将室温完全解冻后的细胞裂解液取出，将碱性磷酸酶试剂盒的缓冲液、基质液加入裂解液，在37℃进行水浴，然后加入显色剂显色，测吸光度值。用公式计算碱性磷酸酶含量。

### 6.2.4.3　实验结果及分析

碱性磷酸酶（ALP）和I型胶原（Ⅰcollagen）一般在成骨分化的早期高度表达。羟脯氨酸（Hyp）是脯氨酸经过羟基化酶催化之后的产物，是胶原蛋白中特有的氨基酸，在正常胶原蛋白中含量约13.4%。图6-64代表不同$CeO_2$含量的梯度稀土生物陶瓷涂层分别在2d，4d和6d时Hyp的分泌数量，可以看出，在2d时，Hyp在0.4%（质量分数）$CeO_2$陶瓷涂层上的表达数量最大，这表明该涂层具有最强的成骨能力。

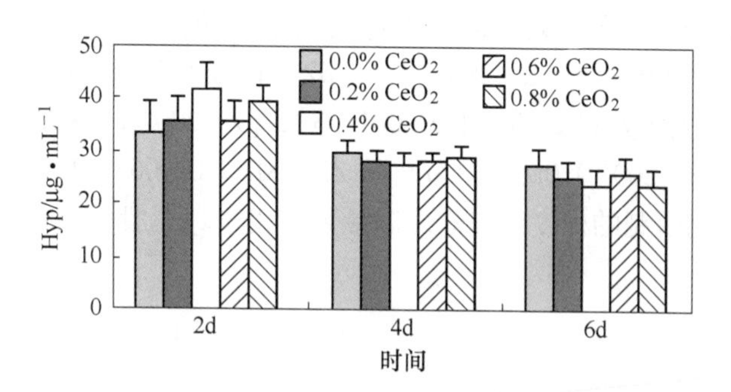


图6-64　成骨肿瘤细胞在不同陶瓷涂层试样表面培养
不同时间后羟脯氨酸分泌量的柱状图（质量分数）

ALP是成骨细胞向骨细胞分化的早期标志蛋白，它的活性与成骨细胞向骨细胞转化的能力直接相关。图6-65为不同$CeO_2$含量的梯度稀土生物陶瓷涂层分别在2d，4d和6d时ALP的分泌数量，可以看出，在6d时，ALP在0.4%（质量分数）$CeO_2$陶瓷涂层上的表达数量最大，这说明，该涂层具有较强的使成骨细胞向骨细胞转化的趋势。

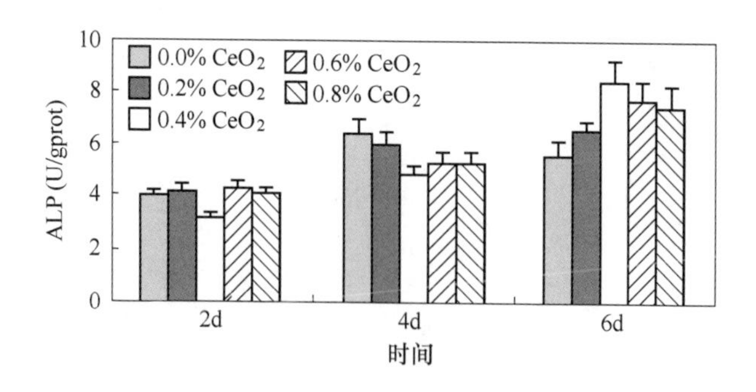


图6-65　成骨肿瘤细胞在不同陶瓷涂层试样表面培养
不同时间后碱性磷酸酶分泌量的柱状图（质量分数）

以上结果表明，梯度稀土生物陶瓷涂层的生物活性与不同含量的$CeO_2$合成的HA+β-TCP的数量密切相关。我们制备的梯度稀土生物陶瓷涂层不只是能够引起细胞的黏附生长，更重要的是要能够促进细胞分化，即合成大量与目标组织修复和再生相关的蛋白质，进而实现受损组织的再生和功能的恢复。

## 6.3　梯度生物陶瓷涂层的应用

迄今为止，我们有关激光制备梯度生物陶瓷涂层的原创性研究成果已获得了两项美国发明专利的授权［US 8，206，843，B2］以及［US 8，623，526，B2］，六项国家发明专利的授权［ZL 2005 1 0200011. 5］，［ZL 2007 1 0200621. 8］，［ZL 2007 1 0200627. 1］，［ZL 2007 1 0200628. 6］，［ZL 2007 1 0200632. 2］以及［ZL 2012 1 0075332. 7］。我们研制的梯度陶瓷涂层制品可应用于坏死股骨的置换和修复，缺损关节的修复等。

# 7 激光熔覆制备形状记忆合金涂层

激光熔覆技术虽已得到了广泛研究与应用，但仍存在一些关键问题尚未得到解决。具体表现在以下几个方面：

（1）涂层和基体材料的温度梯度和热膨胀系数差异，常使熔覆涂层中产生气孔、裂纹、变形和表面不平整等多种缺陷。

（2）激光熔覆专用材料体系较少，缺乏系列化的专用粉末材料，缺少熔覆材料评价和应用标准。

（3）在激光熔覆快速熔化和凝固过程中，涂层会残余较大的热应力，影响工件结构刚度、静载强度、疲劳强度以及加工精度和尺寸稳定性等。

传统降低残余应力的方法主要有：基材预热、优化工艺参数、在涂层中加入塑性材料等，但这些手段会导致额外工序的产生，同时增大了生产成本。小工件可以采用高温回火、震荡法等消除热应力，但对于大型精密零部件是不可行的。因此，消除涂层残余应力成为国内外研究的重点和难点之一。

Fe-Mn-Si 系记忆合金的形状记忆特性是由 FCC ⟷HCP 相界面可逆运动所致，在晶体学上存在可逆性，具有应力“自适应特性”：即合金受到外界应力作用时，可通过应力诱发 $\varepsilon$ 马氏体正逆相变及其贡献的相变变形来适应外界宏观应力和变形的变化。Fe-Mn-Si 记忆合金的应力“自适应特性”可以大大改善其力学性能，主要表现在如下两个方面：

（1）优良的应变疲劳强度。Fe-Mn-Si 记忆合金在机械力的驱动下发生 Shockley 不全位错的择向迁移时，即产生 $\gamma \rightarrow \varepsilon$ 马氏体相变变形时，不会像全位错塑性滑移变形那样破坏晶体结构。因此，Fe-Mn-Si 记忆合金在相变变形的应变水平内（$\leqslant 3\%$），具有更高的疲劳强度。例如，Fe-17Mn-5Si-10Cr-4Ni 合金在拉压应变幅值 $\pm 1.5\%$ 下的循环应变疲劳寿命高达 1300 多次，而在同样试验条件下，不锈钢的循环应变疲劳寿命只有 130 次。

（2）良好的耐磨性和较高的表面接触疲劳强度。Fe-Mn-Si 记忆合金在摩擦磨损过程中，通过摩擦应力诱发马氏体相变引起的“相变强化作用”和“相变变形”，可以显著提高其表面的耐磨损能力和接触疲劳强度。例如，不锈型 Fe-Mn-Si 记忆合金的耐磨性大大高于不锈钢，而耐腐蚀性相近。

基于 Fe-Mn-Si 记忆合金的“应力自适应”特性并具有优异的疲劳特性和较

好的耐磨性，作者提出开发 Fe-Mn-Si 记忆合金激光熔覆材料，涂层中的残余应力将成为相变驱动力并诱发 γ→ε 马氏体相变，其相变变形会松弛涂层中的残余应力，这将有助于解决涂层裂纹及工件变形问题。

# 7.1　激光熔覆 Fe-Mn-Si 记忆合金涂层的制备工艺

运用 Fe-Mn-Si 记忆合金内部发生的 γ→ε 马氏体相变来释放残余应力，采用激光熔覆技术，研究在 304 号不锈钢表面制备 Fe-Mn-Si 记忆合金涂层的相关工艺，为制备低残余应力的形状记忆合金涂层提供工艺指导。

## 7.1.1　记忆合金涂层的试验流程

本书制定的试验方案流程如图 7-1 所示。

研究表明，Fe-Mn-Si 记忆合金存在着应力自适应的特性，即受到外界应力作

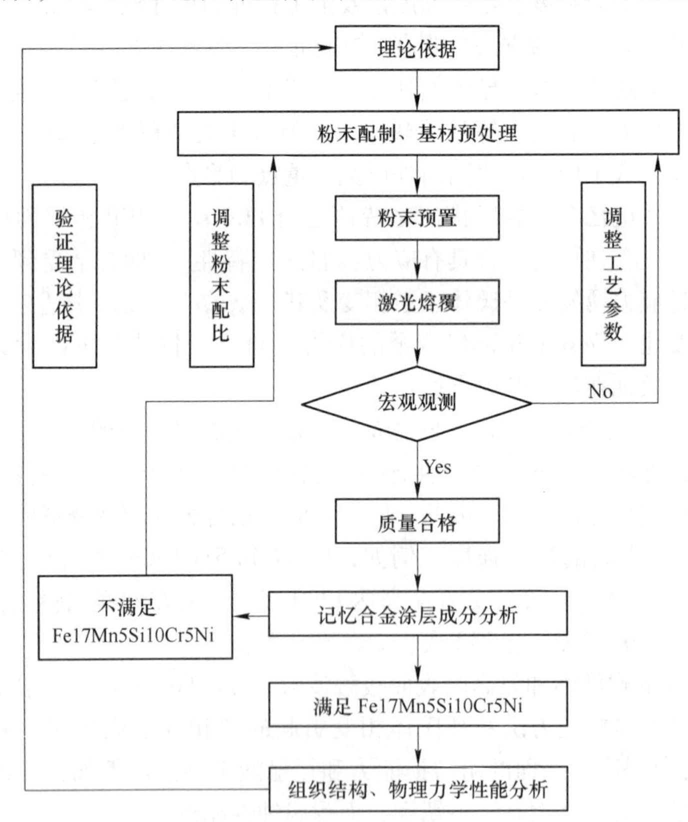


图 7-1　试验方案流程图

用时，可通过诱发 ε 马氏体正逆相变及其贡献的相变变形来适应外界宏观应力的变化。因而，若能利用激光熔覆技术在 304 号不锈钢表面制备 Fe17Mn5Si10Cr5Ni 形状记忆合金涂层，当涂层内部存在残余热应力时，可通过自身 γ→ε 马氏体组织转变来释放该残余应力，达到降低或消除残余应力的目的。

此外，不锈型 Fe17Mn5Si10Cr5Ni（质量分数,%）记忆合金具有优良的耐磨、耐蚀及耐疲劳性能，且该记忆合金与 304 号不锈钢在各项物理化学性能方面较为相近，这就决定了记忆合金涂层与 304 号不锈钢基材的润湿性较好，能够满足激光熔覆粉末与基材的相容性原则，为激光熔覆记忆合金涂层提供了理论依据。因此，选择在 304 号不锈钢表面激光熔覆 Fe17Mn5Si10Cr5Ni 记忆合金涂层。

### 7.1.2 记忆合金涂层的粉末配制

本实验采用球磨法进行熔覆粉末的制备，首先将单质 Fe、Mn、Si、Cr、Ni 粉末以 Fe17Mn5Si10Cr5Ni 记忆合金中的成分比进行设计，即按 Mn∶Si∶Cr∶Ni∶Fe = 17∶5∶10∶5∶Bal.（质量分数,%）配制，利用 QM-1 型卧式球磨机对混合粉末进行干磨，所用磨介为刚玉球，球料比约为 10∶1，转速固定为 120r/min，当球磨时间为 1h 时，利用 SEM 观测所得混合粉末微观形貌图如图 7-2 所示，由图可知，经 1h 球磨后的混合粉末粒度大小不均匀，在激光照射下，粉末融化所需时间长短不一，不利于形成成分均一的熔池，因而不适用于激光熔覆。

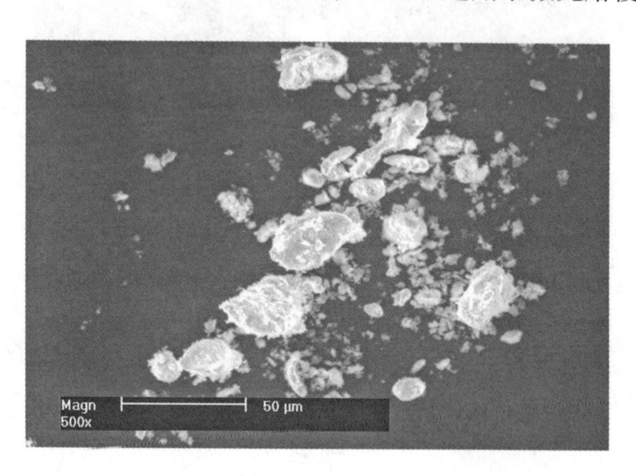


图 7-2 球磨时间 1h 时混合粉末扫描电镜图

当球磨时间为 2.5h 时，利用 SEM 观测所得混合粉末微观形貌图如图 7-3 所示，由图可知，粉末粒度大小均匀性较 1h 球磨的粉末而言较好，对于本书所用的预置粉末法激光熔覆而言，较为合适。

当球磨时间为 4h 时，利用 SEM 观测所得混合粉末微观形貌图如图 7-4 所示，

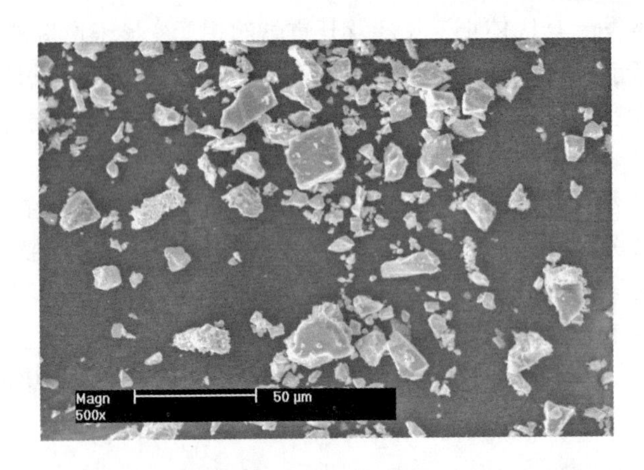


图 7-3　球磨时间 2.5h 时混合粉末扫描电镜图

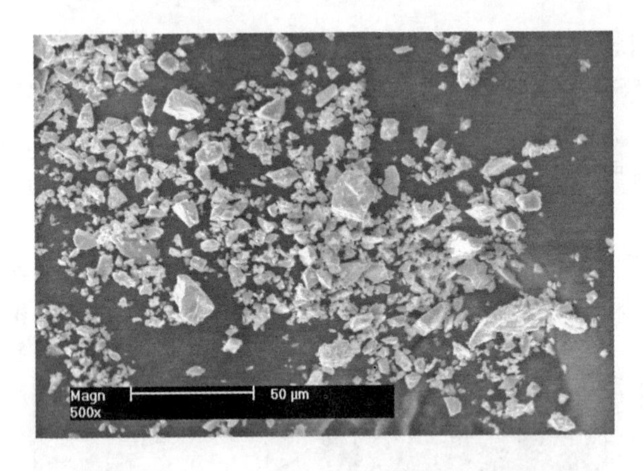


图 7-4　球磨时间 4h 时混合粉末扫描电镜图

由图可知，球磨时间过长导致绝大部分粉末粒度过小，由于本试验需预置粉末，粉末粒度过小会导致粉末黏度增大、流动性变差，给预置粉末带来不利影响。

因此，本试验最终选择的球磨时间为 2.5h，在此工艺条件下能够得到混合均匀、粒度适中的熔覆粉末。将球磨之后的混合粉末放入 DZF-6030B 型真空干燥箱内进行 150℃ ×2h 真空干燥处理备用。

## 7.2　记忆合金涂层的工艺优化

为得到表面平整，无“根瘤”、裂纹等缺陷的激光熔覆涂层，需对工艺参数进行优化。本试验使用 5kW 横流 $CO_2$ 激光加工成套设备，在激光束输出模式固定的情况下，可调工艺参数为：预置粉末厚度、搭接率、光斑直径、激光功率及扫描速度，各工艺参数均需进行优化。

### 7.2.1 记忆合金涂层的预置粉末厚度

在激光熔覆过程中，涂层质量对预置粉末厚度敏感性较大。粉末厚度过大，在粉末快速熔化和凝固过程中，熔池内金属液滴无法得到充分混合，所形成的涂层平整度较低，易出现裂纹、孔洞等缺陷。粉末厚度过小，基材熔池相对较多，进入熔池的基材合金元素较多，会过多稀释涂层，对涂层性能产生不利影响。前期试验表明，当粉末厚度为1mm时，能够得到质量较为优异的记忆合金涂层。

### 7.2.2 记忆合金涂层的多道搭接率

在多道搭接熔覆过程中，搭接率是一个非常重要的工艺参数，它强烈影响着熔覆涂层表面的平整度。多道搭接率 $\alpha$ 是指在多道搭接熔覆过程中，相邻两道单道熔覆涂层重合部分与单道熔覆涂层宽度的比值。当搭接率过大时，涂层重合部分过多，同样面积的涂层需要更多的熔覆时间和能量，会导致一系列诸如裂纹、变形等缺陷并造成较大的浪费。当搭接率过小时，相邻两道涂层之间会出现较深的沟壑，严重影响涂层的平整度。因此，在激光熔覆过程中，需选择合适的多道搭接率。

图7-5为不同搭接率（overlapping rate）对表面平整度的影响。当搭接率为30%时，记忆合金涂层表面存在着较深的沟壑，表面平整度较差；当搭接率为70%时，尽管涂层表面较为平整，但由于单位面积内涂层所受激光能量过大，造成粉末过烧，最终形成的涂层发黑。最终确定，在激光熔覆记忆合金涂层过程中选取的合适的搭接率为50%。

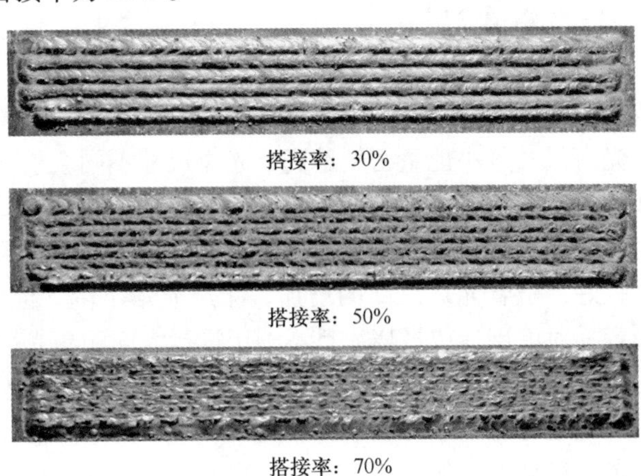


图7-5 搭接率对表面平整度的影响

### 7.2.3　记忆合金涂层的比能量

激光熔覆的工艺参数对涂层宏观及微观性能的影响并不是独立存在的，二者是彼此起协同作用的。为解释光斑直径 $D$、激光功率 $P$、扫描速度 $v$ 三者之间的综合协同作用，比能量（单位面积上激光束能量输入的大小）$E_s$ 的概念被提出，如式（7-1）所示：

$$E_s = P/(D \cdot v) \tag{7-1}$$

比能量越大，单位面积上激光束能量输入越大，熔池深度越大，反之越小。激光熔覆工艺参数选择过程中引入比能量概念能够把各项工艺参数对熔覆涂层性能的影响清晰化，为实际生产提供可靠的理论依据。

#### 7.2.3.1　激光功率 $P$

激光功率越大，粉末和基材金属熔化量越多，产生气孔的概率就越大，当熔覆涂层深度达到极限深度后，随着功率的提高，基体表面温度升高，变形和开裂现象加剧；激光功率过小，仅表面涂层熔化，基体未熔，此时涂层表面出现局部起球、孔洞等，达不到表面熔覆的目的。因而，激光熔覆过程中应选取合适的激光功率值。

#### 7.2.3.2　扫描速度 $v$

扫描速度 $v$ 与激光功率 $P$ 对涂层质量有着相似的影响。这是因为扫描速度的大小同样能代表激光能量输入的多少，扫描速度越大，激光束在同一位置的能量输入越小，当扫描速度过大时，熔覆粉末不能完全熔化。扫描速度越小，激光束对熔池的能量输入越大，当扫描速度过小时，熔池存在时间过长、粉末过烧，合金元素损失，同时基体的热输入量变大，会增加变形。选取适当的扫描速度值才能形成质量优良的激光熔覆涂层。

#### 7.2.3.3　光斑直径 $D$

激光束一般为圆形，光斑直径的大小实质反映了激光的离焦量，在激光功率一定的情况下，光斑尺寸越小能量密度越高，光斑尺寸不同会引起涂层表面能量分布变化，将使涂层形貌和组织性能产生较大差别。涂层宽度主要取决于激光束的光斑直径，光斑直径越大，涂层宽度也越大。一般来说，在小尺寸激光光斑照射下，涂层质量较好，随着光斑尺寸的增加，涂层质量下降。但光斑直径过小，能量过于集中，容易对涂层造成过烧，且不利于进行大面积激光熔覆。

光斑直径的大小是由离焦量决定的。当被加工工件表面处于聚焦镜焦点位置时，光斑直径最小，此时能量最为集中。被加工工件表面到聚焦镜的距离与焦距相差越大时，光斑直径越大。如图 7-6 所示，第 1 ~ 9 点的离焦量从 340mm 依次递减到 260mm，每次递减 10mm。

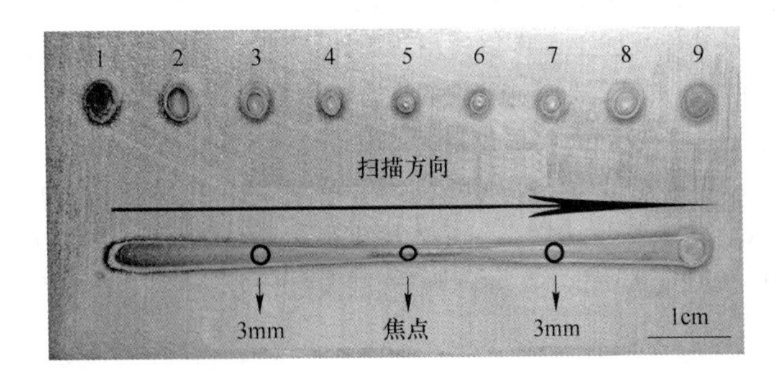


图 7-6 离焦量对光斑直径的影响

测量九个点位置光斑直径的大小，即可得到离焦量对光斑直径的影响图，如图 7-7 所示。

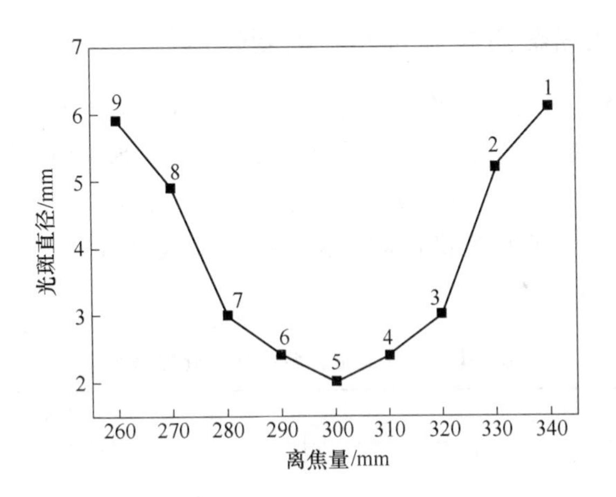


图 7-7 离焦量对光斑直径的影响

编号为 5 的光斑处于焦点位置，此时离焦量等于聚焦镜的焦距，为 300mm。此处光斑直径最小，约为 2mm，激光能量最为集中。若选取 5 点的光斑直径，激光熔覆过程中不仅容易对粉末造成过烧，而且为得到相同面积的涂层时需要的搭接道数越多，可造成能量的浪费。4 点和 6 点的离焦量分别为 310mm 和 290mm，两点所处的位置光斑直径相等。以此类推，1 点和 9 点的离焦量为 340mm 和 260mm，两点光斑直径约为 6mm，此时光斑直径过大，激光能量过于分散，甚至难以将预置粉末完全熔化。试验结果表明，当激光光斑处于 7 点或 3 点时，光斑直径约为 3mm，利用此直径大小的光斑能够得到性能优异的涂层。1 ~ 4 点处于正离焦状态，6 ~ 9 点处于负离焦状态，对于同步送粉激光熔覆而言，采用负离焦方式可最大限度地保证粉末在激光束内流动，使粉末有较长的预热时间，有利于形成良好的涂层；但对于预置粉末法来说，不存在预热粉末的情况，选用正离焦方式能使聚焦镜与被加工工件保持更远的距离，能够更好的避免激光熔覆过程中热辐射、熔池液滴的飞溅等对镜头的损害。因此，最终确定选取 3 点处的光斑直径，此时光斑直径为 3mm，离焦量为 320mm。

试验表明，在激光熔覆 Fe17Mn5Si10Cr5Ni 记忆合金涂层过程中，当预置粉末厚度为 1mm，搭接率为 50%，激光光斑直径为 3mm，激光功率为 2 ~ 3kW，扫描速度为 600 ~ 1200mm/min 时，所得熔覆层质量较好。

## 7.3　记忆合金涂层的成分设计

### 7.3.1　激光熔覆过程中各元素的变化规律

为获得目标涂层成分，试验首先将单质 Fe、Mn、Si、Cr、Ni 粉末以 Fe-17Mn-5Si-10Cr-5Ni 记忆合金中的成分比进行设计，即按 Mn : Si : Cr : Ni : Fe = 17 : 5 : 10 : 5 : Bal.（质量分数,%）配制并进行激光熔覆，所得涂层表面经打磨后利用 QSN750 型多通道火花直读光谱仪对其化学成分组成进行分析，粉末及涂层的化学成分如表 7-1 所示。

**表 7-1　粉末及记忆合金涂层化学成分**

| 涂　层 | Mn | Si | Cr | Ni | Fe |
|---|---|---|---|---|---|
| 粉　末 | 17.00 | 5.00 | 10.00 | 5.00 | Bal. |
| 熔覆涂层 | 3.75 | 1.31 | 15.89 | 6.89 | Bal. |

由表 7-1 可知，在激光熔覆之后，Mn 和 Si 的元素含量分别从熔覆前的 17% 和 5% 下降到熔覆后的 3.73% 和 1.31%；而 Cr、Ni 和 Fe 的元素含量分别从熔覆前的 10%、5% 和 63% 上升为熔覆后的 15.89%、6.89% 和 72.16%。这是由于：一方面，在激光熔覆过程中，Mn 和 Si 元素烧损率较大；另一方面，由于 304 号不锈钢中 Cr、Ni 和 Fe 的含量较大，基材的一部分合金原子进入熔覆层后使 Cr、Ni 和 Fe 质量分数增加。

因此，本书在设计获得 Fe17Mn5Si10Cr5Ni 记忆合金涂层的混合粉末时，按元素的失重和增重比例进行配比。根据混合粉末中各元素的变化规律，选定的混合粉末成分配比 Mn : Si : Cr : Ni : Fe = 30 : 10 : 5 : 3 : Bal.（质量分数,%）继续进行试验。

### 7.3.2 比能量对记忆合金涂层化学成分的影响

激光束比能量输出大小决定着熔覆试样稀释率的大小，稀释率大小决定了304号不锈钢基材进入熔覆层的合金元素的多少。因而，为得到固定化学成分的Fe17Mn5Si10Cr5Ni记忆合金涂层组织，需研究比能量对激光熔覆Fe-Mn-Si记忆合金涂层的化学成分影响。

表7-2为在光斑直径3mm、激光功率2kW、搭接率50%的工艺条件下，选取扫描速度分别为600mm/min、800mm/min和1000mm/min得到的熔覆涂层的化学成分。可见，在其他工艺参数一定时，扫描速度越大，熔覆涂层中Mn和Si的含量越大，其烧损率越低，而Cr和Ni的含量越小。

**表7-2 不同扫描速度下涂层的化学成分**

| 扫描速度/mm · min$^{-1}$ | Mn | Si | Cr | Ni | Fe |
|---|---|---|---|---|---|
| 600 | 14.17 | 5.64 | 11.56 | 4.93 | Bal. |
| 800 | 14.20 | 6.11 | 10.84 | 4.78 | Bal. |
| 1000 | 17.05 | 8.67 | 10.54 | 4.04 | Bal. |

当固定光斑直径、扫描速度时，不同的激光功率同样对熔覆层化学成分起规律性影响。当激光功率越小时，熔覆涂层中Mn和Si的含量越大，其烧损率越低，而Cr和Ni的含量越小。由比能量的公式（7-1）可知，比能量越小，熔覆粉末中的Mn和Si烧损量越小，熔覆层中Mn、Si含量增大。同时，随着稀释率的减小，熔覆层中Cr、Ni含量亦减小。

### 7.3.3 记忆合金涂层粉末配方优化

如前所述，当扫描速度为1000mm/min时，涂层的化学成分组成实际上已经在形状记忆合金的范围内。为使涂层的化学成分更加接近Fe17Mn5Si10Cr5Ni记忆合金，调整混合粉末成分配比为Mn∶Si∶Cr∶Ni∶Fe = 32∶9∶4∶3∶Bal.（质量分数,%），采用光斑直径3mm、搭接率50%，激光功率分别选取2kW、2.5kW、3kW，扫描速度分别选取600mm/min、800mm/min、1000mm/min、1200mm/min，在304号不锈钢表面进行激光熔覆，所得涂层的化学成分如表7-3所示。混合粉末成分配比为Mn∶Si∶Cr∶Ni∶Fe = 32∶9∶4∶3∶Bal.（质量分数,%）时，采用预置粉末1mm、斑直径3mm、激光功率2kW、扫描速度600mm/min、搭接率50%的工艺条件时，涂层化学成分最为接近于Fe17Mn5Si10Cr5Ni形状记忆合金的成分。

**表 7-3　不同工艺条件下熔覆涂层化学成分**

| 激光功率/kW | 扫描速度/mm · min$^{-1}$ | Mn | Si | Cr | Ni | Fe |
|---|---|---|---|---|---|---|
| 2 | 600 | 16.77 | 5.45 | 10.17 | 4.97 | Bal. |
| 2 | 800 | 16.25 | 5.98 | 10.98 | 4.97 | Bal. |
| 2 | 1000 | 17.55 | 6.93 | 10.98 | 5.56 | Bal. |
| 2 | 1200 | 16.68 | 6.57 | 11.04 | 4.87 | Bal. |
| 2.5 | 600 | 14.20 | 4.50 | 11.54 | 5.41 | Bal. |
| 2.5 | 800 | 13.52 | 4.88 | 12.96 | 5.77 | Bal. |
| 2.5 | 1000 | 16.59 | 5.61 | 10.26 | 4.94 | Bal. |
| 2.5 | 1200 | 13.65 | 3.92 | 11.73 | 5.70 | Bal. |
| 3 | 600 | 10.12 | 3.39 | 13.45 | 5.95 | Bal. |
| 3 | 800 | 10.02 | 3.69 | 14.19 | 6.24 | Bal. |
| 3 | 1000 | 8.00 | 2.73 | 16.53 | 7.64 | Bal. |
| 3 | 1200 | 9.14 | 2.86 | 13.88 | 6.48 | Bal. |

因此，当球料比约为 10∶1，转速为 120r/min，球磨时间为 2.5h 时，能够得到混合均匀、粒度适中的熔覆粉末；当预置粉末厚度为 1mm，搭接率为 50%，激光光斑直径为 3mm，激光功率为 2～3kW，扫描速度为 600～1200mm/min 时，利用 Fe、Mn、Si、Cr、Ni 混合粉末得到的激光熔覆层表面相对平整，无裂纹、孔洞等缺陷，质量较为优异；在 304 号不锈钢表面激光熔覆形成的熔覆层中，添加粉末中的 Mn 和 Si 元素质量分数大大降低，而 Cr 和 Ni 元素质量比不降反增。比能量越小，熔覆粉末中的 Mn 和 Si 烧损量越小，熔覆层中 Mn、Si 含量增大，Cr、Ni 含量随稀释率的减小而减小；当混合粉末成分配比为 Mn∶Si∶Cr∶Ni∶Fe = 32∶9∶4∶3∶Bal.（质量分数,%），采用光斑直径 3mm、激光功率 2kW、扫描速度 600mm/min、搭接率 50% 的激光熔覆工艺，在空气环境下可成功地在 304 号不锈钢表面原位生成 Fe17Mn5Si10Cr5Ni 记忆合金涂层组织。

## 7.4　记忆合金涂层的组织结构分析

### 7.4.1　记忆合金涂层的宏观形貌分析

工艺参数为预置粉末厚度 1mm、离焦量 320mm、激光功率 2kW、扫描速度为600mm/min、搭接率50%，粉末配比为Mn∶Si∶Cr∶Ni∶Fe = 32∶9∶4∶3∶Bal.（质量分数，%）时，所得记忆合金多道熔覆层表面较为平整，无“根瘤”、裂纹等缺陷产生，但有黑色和浅红色氧化皮生成（如图7-8所示）。当熔覆试样冷却后，部分黑色析出物和灰色氧化皮剥落。

图7-8　记忆合金熔覆涂层表面宏观形貌

利用场发射扫描电镜对记忆合金涂层表面微观形貌进行分析，如图7-9所示。图7-9a中A区域为表层黑色析出物，图7-9b中B区域为氧化皮剥落后露出的记忆合金涂层，C区域为浅红色氧化皮。

a

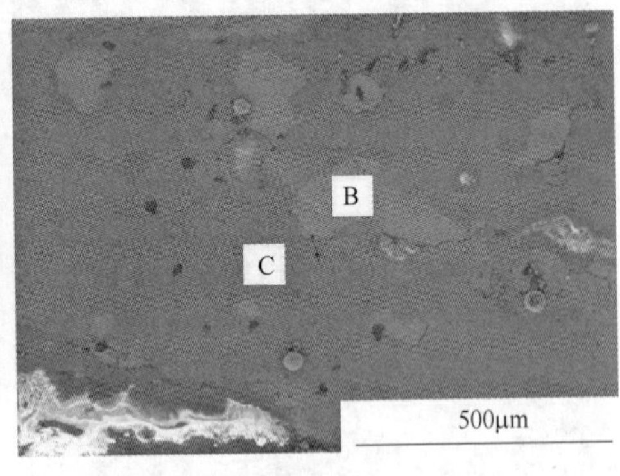


b

图7-9　记忆合金涂层表面微观形貌

表7-4为各区域微区中的化学成分，分析可知，Mn、Si在熔覆过程中与$O_2$发生反应，生成的黑色氧化物为$SiO_2$和$MnO_x$；$FeO_x$和$MnO_x$构成了灰色氧化皮。

**表 7-4　各区域化学成分**

| 区　域 | | O | Mn | Si | Cr | Ni | Fe |
|---|---|---|---|---|---|---|---|
| A | 质量分数 | 32. 89 | 54. 46 | 7. 48 | 0. 00 | 0. 00 | 0. 00 |
| | 原子分数 | 55. 49 | 26. 76 | 7. 19 | 0. 00 | 0. 00 | 0. 00 |
| B | 质量分数 | 0. 00 | 17. 71 | 3. 44 | 12. 20 | 3. 91 | 余量 |
| | 原子分数 | 0. 00 | 13. 83 | 5. 25 | 10. 06 | 2. 86 | 余量 |
| C | 质量分数 | 1. 15 | 8. 56 | 1. 74 | 11. 25 | 13. 82 | 余量 |
| | 原子分数 | 3. 41 | 7. 35 | 2. 93 | 10. 19 | 11. 09 | 余量 |

## 7. 4. 2　记忆合金涂层的显微组织分析

对记忆合金涂层进行 1000℃ ×1h 固溶处理，固溶前后的显微组织如图 7-10 所示。固溶前涂层自界面向顶端分别由平面晶、胞状晶、树枝晶、等轴晶组成，

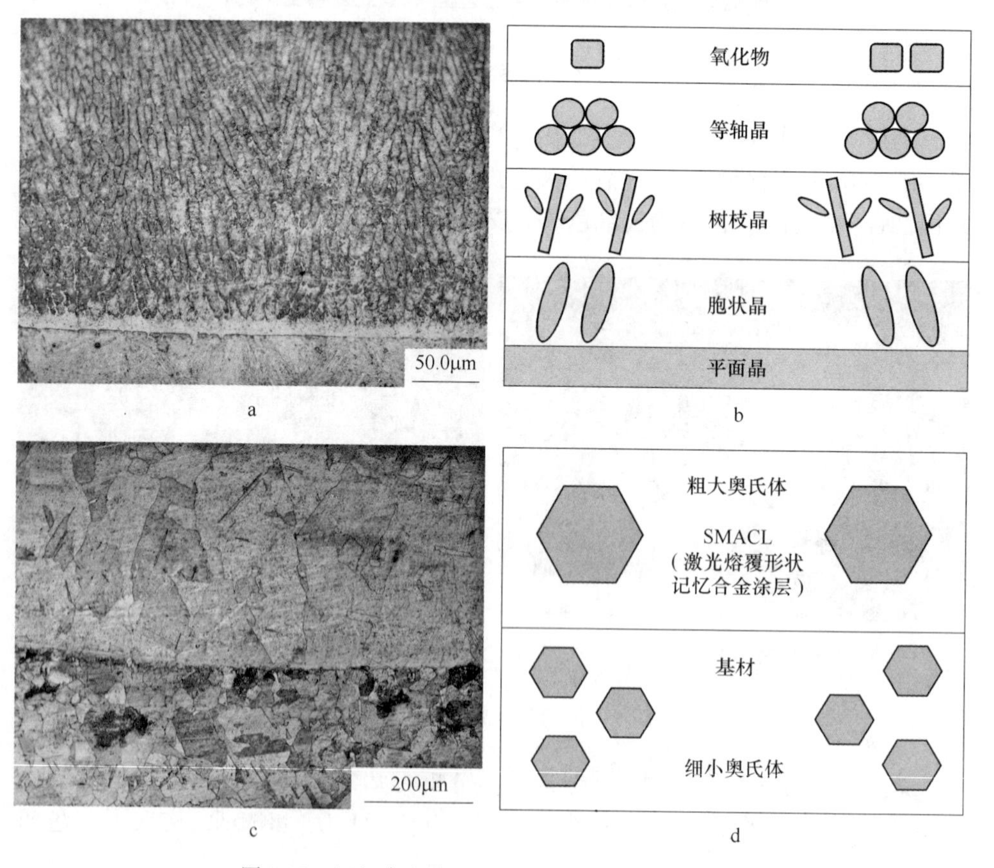


图 7-10　记忆合金涂层固溶前及固溶后显微组织

表层存在氧化皮。而固溶后的涂层则由比基材更为粗大的奥氏体组成。

在激光熔覆过程中，Fe、Mn、Si、Cr、Ni 混合粉末与 304 号不锈钢基材表层同时熔化，形成熔池，熔池内金属液滴的凝固是一个晶粒形核与长大的过程。根据凝固理论，凝固组织各区域形态是由固液界面稳定因子（$G/R$）决定的，如图 7-11 所示。基材与记忆合金涂层的交界处为一整块平面晶，这是由于熔池凝固遵循由表及里的顺序，界面处与涂层顶端的金属液体是最先凝固的，界面处的温度梯度 $G$ 相对较大，凝固速度 $R$ 相对较小，固液界面稳定因子（$G/R$）较大，决定了界面处平面晶的生成。由于熔池温度很高，且熔池顶端直接与空气接触，熔池顶端部分 Fe、Mn、Si 元素与空气中的 $O_2$ 发生反应，生成的氧化物析出于涂层表层。平面晶生成后，熔池固液界面向内部推移，胞状晶、树枝晶依次生成。尽管涂层次表层处温度梯度较大，但此处由于靠近空气，主要是向熔池外的空气散热，而空气的散热系数很低，因而此处的固液界面稳定因子相对较大，只能生成等轴晶粒。

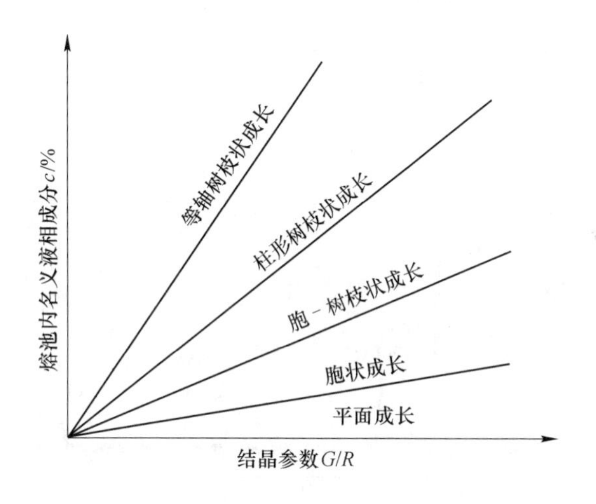


图 7-11 熔池凝固时控制晶粒生长形态的因素

### 7.4.3 记忆合金涂层的相组成分析

图 7-12 为 Fe17Mn5Si10Cr5Ni 记忆合金熔覆层的 X 射线衍射图谱。由图可知，涂层由 γ 奥氏体和 ε 马氏体组成，可见在骤热、骤冷的激光熔覆过程中，涂层内残余热应力诱发发生 γ(fcc)→ε(hcp) 马氏体相变，导致涂层中存在 γ 奥氏体和 ε 马氏体。

经 1000℃ ×1h 固溶后，记忆合金涂层 X 射线衍射图谱如图 7-13 所示。由图可知，原 Fe17Mn5Si10Cr5Ni 记忆合金涂层中的 ε 马氏体在固溶过程中产生逆相变，导致涂层组织中 ε 马氏体相消失，只存在 γ 奥氏体相。

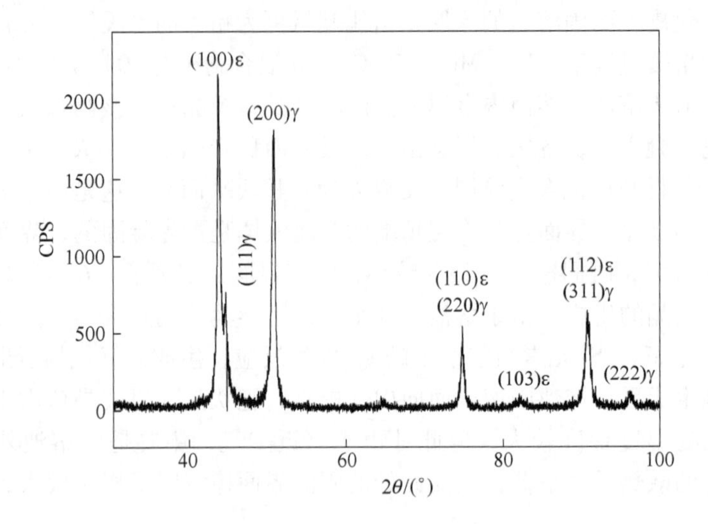


图 7-12　熔覆层 X 射线衍射图谱

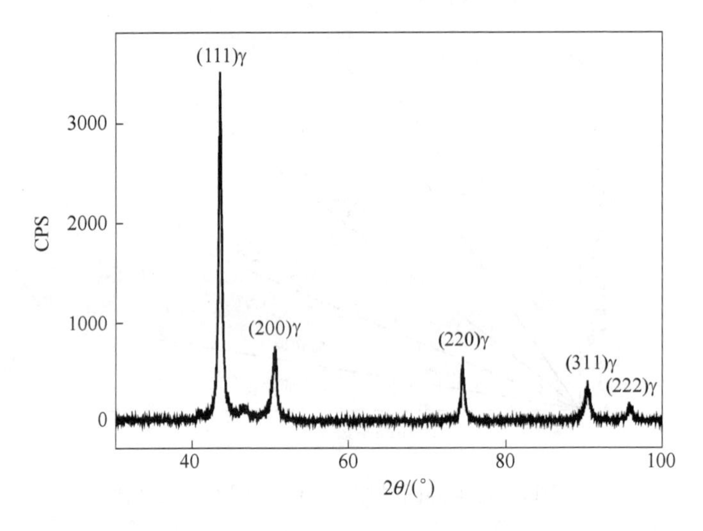


图 7-13　固溶后熔覆涂层 X 射线衍射图谱

# 7.5　记忆合金涂层的力学性能分析

## 7.5.1　记忆合金涂层的形状恢复率

经弯曲法测量可知，弹性回复角 $\theta_e$ 为 31°，记忆回复角 $\theta_m$ 为 14°，预变形量

$\varepsilon = t/d = 0.8/20 = 4\%$，恢复率 $\eta = \frac{\theta_m}{180° - \theta_e} \times 100\% = 9.4\%$。在预变形量为4%条件下，真空冶炼Fe-Mn-Si系记忆合金在一定条件下的恢复率能够达到50%以上，而Fe17Mn5Si10Cr5Ni记忆合金涂层的记忆效应显然要小得多，这是由于涂层各区域的实际化学成分并不是完全统一的，存在少许偏差，即使经过固溶，马氏体相全部转变为奥氏体，与真空冶炼制备的记忆合金的均匀组织也存在差异，最终导致记忆合金涂层恢复率不高。

### 7.5.2 记忆合金涂层的耐磨性分析

图7-14为Fe17Mn5Si10Cr5Ni记忆合金涂层自表面至基材的显微硬度梯度，涂层显微硬度为265HV左右，略大于304号不锈钢基材（220HV），且涂层厚度约为900μm。

图7-15为记忆合金涂层与304号不锈钢基材的摩擦系数随时间变化的关系曲线。由图可知，两种材料的摩擦系数在开始磨损时均处于急剧上升区域，这是由于对磨材料均有一定的粗糙度，摩擦副之间会发生黏着，随着摩擦过程的进行，实际接触面积不断增加，导致摩擦系数急剧上升；随后进入稳定磨损区，在此区域内，304号不锈钢基材的稳定摩擦系数约为1.05，而记忆合金涂层的稳定摩擦系数为0.52，且记忆合金涂层的摩擦系数表现更加稳定。

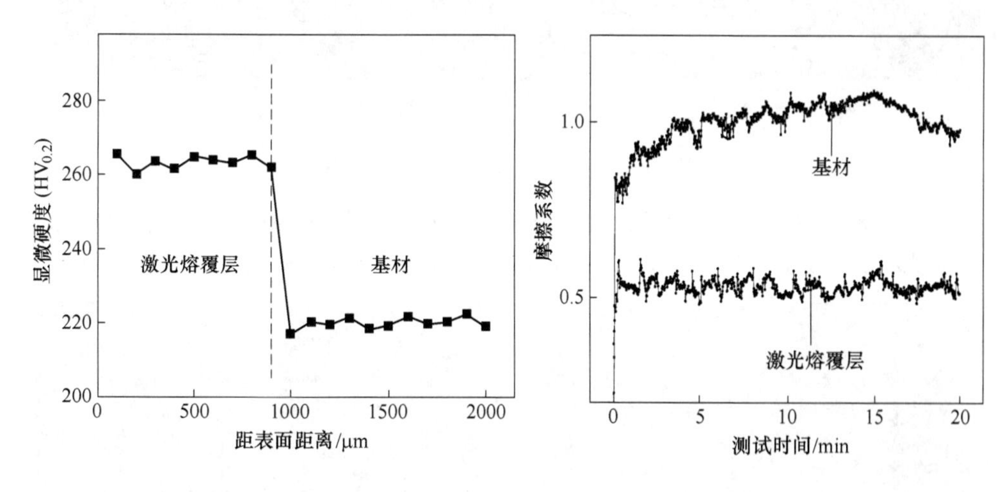


图7-14 记忆合金熔覆试样显微硬度分布曲线

图7-15 记忆合金涂层与基材摩擦系数随时间变化关系曲线

图7-16a和b分别为记忆合金涂层与304号基材磨痕3D形貌，由图可知，在相同工作条件下得到的涂层磨痕深度及宽度均较小，磨损体积小。经测试可知，涂层15min磨损量为0.2mg，小于基材0.6mg的磨损量。可见，Fe17Mn5Si10Cr5Ni

记忆合金涂层的耐磨性明显优于304号不锈钢基材。图7-17为Fe17Mn5Si10Cr5Ni记忆合金涂层的磨痕显微形貌放大图。

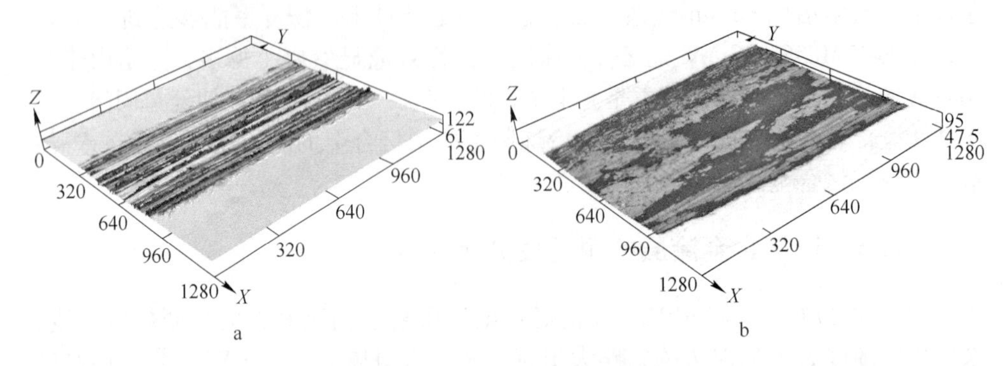


图7-16　记忆合金涂层与基材磨痕3D形貌

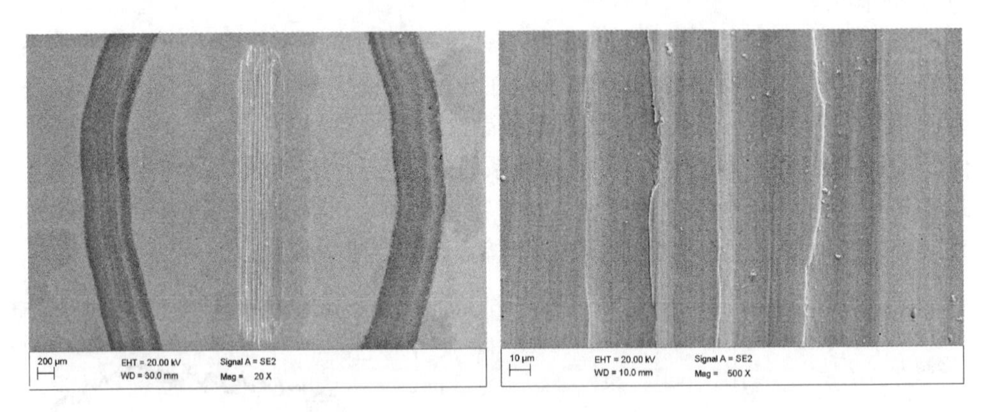


图7-17　记忆合金涂层磨痕显微形貌

图7-18为304号不锈钢基材磨痕显微形貌放大图。由图可知，记忆合金涂层磨损表面呈浅平犁沟，其磨损机制为磨粒的显微切屑，呈现磨粒磨损的特征。

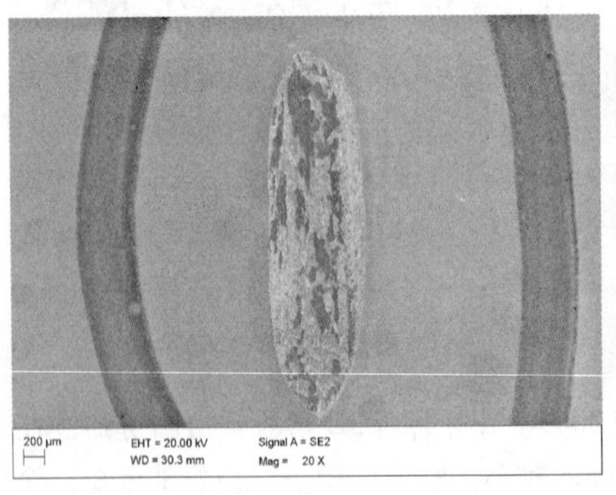

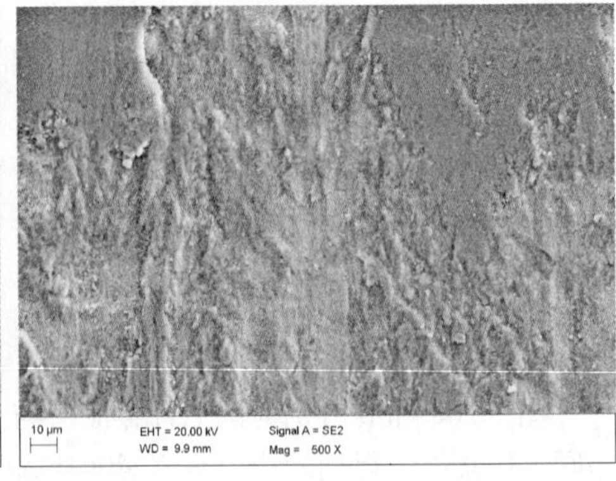


图7-18　基材磨痕显微形貌

基材表面磨损较严重，磨损表面由于热焊和剪切造成了材料的塑变、剥落、转移和撕裂，是典型的黏着磨损。

图 7-19 为磨损前后记忆合金激光涂层的 X 射线衍射图谱。磨损前的固溶试样由 γ 奥氏体相组成，而磨损后增添了新的 ε 马氏体相，这是由于涂层在摩擦应力作用下发生了 γ→ε 马氏体相变所致。

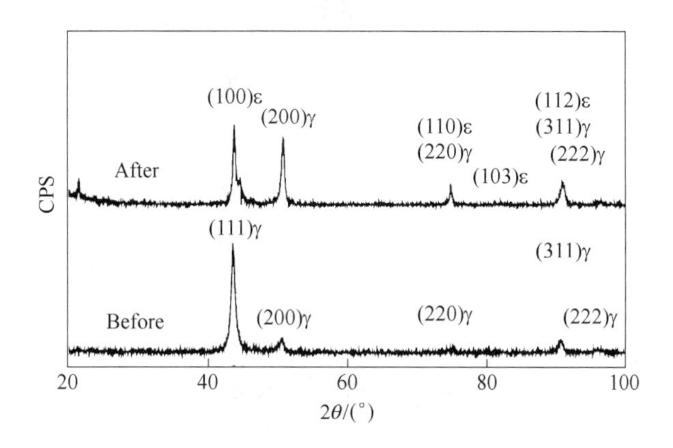


图 7-19 记忆合金涂层磨损前后 X 射线衍射图谱

由以上分析可知，Fe17Mn5Si10Cr5Ni 记忆合金涂层的耐磨性能明显优于 304 号不锈钢基材。这是因为涂层在摩擦应力作用下发生了 γ→ε 马氏体相变而产生相变变形，可抑制滑移变形和位错的形成与扩展，导致局部应力松弛，使其具有较高的接触疲劳强度，从而提高合金的耐磨性。另外，摩擦表面的 ε 马氏体强化作用也是改善涂层耐磨性的一个原因。

### 7.5.3 记忆合金涂层的耐蚀性分析

为测试 Fe17Mn5Si10Cr5Ni 记忆合金涂层的耐蚀性能，以 304 号不锈钢基材和真空冶炼制备的 Fe17Mn5Si10Cr5Ni 记忆合金为对比试样，测试三种材料的电化学耐腐蚀性能。将三种材料分别放入质量分数为 3.5% 的 NaCl 溶液中，利用 IM-6 型三电极体系电化学工作站在室温下测得的动电位极化曲线如图 7-20 所示。

304 号不锈钢基材与真空冶炼制备的 Fe17Mn5Si10Cr5Ni 记忆合金的自腐蚀电位 $E_{corr}$ 和自腐蚀电流密度 $I_{corr}$ 基本一致，而 Fe17Mn5Si10Cr5Ni 记忆合金激光熔覆涂层与之相比，自腐蚀电位略高，自腐蚀电流密度略低。由于 $E_{corr}$ 反映了材料热力学腐蚀倾向，该值越大材料的腐蚀倾向相对越小。$I_{corr}$ 反映了材料的均匀腐蚀速率，该值越大腐蚀速率越快。因此，与 304 号不锈钢基材与真空冶炼制备的 Fe17Mn5Si10Cr5Ni 记忆合金相比，Fe17Mn5Si10Cr5Ni 记忆合金激光熔覆涂层的腐蚀倾向略低、腐蚀速度略小。

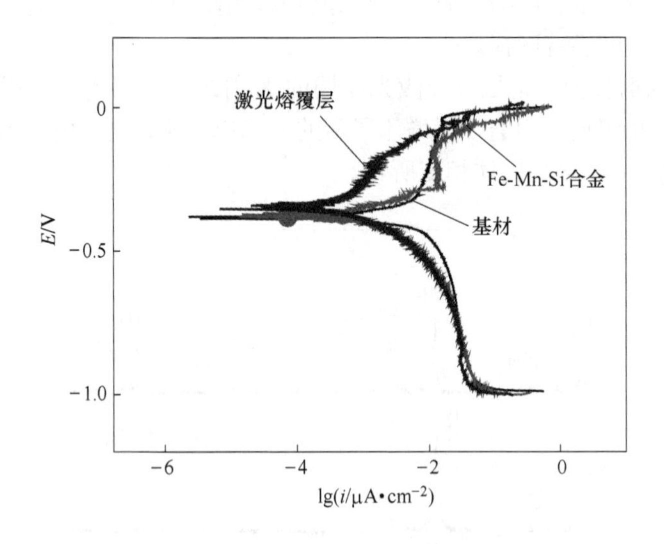


图 7-20 三种材料的极化曲线

### 7.5.4 记忆合金涂层的接触疲劳性能分析

将自行设计带有 GCr15 材质轴承的压头安装于牛头刨床刀具所在位置，利用牛头刨床自身对刀具向下的压力来施加载荷。通过贴于压头支架上的应变片采集工作时的应变值 $\varepsilon$ 为 $2.675\times10^{-5}$，Fe17Mn5Si10Cr5Ni 记忆合金涂层及 304 号不锈钢基材的弹性模量 $E$ 取值 210GPa，则根据公式 $\sigma=E\cdot\varepsilon$ 可计算得出机构对被测试样施加的应力值为 5.6MPa。

对记忆合金涂层表层进行打磨，去除黑色析出物和灰色氧化皮，使表面平整，对 304 号不锈钢基材同样进行打磨，使两种试样的表面状态基本一致，对熔覆涂层及基材在 5.6MPa 加载条件下实现 48h 及 120h 往复滚动摩擦，往复频率为 20 次/min，行程为 100mm。

当往复滚动摩擦时间为 48h 时，记忆合金涂层表面较为平整，无明显磨痕。而 304 号不锈钢表面出现轻微犁沟，且有明显凸起的条状带，这是疲劳裂纹在不锈钢内部生成，裂纹处金属向表层凸起产生的。

当往复滚动摩擦时间为 120h 时，记忆合金涂层及 304 号不锈钢基材的表面磨痕形貌如图 7-21a、b 所示。由图可知，滚动往复摩擦 120h 后，涂层表面仅出现轻微的犁沟状磨痕和剥落，而 304 号不锈钢表面出现了严重的剥落和明显的宏观疲劳裂纹，且裂纹内部出现了大量微小的疲劳裂纹，材料严重失效。因此，Fe17Mn5Si10Cr5Ni 记忆合金熔覆涂层具有较好的接触疲劳性能，304 号不锈钢表面激光熔覆该涂层可大大改善其疲劳特性。

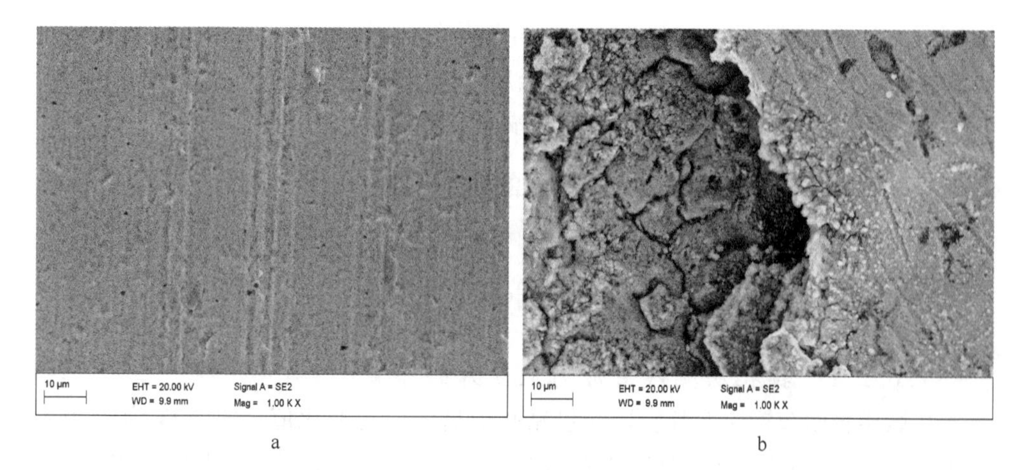


a　　b

图 7-21　摩擦 120h 后记忆合金熔覆涂层及基材磨痕微观形貌

# 7.6　记忆合金涂层的残余应力分析

在激光熔覆过程中，由于温度梯度、材料性能之间的不匹配造成的残余应力是一个不可忽略的问题。激光熔覆造成的残余应力为拉应力，当它过大时，很可能会在涂层或基材内产生裂纹，从而导致材料的疲劳、应力腐蚀性能严重下降，同时会引起工件变形。为研究 Fe17Mn5Si10Cr5Ni 记忆合金涂层残余应力的大小，本节从定性和定量的角度加以分析。

## 7.6.1　记忆合金涂层残余应力的定性分析

利用 Fe17Mn5Si10Cr5Ni 记忆合金涂层配比粉末和 304 号不锈钢粉末在尺寸大小为 3mm × 20mm × 100mm 的 304 号不锈钢基材上进行激光熔覆，试样变形程度如图 7-22 所示。由图 7-22a 可知，当利用 304 号不锈钢粉末进行激光熔覆时，

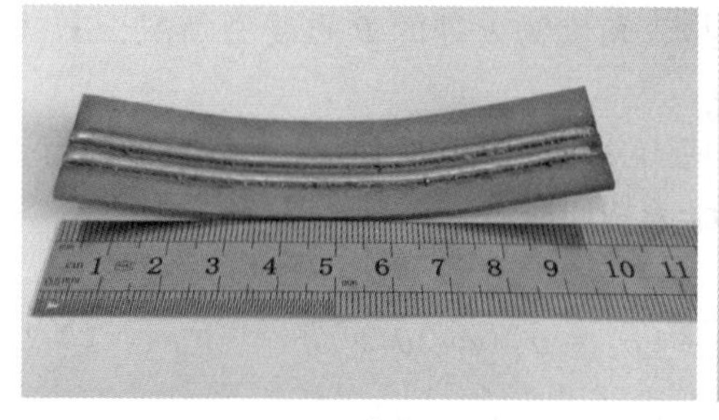

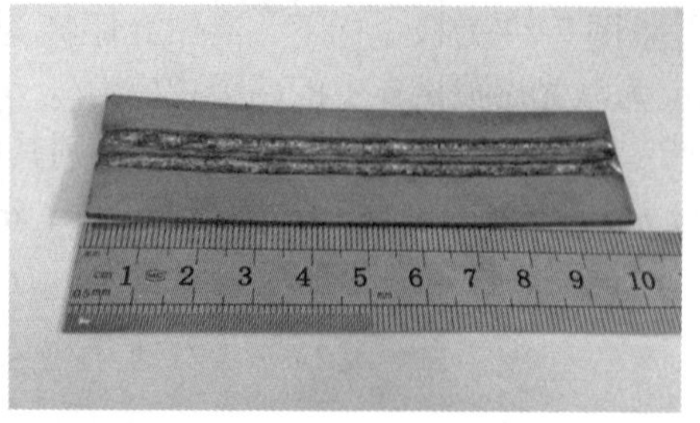

a　　b

图 7-22　两种熔覆试样的变形程度

基材出现了严重的弯曲变形，而 Fe17Mn5Si10Cr5Ni 记忆合金涂层引起的基材变形却很小，见图 7-22b。表明记忆合金涂层残余应力诱发的 γ→ε 马氏体相变及其相变变形可松弛熔覆涂层的残余应力，减小工件的变形。

## 7.6.2　记忆合金涂层残余应力的定量分析

为进一步对残余应力进行定量表征，利用小孔法对熔覆试样进行测量。假定一块各向同性的材料中存在残余应力，若在材料上钻一盲孔，孔边的径向应力下降为零，盲孔附近的应力重新分布，这一过程中所释放的应力即为残余应力。

### 7.6.2.1　钻孔法测残余应力应变片的布置

在试样表面布置应变片，以测量钻孔前后的应力变化值。图 7-23 为应变片的布置图，其中数字 1 ~ 3 分别代表三组应变片在相对于钻孔 0°、90°、135°三个位置贴。

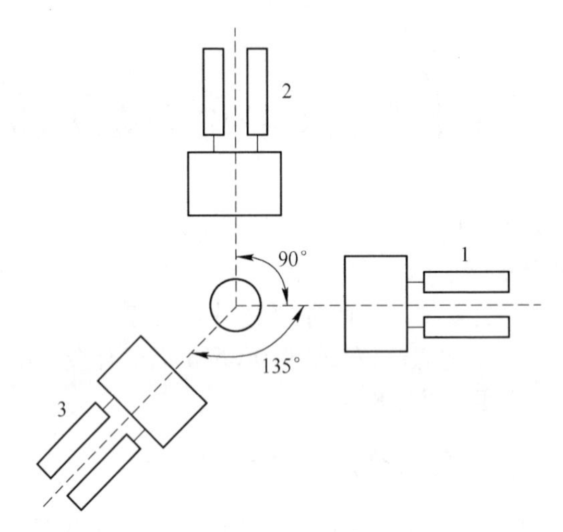


图 7-23　钻孔法应变片布置图

### 7.6.2.2　构件上 $P$ 点的受力分析

图 7-24 为极坐标下，离钻孔距离为 $r$，角度为 $\theta$ 处的 $P$ 点受力情况，$\sigma_1$ 与 $\sigma_2$ 为激光熔覆试样上的两个主应力。

对构件上 $P$ 点进行受力分析，则其应力分布如图 7-25 所示。$\theta$ 为参考轴与主应力 $\sigma_1$ 方向的夹角；$\sigma_r$ 为径向应力；$\sigma_\theta$ 为切向应力；$\tau_{r\theta}$为剪切力。

此时构件上 $P$ 点的应力状态为：

$$\sigma_{r0} = (\sigma_1 + \sigma_2)/2 + (\sigma_1 - \sigma_2)\cos 2\theta/2 \tag{7-2}$$

$$\sigma_{\theta 0} = (\sigma_1 + \sigma_2)/2 - (\sigma_1 - \sigma_2)\cos 2\theta/2 \tag{7-3}$$

$$\tau_{r\theta 0} = (\sigma_1 - \sigma_2)\sin 2\theta/2 \tag{7-4}$$

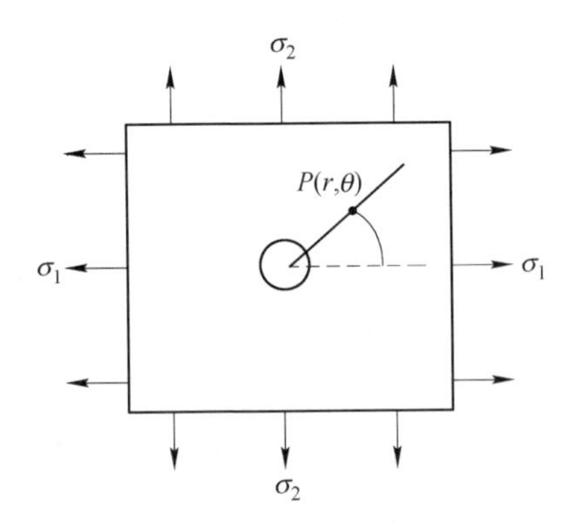


图 7-24 测量点 $P$ 的应力状态

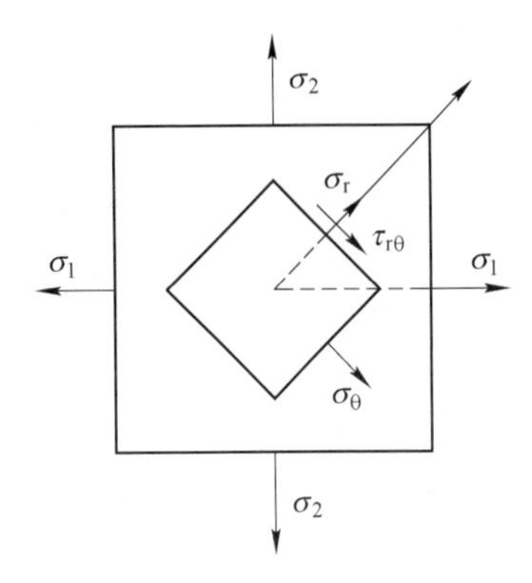


图 7-25 $P$ 点受力分析图

若钻一半径为 $a$ 的小孔，则钻孔后应力状态为：

$$\sigma_{r1} = (\sigma_1 + \sigma_2)(1 - a^2/r^2)/2 + (\sigma_1 - \sigma_2)(1 + 3a^4/r^4 - 4a^2/r^2)\cos2\theta/2 \tag{7-5}$$

$$\sigma_{\theta1} = (\sigma_1 + \sigma_2)(1 + a^2/r^2)/2 + (\sigma_1 - \sigma_2)(1 + 3a^4/r^4)\cos2\theta/2 \tag{7-6}$$

$$\tau_{r\theta1} = (\sigma_1 - \sigma_2)(1 - 3a^4/r^4 + 2a^2/r^2)\sin2\theta/2 \tag{7-7}$$

钻孔前后应力变化，即为释放应力（残余应力）：

$$\sigma_r = \sigma_{r1} - \sigma_{r0} = -(\sigma_1 + \sigma_2)a^2/2r^2 + (\sigma_1 - \sigma_2)(3a^4/r^4 - 4a^2/r^2)\cos2\theta/2 \tag{7-8}$$

$$\sigma_\theta = \sigma_{\theta1} - \sigma_{\theta0} = (\sigma_1 + \sigma_2)a^2/2r^2 + (\sigma_1 - \sigma_2)(3a^4/r^4)\cos2\theta/2 \tag{7-9}$$

$$\tau_{r\theta} = \tau_{r\theta1} - \tau_{r\theta0} = (\sigma_1 - \sigma_2)(-3a^4/r^4 + 2a^2/r^2)\sin2\theta/2 \tag{7-10}$$

而根据虎克定律，沿极轴半径方向的应变为：

$$\varepsilon = (\sigma_r - \nu\sigma_\theta)/E \tag{7-11}$$

式中，$E$ 为弹性模量，$\nu$ 为泊松比。

将式（7-8）及式（7-9）的 $\sigma_r$，$\sigma_\theta$ 代入式（7-11）中可得：

$$\varepsilon = \{(\sigma_1 + \sigma_2)(-1 - \nu)a^2/2r^2 + (\sigma_1 - \sigma_2)[3(1 + \nu)a^4/r^4 - 4a^2/r^2]\cos2\theta/2\}/E \tag{7-12}$$

令 $A = (-1 - \nu)a^2/2r^2$、$B = [3(1 + \nu)a^4/r^4 - 4a^2/r^2]/2$，

则式（7-12）可简化为：

$$\varepsilon = [(\sigma_1 + \sigma_2)A + (\sigma_1 - \sigma_2)B\cos2\theta]/E \tag{7-13}$$

由前文可知：$\theta_1 = \theta, \theta_2 = \theta + 225°, \theta_3 = \theta + 90°$，因而：

$$\varepsilon_1 = [(\sigma_1 + \sigma_2)A + (\sigma_1 - \sigma_2)B\cos 2\theta]/E \quad (7\text{-}14)$$

$$\varepsilon_2 = [(\sigma_1 + \sigma_2)A - (\sigma_1 - \sigma_2)B\sin 2\theta]/E \quad (7\text{-}15)$$

$$\varepsilon_3 = [(\sigma_1 + \sigma_2)A - (\sigma_1 - \sigma_2)B\cos 2\theta]/E \quad (7\text{-}16)$$

对式（7-14）~式（7-16）求解可得：

$$\sigma_1 = E(\varepsilon_1 + \varepsilon_3)/4A - E\sqrt{(\varepsilon_1 - \varepsilon_3)^2 + (2\varepsilon_2 - \varepsilon_1 - \varepsilon_3)^2}/4B \quad (7\text{-}17)$$

$$\sigma_2 = E(\varepsilon_1 + \varepsilon_3)/4A + E\sqrt{(\varepsilon_1 - \varepsilon_3)^2 + (2\varepsilon_2 - \varepsilon_1 - \varepsilon_3)^2}/4B \quad (7\text{-}18)$$

$$\tan 2\theta = (2\varepsilon_2 - \varepsilon_1 - \varepsilon_3)/(\varepsilon_3 - \varepsilon_1) \quad (7\text{-}19)$$

式中，$A$、$B$ 为应力释放系数，$\theta$ 为主应力 $\sigma_1$ 与0°应变片之间的夹角。

#### 7.6.2.3 基材 A、B 应力释放系数的标定

在对304号不锈钢基材的应力释放系数 $A$、$B$ 标定过程中，在基材表面贴上三组应变片，中间应变片两侧的两组对称的应变片为监视应变片，为保证横截面上没有弯曲应力，其应变读数差应小于5%。所施加的应力应为单向应力，且应力方向与应变片方向平行，此时便在基材上施加一个已知的单一、均匀的应力场。此时，$\sigma_1 = \sigma$，$\sigma_2 = 0$，$\theta = 0°$。随后进行钻孔，记录钻孔前后的应变差值，代入式（7-17）~式（7-19）即可求出盲孔应力释放系数 $A$、$B$ 的值：

$$A = (\varepsilon_1 + \varepsilon_3)/2\sigma = -2.76\mathrm{e}^{-7},\ B = (\varepsilon_1 - \varepsilon_3)/2\sigma = -5.7\mathrm{e}^{-6} \quad (7\text{-}20)$$

#### 7.6.2.4 熔覆试样应变片的布置

在工艺参数为2kW，800mm/min，光斑直径3mm，搭接率50%，预置粉末厚为1mm的条件下，在尺寸为10mm×50mm×100mm的304号不锈钢基材上制备出熔覆层表面尺寸为40mm×50mm的试样2个，分别为Fe17Mn5Si10Cr5Ni记忆合金激光熔覆试样及304号不锈钢熔覆试样，在熔覆试样表面平整区域贴上两组应变片，如图7-26所示。

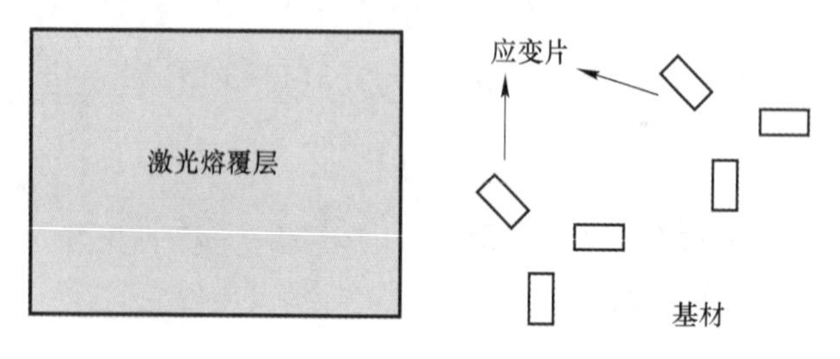


图7-26 熔覆试样上应变片布置示意图

#### 7.6.2.5 熔覆试样的钻孔及残余应力计算

利用导线将应变片与 NI9235 应变采集模块相连，在应变花中心位置钻一个直径为 1.5mm，深度为 1.8mm 的孔，如图 7-27 所示。利用钻床钻孔过程中，轴向进给应轻而慢，以便有充足的时间散热。孔深等于或略大于孔径，当孔深为孔径的 1.2 倍，且孔深远小于板的厚度时，基材应变趋于完全释放。

图 7-27 钻孔后的熔覆试样

经测量可得，Fe-Mn-Si-Cr-Ni 涂层钻孔前后的应变差值为：

$$\varepsilon_1 = 10.73e^{-6},\ \varepsilon_2 = 3.60e^{-6},\ \varepsilon_3 = -11.04e^{-6} \tag{7-21}$$

将式（7-20）代入式（7-16）、式（7-17）及式（7-18）中可得，Fe17Mn5Si10Cr5Ni 记忆合金激光熔覆试样的残余应力为 $\sigma_1 = 2.09$MPa、$\sigma_2 = -1.98$MPa、$\theta = 9.51°$。

利用同样方式可测得 304 号不锈钢激光熔覆试样钻孔前后的应变差值 $\varepsilon_1 = 15.88e^{-6}$，$\varepsilon_2 = -65.45e^{-6}$，$\varepsilon_3 = -95.44e^{-6}$，代入式（7-16）、式（7-17）及式（7-18）可得，304 号不锈钢激光熔覆涂层的残余应力 $\sigma_1 = 25.22$MPa、$\sigma_2 = 3.6$MPa、$\theta = 12.38°$。

由此可见，Fe17Mn5Si10Cr5Ni 记忆合金激光熔覆试样的残余应力明显小于 304 号不锈钢激光熔覆试样的残余应力，记忆合金涂层能够显著降低激光熔覆过程中产生的残余热应力。

经过对 Fe17Mn5Si10Cr5Ni 记忆合金涂层的显微组织、硬度分布、微区成分、耐磨性、耐蚀性、疲劳特性及残余应力等力学性能进行详细研究，可以得出以下结论。

（1）Fe17Mn5Si10Cr5Ni 记忆合金激光熔覆层自界面到顶端分别由平面晶、胞状晶、树枝晶、等轴晶组成；涂层由 γ 奥氏体相和 ε 马氏体相组成，经 1000℃ × 1h 固溶后的涂层为单一的粗大 γ 奥氏体相。

（2）Fe17Mn5Si10Cr5Ni 记忆合金涂层的显微硬度为 260HV 左右；经极化曲

线分析可知，熔覆涂层耐蚀性较好。

（3）往复滑动摩擦试验和往复滚动摩擦试验表明，Fe17Mn5Si10Cr5Ni 记忆合金涂层较 304 号不锈钢具有更好的耐磨性和接触疲劳强度。涂层在摩擦应力的作用下发生的 γ→ε 马氏体相变及其产生的相变变形，可抑制滑移变形和位错的形成与扩展，是导致其具有较高接触疲劳强度和耐磨性的主要原因。

（4）在激光熔覆 Fe17Mn5Si10Cr5Ni 记忆合金涂层过程中的工件变形小，熔覆层残余应力诱发的 γ→ε 马氏体相变及其相变变形可松弛熔覆层中的残余应力。

# 8 激光制备纳米材料及其应用

纳米材料是指特征维度尺寸在1~100nm范围内的一类固体材料，包括晶态、非晶态和准晶态的金属、陶瓷和复合材料等。由于纳米材料具有表面与界面效应、小尺寸效应、量子尺寸效应和宏观量子隧道效应，从而使其在磁性、非线性光学、光发射、光吸收、光电导、导热性、催化、化学活性、敏感特性、电学及力学等方面表现出独特的性能。无论是美国的"星球大战计划"、"信息高速公路"，欧共体的"尤里卡计划"，还是我国的"863计划"，都把纳米材料的制备列为重点项目。纳米材料必将成为"21世纪最有前途的材料"，纳米科学技术的发展必将对生产力的发展产生深远的影响。

随着纳米材料和技术的不断发展，特别是高新技术领域，如信息产业、功能涂层、防伪和生物医药等方面的发展，对纳米材料的品质提出了新的要求：

（1）粒径不大于10nm，均一分散，能充分发挥纳米材料潜在的尺寸效应、表面效应和量子效应；

（2）形状可控和多样性，同种材料除球形以外，还要有片、棒丝和管等；

（3）高纯，对光、电特性的纳米材料尤为重要；

（4）分子水平的均匀包覆（核2壳结构）和掺杂。

## 8.1 激光技术制备纳米材料的优点

激光法制备纳米材料自20世纪80年代问世以来，其产品品质能很好地适应纳米材料的新要求，随着紫外光、可见光、红外及可调频率激光器的商业化和结构的简化，极大地扩展了激光法对气体、液体和固体物的选择范围，降低了激光法成本，提高了粉产率，改变了人们对激光法制备纳米材料初期的看法：设备贵、工艺复杂、产率低、成本高。如今，激光法制备的纳米材料在纳米材料的市场上表现出很高的性能/价格比，地位日显重要。

与其他方法相比，利用激光法制备纳米材料具有以下优点：

（1）反应器壁是冷的，不会参与反应，对产物无污染，因此产物纯度高；

（2）与环境的温度梯度大，能实现材料的快速冷凝；
（3）激光器与反应室相分离，产物对激光无污染；
（4）纳米粉体不易团聚，分散性较好。

## 8.2　激光技术制备纳米材料的方法

在纳米材料制备过程中的激光方法主要有激光诱导化学气相沉积法（LICVD）、激光干涉结晶法、激光高温烧灼法、激光加热蒸发法、激光分子束外延（LMBE）、激光诱导液-固界面法、激光气相合成法、飞秒激光法、激光聚集原子沉积法、激光脉冲沉积法（PLD）等。

### 8.2.1　激光消融技术

激光消融法，又称激光烧蚀法，是用一束高能激光辐射靶材表面，使其表面迅速加热融化蒸发，在靶体上产生等离子体效应，直接对等离子体进行真空冷却或通入反应气体，这种方法已被用来制备纳米粉末和薄膜。激光消融是一个非常复杂的过程，在样品的体表面上光波的电磁能将转换成电子能、热能、化学能和机械能，并伴随着可能包括中性原子、分子、负离子、原子团、电子、光子以及样品微小颗粒溅出来，该方法目前大多用来制备纳米管。常用的激光设备有准分子激光（紫外）、固体 Nd：YAG 激光及其倍频后得到的 532nm 激光和 $CO_2$ 激光等。

### 8.2.2　激光干涉结晶法

激光干涉结晶法是利用结合移相光栅掩模（PSGM）的激光结晶技术在超薄材料上生成三明治结构的样品中制备出二维有序分布的阵列。双光束激光干涉晶化虽然可以控制量子点的空间位置，但需要较为复杂的光路系统。利用该技术已经成功地在超薄 a2$SiN_x$Pa2Si：HPa2$SiN_x$ 三明治结构样品中制备出二维有序分布的纳米硅阵列。常用的激光设备为 KrF 准分子脉冲激光器。

### 8.2.3　激光诱导化学气相沉积法（LICVD）

激光诱导化学气相沉积法（Laser Induced Chemical Vapor Deposition）是利用反应气体分子对特定波长激光束的吸收，引起反应气体分子的激光分解、激光裂解、激光光敏化和激光诱导化学反应，在一定激光功率密度、反应池压、反应温度等工艺条件下，获得超细粒子空间成核和生长来制备纳米材料。也可通过使液体雾化用激光对雾化体或液体与气体的混合物进行诱导反应，来获得纳米材料。目前 LICVD 法已制备出多种单质、无机化合物和复合材料纳米微粒，它能够制备几纳米至几纳米至几十纳米的晶态或非晶态纳米粒子。常用的激光设备为 $CO_2$ 激光等。

### 8.2.4 激光加热蒸发法

激光加热蒸发法是以激光为快速加热源，使气相反应物分子内部很快地吸收和传递能量，在瞬间完成气相反应的成核、长大和终止。该方法可以迅速生成表面洁净、粒径小（小于 50nm）且粒度均匀可控的纳米微粒。但激光器的效率较低，电能消耗较大，投资大，难以实现规模化生产。

### 8.2.5 激光分子束外延技术（LMBE）

激光分子束外延技术（LMBE）是最近几年才提出的具有重要学术意义和广泛应用前景的纳米半导体材料制备技术，该技术集脉冲激光沉积的特点与传统的分子束外延的超高真空精确控制原子尺度外延生长的原位实时监控为一体，是正在迅速发展和完善的一种高精密纳米材料制备技术。20 世纪 90 年代以来，随着激光分子束外延技术的出现，利用该技术不仅可以制备出纳米半导体材料，还可以制备出多元素、高熔点的氧化物纳米半导体材料以及有机高分子纳米半导体材料。尺度控制层状外延生长高熔点和复杂体系的氧化物薄膜已成为现实。尽管在氧化物薄膜和超晶格的研究方面也出现了一些高水平的研究工作，但是对于复杂结构氧化物材料外延的机理仍不很清楚，仍是目前研究的热点之一。

### 8.2.6 激光诱导液相沉积法

激光诱导液相沉积法也叫激光诱导液-固界面法，激光诱导液相法生成纳米材料结合了化学法与激光技术的优点，有选择性地运用液相可作为此项制备技术的重要研究条件之一，其特点是合成的材料易于保存和分离、避免颗粒的团聚等是利用激光束照射置于液体中的靶体产生等离子体，在液体中获得成核生长，或者与液体进行反应，形成纳米粒子。该法的主要优点是设备简单，无须真空及外加偏压，制备环境要求较低。激光功率必须高于一定阀值。常用的激光设备为连续 $CO_2$ 激光，其粒度范围 10 ~ 1000nm，可由激光功率密度、反应时间等参数控制。该法制备的纳米粒子呈规则的圆球状，粒度分布均匀。

### 8.2.7 激光气相合成法

激光气相合成纳米材料的原理是采用高速流动的反应物气体与高能量的 $CO_2$ 激光垂直正交，发生交互作用产生能量的共振、吸收，在气流喷射喷嘴的下方形成稳定、可控的高温反应火焰，反应物在瞬间发生分解化合，生成物经气相凝聚、形核和生长，在气流惯性和与反应气同轴的载气带动下，由真空泵抽吸，进入粉体收集器内。

### 8.2.8　利用飞秒激光制备高纯金属纳米颗粒

由于飞秒激光具有脉冲持续时间短，峰值功率极高 2 个独特优点，因此在金属纳米材料制备方面具有重要的应用。该技术的主要过程为：将不同金属放置在纯溶剂中（通常为水），然后利用激光对其表面进行照射，控制激光能量及辐照时间，即可以得到各种金属的纳米颗粒。该方法简单，对制备环境要求较低，制备的纳米颗粒一般呈圆球状且粒度分布均匀，纳米颗粒的大小可以通过调整激光强度来控制。

### 8.2.9　激光聚集原子沉积法

用激光控制原子束在纳米尺度下的移动，使原子平行沉积以实现纳米材料的有目的的构造。激光作用于原子束通过 2 个途径，即瞬时力和偶合力在接近共振的条件下，原子束在沉积过程中被激光驻波作用而聚集，逐步沉积在硅衬底上，形成指定形状，如线形。

### 8.2.10　激光脉冲沉积法（PLD）

脉冲激光沉积法（PLD）是将准分子脉冲激光器所产生的高功率脉冲激光束聚焦作用于靶材料表面，使靶材料表面产生高温及熔蚀，并进一步产生高温高压等离子体。这种等离子体可定向局域膨胀发射，并在衬底上沉积而形成纳米薄膜。脉冲激光沉积法在多组分材料及难熔材料（如功能陶瓷、化合物半导体、超导材料）等材料的精密薄膜，尤其是外延单晶纳米薄膜及多层结构的制备上具有很好的前景。Masuda 等用该法制备出了金刚石与 Au 的纳米复合结构；Limei Chen 等还在 PLD 基础上结合分子束外延（MBE）特点发展了一种激光分子束外延（L-MBE）法，并采用该法制备了硅基纳米 PtSi 薄膜。

## 8.3　激光制备纳米材料的机理

### 8.3.1　激光诱导等离子体的原理与机制

高功率激光辐照各种气体、液体、固体靶，诱导部分靶介质转变为等离子体的主要机制为：

（1）光电离：原子中的电子受到激光照射时，由于光电效应或多光子效应吸收足够的光子能量而发生电离；

（2）热电离：高温下热运动速度很大的原子相互碰撞，使其电子处于激发态，其中一部分电子的能量超过电离势而使原子发生电离；

（3）碰撞电离：气体中的带电粒子在电场作用下加速并与中性原子碰撞，发生能量交换，使原子中的电子获得足够能量而发生电离。

### 8.3.2 激光制备纳米粒子生成原理与成核生长机理

激光处理生成纳米粒子的原理是：当一定功率的激光光束照射到反应体系中的液体和固体靶上时，由于激光光束的高能量作用，诱导液体和固体靶迅速升温，光热作用使得固体靶表面的少量微粒与靶体脱离甚至气化，从新生细小微粒，生成含有靶材中件原子、分子、活性基团以及大量离子和电子的等离子体团，在一个激光脉冲内，等离子体团吸收激光能量成为处于高温、高压、高密度状态的等离子体团；等离子体系与环境体系发生能量变换，并随着激光脉冲的结束而碎灭，体系小的活性粒子相互碰撞反应，生成与激光能量和反应条件相对应的产物：热作用又使微粒间的范德华力增大，减少了凝结现象的发生，进一步使微粒细化，达到或接近纳米尺寸，并使微粒物质以胶状悬浮体状态存在。

当体系中的化学反应生成的产物浓度超过一定过饱和度后，就会形成粒子核。或反应产物间发生缩聚反应生成晶核。初始晶核的形成和晶型决定了最终产物粒子的形貌与结构。

## 8.4 激光技术在纳米材料制备中的应用实例

### 8.4.1 激光烧蚀法制备零维、一维、二维纳米材料

当前器件的持续小型化，对新型功能材料提出了更高的要求。同时，未来的纳米电子学需要纳米尺度的各种功能材料。20 世纪 80 年代以来，零维（粉体）及二维（薄膜）纳米材料的制备和研究取得了很大的进展，但一维纳米材料的研究仍面临着巨大的挑战。而激光束具有高能而非接触性的优点，是一种干净的热源，激光烧蚀法在制备零维、一维、二维纳米材料方面具有一定的优势。以下将介绍目前激光烧蚀法制备纳米管、纳米丝及纳米电缆等方面的研究现状。

#### 8.4.1.1　激光烧蚀法制备零维、一维、二维纳米材料的装置

图 8-1 为激光烧蚀法制备纳米材料的实验装置示意图：激光烧蚀法制备纳米材料所用的激光器主要有准分子激光（紫外）、固体 Nd：YAG 1.06μm 激光及其倍频后得到的 532nm 激光和 $CO_2$ 激光等，一般射出的单脉冲激光能量为 200 ~ 500mJ，脉冲宽度约几纳秒到几十纳秒，脉冲频率约 5 ~ 10Hz，在该方法中激光的作用主要是作为局部能源，使靶材在激光作用下，融化蒸发并形成等离子体。

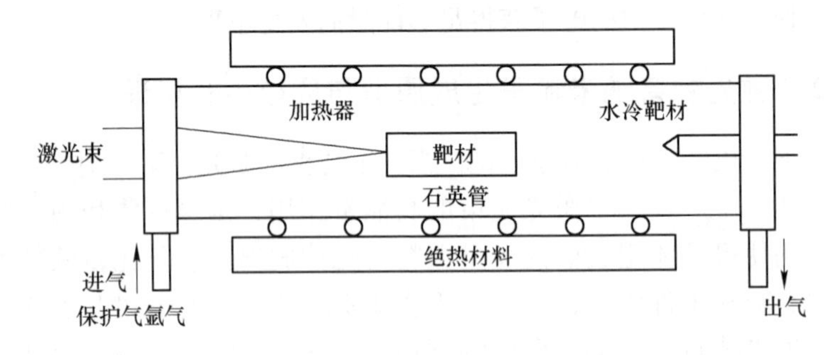


图 8-1　激光烧蚀法制备准一维纳米材料实验装置图

制备准一维纳米材料的操作过程为：先将混有一定比例催化剂的靶材粉末压制成块，放入一高温石英管真空炉中烘烤去气，预处理后将靶材加热到 1200℃ 左右，用一束激光烧蚀靶材，同时吹入流量 50 ~ 300mL/min 左右的惰性保护气，保持 $5.332 \times 10^4 \sim 9.331 \times 10^4$Pa 气压，在出气口附近由水冷收集器收集所制得的纳米材料。

#### 8.4.1.2　纳米丝、纳米棒的制备

激光烧蚀法制备纳米丝的工作在制备纳米半导体材料中应用较多。硅是当前微电子技术中的最重要的材料，硅纳米丝作为一维量子线结构，在纳米科学技术和电子器件的研究和应用中具有重要的地位。

科学工作者在制备纳米丝、纳米棒的研究中取得了可喜的成果：

（1）用波长 532nm 脉冲激光烧蚀 Si-Fe 粉末材料，在 1200℃ 温度条件下，氩气保护，由收集器收集得到一种褐黄色的海绵状物质，分析表明，该物质的平均直径为几纳米到十几纳米，长度约为几十至上百微米的硅纳米丝，并且每条纳米丝在整条范围内丝径分布均匀，轴向［111］生长方向，并且在纳米丝头部有一金属纳米粒子。

硅纳米丝的生成机理为：在金属催化作用下，由气体→液体→固体生长模型形成的，可根据欲制备的材料与其他催化组分形成共晶合金的相图配制靶材的混合组分比例，根据共晶温度调整激光蒸发和凝聚条件，就可获得欲制备材料的纳米丝。

（2）用 KrF 248 准分子激光高温下烧蚀 Fe(Co,Ni)混合粉末，得到了相似的

结果，但生长方向为［211］方向。分析表明，该纳米丝由中心部分的硅晶和包覆在外层的非晶 $SO_2$ 层组成，在硅晶部分含有一定数量的位错和微孪晶。分别以纯 Si、Si-金属、Si-$SiO_2$、$SiO_2$-SiC 等混合粉末作烧蚀靶，248nm 激光烧蚀，比较实验结果发现，以 Si-$SiO_2$ 为靶生成的硅纳米丝的产量比 Si-金属为靶时产量高 30 倍，由此提出了氧化物辅助生长模型。这个生长模型认为在烧蚀过程中，发生了如下的化学反应过程：

$$Si(s) + SiO_2(s) \longrightarrow 2SiO(g)$$

$$2SiO(l) \longrightarrow Si(s) + SiO_2(s)$$

式中，g、l、s 分别表示气、液、固态。

硅纳米丝的生长是在纳米丝头部液态 $SiO_2$ 分解作用下形成的，并且使得在纳米丝外层形成了一层 $SiO_2$，而在金属催化模型中，纳米丝外层也有一层 $SiO_2$，但那极可能是空气氧化所致。根据该模型，用 Ge-$GeO_2$ 作靶材，实验成功合成了 Ge 纳米丝，而用 Ge-$SiO_2$ 作靶材同时制备得到了 Ge 和 Si 纳米丝。两个生长模型都可能制备出纳米丝，Si-金属混合物作靶材时，金属催化作用占主要地位，而在氧化物存在时，氧化物辅助生长将占主导地位，相对来说，后者的效率要高一些。

（3）用 248nm 准分子激光在 600 ~ 690℃ 温度下烧蚀 YBCO 超导体块，产物中在大的粒子上生长出纳米棒，该纳米棒为单晶结构，正方晶系，轴向生长方向为［001］方向，纳米棒直径 18 ~ 96nm，长度可达几个微米，其直径随基体的温度下降而减小，同时长度也缩短。

#### 8.4.1.3 纳米管的制备

由于碳纳米管具有独特的力学性能和导电特性，人们看到了其在未来电子学中的潜在应用，所以自 20 世纪 90 年代发现以来，对碳纳米管进行了深入的研究，包括制备技术、特性、应用等各个方面。

激光烧蚀法制备碳纳米管也进行了很多研究工作，所用的激光器和制备方法也不尽相同，最常用的方法是以 532nm 脉冲激光在 1200℃ 的加热炉中，惰性气体保护下烧蚀 C-金属，该方法制备得到的大多是单壁碳纳米管，产率可达 70% 以上，碳纳米管以集束状形态存在，分析表明，纳米管束直径在 10 ~ 20nm，长度几百微米，碳纳米管周围附着一些非晶碳和少量的金属催化剂的纳米粒子。

科学工作者在制备纳米管的研究中取得了以下成果：

（1）通过控制脉冲激光的峰值功率、脉冲频率进行了比较实验，研究表明，调节激光参数可以控制制备的单壁碳纳米管直径，激光峰值功率越高，烧蚀时产生的粒子越小，导致产生的碳纳米管越细。由此可见，激光烧蚀法中调节制备参数可以实现对所需制备纳米材料的控制。

（2）金属粒子对碳粒子组装成纳米管的过程中起着重要的作用。

（3）用1～20nm脉冲宽度的$CO_2$脉冲激光（10.6μm）在无外加加热源的情况下烧蚀C-金属靶制备得到了单壁碳纳米管，它利用了10.6μm红外激光优良的加热性能提供碳纳米管生成的温度条件。结果表明，碳纳米管的产量和长度都随着脉冲宽度的减小而减小。

（4）用连续$CO_2$激光烧蚀C-Ni/Y靶，无外加电炉，制成了单壁碳纳米管，同时发现保护气体的种类和气压对形成碳纳米管有影响。

（5）用Nd：YAG激光（1.06μm）烧蚀充有30kPa的$C_2H_2$和Ar真空炉中的Ni靶，气态物质提供碳源，固态Ni靶提供催化金属，制备得到了多壁碳纳米管，该碳纳米管内径3～10nm，外径10～100nm，纳米管端部部分金属粒子聚集，有些是开口的，根据该方法，提出可以用CO代替$C_2H_2$来进行制备。

（6）以B作催化剂，532nm激光在500～900℃环境下烧蚀C-B（BN或$B_4C$）靶，制成了多壁碳纳米管，在制备得到的产物中，碳纳米管以二层和三层为主，内径平均2.1nm，同时纳米管头部有一纳米粒子，以石墨层结构包裹，其中为$BC_x$（$0<x<0.25$）。

（7）用240W连续$CO_2$激光（10.6μm）烧蚀h-BN和c-BN材料，制备多壁BN管，一般具有3～8层结构，外径3～15nm，B、N元素之比为1.0±0.2。用532nm激光进行烧蚀实验制成了BCN纳米管，靶为BN、C、Ni和Co的混合物。加热温度100～1200℃，保护气体为氮气。烧蚀制成的产物中有多壁BCN管、纳米粒子和非晶B-C-N相。虽然制备条件与制备单壁碳纳米管相同，但其中并未有单壁BCN管的存在。得到的纳米管的层数和化学成分在管轴方向分布很不均匀。相对较细的部分由几层碳纳米管组成，内径2～3nm，外径4～10nm，形态和化学成分相对较均匀，管径较粗的部分有管BNC存在，包裹在碳纳米管外层，管内径2～3nm，外径9～20nm，其中元素含量较多，且表面极不平整。

#### 8.4.1.4　纳米同轴电缆的制备

同轴纳米电缆是指芯部为半导体或导体的纳米丝，外包敷异质纳米壳体（导体或半导体），外部的壳体和芯部丝是共轴的。由于这类材料所具有的独特的性能、丰富的科学内涵、广泛的应用前景以及在未来纳米结构器件中占有的战略地位，因此近年来引起了人们极大的兴趣。

在1200℃，氮气保护条件下用532nm激光烧蚀制备得到了直径50nm，长达50μm的同轴纳米电缆。实验表明，如果原材料仅使用B、N、C、$SiO_2$的混合粉末，则形成内部为β-SiC芯线外部为非晶$SiO_2$的单芯线纳米电缆，如果在原材料中加入$Li_3N$，则形成另外一种结构的同轴纳米电缆，即芯部为β-SiC，中间层为非晶$SiO_2$，最外层为石墨型结构。

## 8.4.2 激光干涉结晶技术制备二维有序分布纳米硅阵列

激光干涉结晶是利用移相光栅掩模（PSGM）结合激光晶化技术，可以成功地将 α-Si : H/α-$SiN_x$ 多层膜中的 α-Si 子层晶化。利用这种技术，在 α-$SiN_x$/α-Si : H/α-$SiN_x$ 三明治结构样品的单层超薄氢化非晶硅（α-Si : H）层中制备出二维有序分布的纳米硅阵列，实现对纳米硅量子点的空间分布并进行有目的的控制，即形成量子点的有序定域分布，这样才能满足纳米电子器件的设计要求。

使用 KrF 准分子脉冲激光器作为激光辐照光源，其波长 $\lambda=248$nm，脉冲时延 30ns。样品置于可移动平台上，晶化过程中到达样品表面的激光能量密度可以通过改变激光器的输出功率或者控制到达样品表面的束斑面积来调节。实验为单脉冲辐照。激光辐照实验装置示意图如图 8-2 所示。

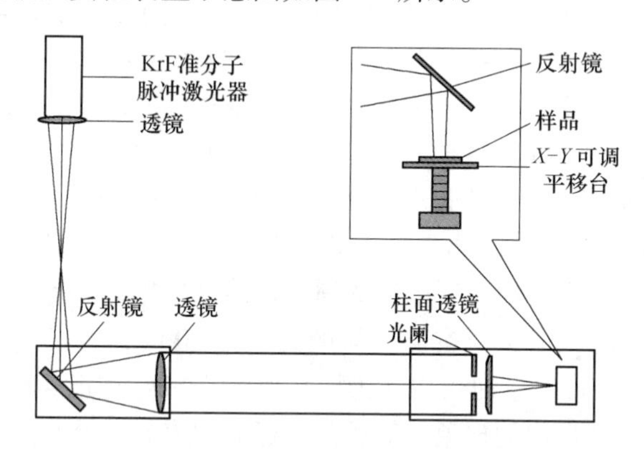


图 8-2 激光干涉晶化实验装置示意图
（样品置于 X→Y 可调平移台上）

激光束经光路系统（俯视图）后垂直辐照在样品表面，内置图为样品台部分的侧视图。在激光辐照实验时，二维 PSGM 放置在样品的表面。二维 PSGM 是由石英制成的，设计周期为 2μm，深度为 $d=\lambda/[2(n-1)]=276$nm，其中折射率 $n=1.45$。PSGM 表面形貌的光学显微镜照片如图 8-3 所示，周期为 2μm。当激光束垂直入射到 PSGM 表面时，由于多光束的干涉效应导致射出的光能量重新分布，在到达样品表面的激光光斑内形成强弱相间的二维周期性分布，使 α-Si : H 层定域晶化，形成二维分布的纳米硅阵列。

用原子力显微镜（AFM）和扫描电子显微镜（SEM）观察样品表面形貌在晶化前后的变化，用剖面透射电子显微镜（X-TEM）和高分辨透射电子显微镜（HRTEM）分析样品晶化后的微结构。

图 8-4 为经过激光辐照后的 α-$SiN_x$/α-Si : H/α-$SiN_x$ 三明治结构样品表面的 SEM 照片。从图 8-4 可以清楚地看到一个由晶化区域组成的二维点阵图样，点阵周期为 2μm，与 PSGM 的周期一致，每个圆斑的直径约为 250nm。

图 8-3　二维 PSGM 形貌

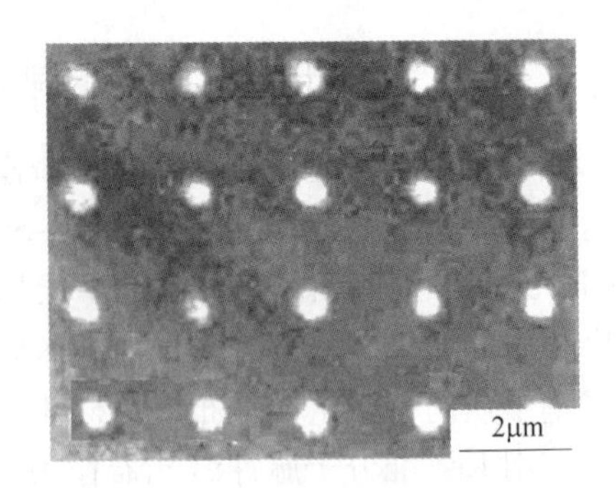


图 8-4　样品二维 SEM 照片

利用不同能量密度的激光辐照 α-$SiN_x$/α-Si∶H/α-$SiN_x$ 薄膜样品，研究能量密度对有序分布的 nc-Si 阵列形成的影响。图 8-5 是不同能量激光辐照前后的样品表面形貌的 AFM 照片。图 8-5a 显示了平坦的原始沉积 α-$SiN_x$/α-Si∶H/α-$SiN_x$ 薄膜样品表面。从图 8-5b ~ d 可观察到由突起区域构成的周期为 2μm 的二维图样，而且突起区域的高度与区域直径随激光辐照能量密度由 210mJ/$cm^2$ 增强到 240mJ/$cm^2$ 而逐渐变大。在图 8-5b 中，突起区域的高度低于 5nm，直径为 250nm。由下面的 X-TEM 和 HRTEM 分析可知，轻微突起区域的出现是由于 nc-Si 颗粒在这些区域中形成，而突起区域的周围仍然是原始的 α-Si∶H。当激光辐照能量密度增强到 240mJ/$cm^2$ 时，突起区域的高度为 20nm，但是考虑到原始沉积的 α-Si∶H 厚度只有 10nm，这时可以认为样品顶层的 $SiN_x$ 层已经被破坏，在其他实验中我们也曾观察到类似的现象，能量范围选取如表 8-1 所示。

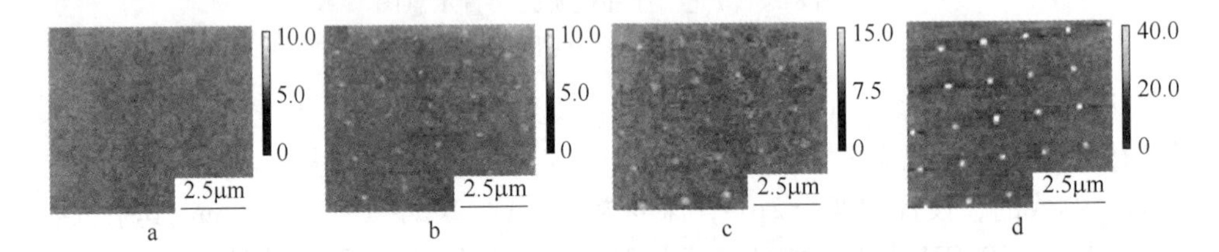


图 8-5　三明治结构激光辐照前后的表面形貌（厚度单位：nm）
a—原始沉积；b—210mJ/$cm^2$；c—220mJ/$cm^2$；d—240mJ/$cm^2$

**表 8-1　能量密度对有序分布的 nc-Si 阵列形成的影响**

| 能量密度/mJ · $cm^{-2}$ | 突起区域的高度/nm | 备　注 |
|---|---|---|
| 0 | 5（原始沉积） | |
| 210 | ≈5 | 合适 |
| 220 | ≤7.5 | 基本合适 |
| 240 | ≤20.0 | 样品顶层的 $SiN_x$ 层遭到破坏 |

注：在合适的激光辐照能量密度下，nc-Si 颗粒尺寸接近原始沉积的 α-Si∶H 层厚。

为了证实 nc-Si 颗粒在这些轻微突起区域中已经形成，进行了 X-TEM 分析，成功地观察到了图 8-6a 中所示的突起区域及其附近区域的微结构，在原始沉积的 α-Si∶H 层中出现了 nc-Si 区域，nc-Si 颗粒在这些区域里紧密排列，且 nc-Si 区域与 α-Si∶H 区域之间的界面清晰。图 8-6b 中 HRTEM 照片给出了纳米硅颗粒清晰的晶格像，nc-Si 颗粒形状接近于球形、尺寸接近原始沉积的 α-Si∶H 层厚。通过对样品平面 TEM 的分析，电子衍射（ED）结果为锐利的衍射环，显示在薄膜生长方向上晶粒的择优取向为 <111 >。

构样品的超薄 α-Si∶H 层中晶化区域照片

b—HRTEM

结果表明，通过 LIC 方法我们得到了二维图样化的样品表面。这个由轻微突起区域构成的二维图样的周期为 2μm，与所使用的 PSGM 周期一致。X-TEM 结果证实 nc-Si 颗粒在略大于 AFM 中观察到的突起区域的范围内形成，而区域周围仍是原始沉积的 α-Si∶H。晶化区域远小于激光能量分布的半周期，这是因为 α-Si∶H 的晶化存在能量阈值，只有在能量大于该阈值的区域才能发生晶化。晶化区域的分布位置与图样可由 PSGM 的几何形状决定，这意味着采用 LIC 方法得到的 nc-Si 颗粒的分布位置与图样是可控的。

样品受到激光辐照后，nc-Si 颗粒经历了成核、生长过程。根据限制性结晶原理，当颗粒尺寸达到 $SiN_x$ 层时，nc-Si 与 α-$SiN_x$ 之间的界面能将影响晶粒的进一步生长，由于晶粒生长自由能的增加，导致生长停止，使得 nc-Si 颗粒纵向尺寸等于 α-Si∶H 层厚。根据最小表面能量原理，如图 8-6b 所示，球形是 nc-Si 颗粒的理想形状。遵循限制性结晶原理，采用 α-$SiN_x$/α-Si∶H/α-$SiN_x$ 结构样品，制备出颗粒尺寸相同、二维定域分布的纳米硅阵列。

### 8.4.3 激光诱导化学气相沉积法制备纳米氮化硅及粉体

激光诱导化学气相沉积法（LICVD）制备纳米粉体的制备是近几年兴起的。LICVD 法具有粒子大小可精确控制、无粘连、粒度分布均匀等优点，很容易制备几纳米至几十纳米的非晶态或晶态微粒，其装置如图 8-7 所示。装置中的 Ar 气作为保护气体，防止反应气体扩散，污染聚焦透镜。

利用激光诱导化学气相沉积法（LICVD）制备纳米氮化硅粉体的基本原理是：利用 $SiH_4$ 分子对 $CO_2$ 激光的强吸收效应，用连续 $CO_2$ 激光束辐照快速流动的混合反应气体（$SiH_4$ + $NH_3$），诱导 $SiH_4$ 与 $NH_3$ 分子发生激光热解与合成反应，在 800～1000℃和 20～90kPa 的条件下成核生长，获得超细、粒度分布均匀、无团聚的球形非晶态 $Si_3N_4$ 纳米粉末。其化学反应方程式为：

$$3SiH_4 + 4NH_3 \xrightarrow{h\nu_1} Si_3H_4 + 12H_2$$

实验采用激光束与反应气流正交的方式，$CO_2$ 激光的波长为 10.6μm，最大功率为 150W，加热速率为 $10^5 \sim 10^8$℃/s，加热时间约为 $10^{-4}$s，冷却速率为 $10^5$℃/s，成核率为 $10^{11}$ 个/$cm^3$。

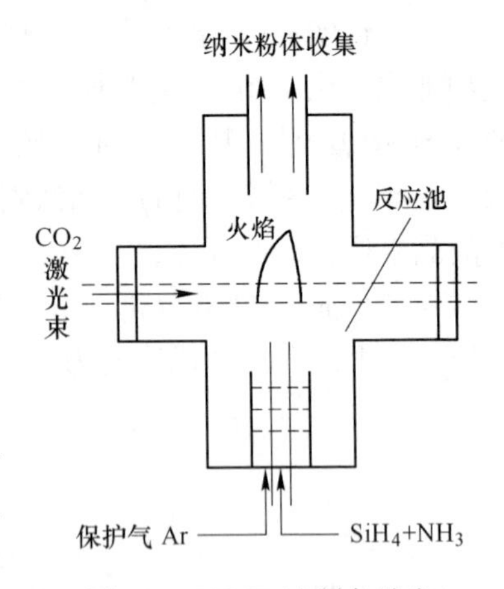


图 8-7　LICVD 法制备纳米粉体装置示意图

特别要注意的是：

（1）混合气体在进入激光束之前，部分 $SiH_4$ 已分解，产生 Si 的粒子云，应该保证这些 Si 粒子直接进入激光高温区与 $NH_3$ 反应，否则 Si 很容易游离出来；

（2）$Si_3N_4$ 的生长过程与生成粒子通过高温区的时间无关，粉末的最终粒径主要由 $Si_3N_4$ 单体浓度决定。

因此，激光加热速率和反应气体的初始浓度是影响粒子最终尺寸的关键因素。由此证明，$Si_3N_4$ 的生长是通过 Si、N 原子向核表面输送凝聚并在核表面反应而进行的，耗尽生成核周围一定体积内的 Si、N 原子之后，生长终结。

双光束激发 $SiH_4$ 分子对 $CO_2$ 激光的吸收系数（$43cm^{-1}$）比 $NH_3$ 分子的（$0.78cm^{-1}$）高得多，$CO_2$ 的能量主要通过受激 $SiH_4$ 分子逐步转移给 $NH_3$ 分子，其主要过程大致为：

$$SiH_4 \xrightarrow{h\nu_1} SiH_4^*$$

$$SiH_4^* + SiH_4^* \longrightarrow SiH_4^{**} + SiH_4$$

$$SiH_4^{**} + SiH_4^* \longrightarrow Si + 2H_2 + SiH_4$$

$$SiH_4^{**} + NH_3 \longrightarrow SiH_4 + NH_3^*$$

$$NH_3^{**} + NH_3^* \longrightarrow N + 3H + NH_3$$

由于 $SiH_4$ 在较低的温度下（约 300℃）就开始离解，因此在达到合成反应温度（约 1000℃）前，反应体系中将出现 N 原子严重不足而 Si 原子过剩的情况，导致合成产物中含有较多的游离 Si，造成粉末的纯度和质量下降，解决这一问题的关键是对工艺过程的合理选择，主要方法有：

（1）提高反应气体的配比（体积比）：$V(NH_3)/V(SiH_4) > 8$；

（2）提高输入的激光功率密度：$I \geqslant 6000W/cm^2$；

（3）使用双光束激发。

其中方法（1）和（2）都有一定的局限性，原因在于反应气体的配比不可能太高，太高了会降低反应气体对激光能量的吸收，使反应温度降低，影响产率，甚至可能导致反应不能正常地连续进行，而且也会降低原料的利用率。激光功率密度的提高也因技术条件和资金设备而受到限制。相比之下，方法（3）比较理想，在原有的实验装置中增加一束与 $CO_2$ 激光束正交的紫外（UV）光束来激励 $NH_3$ 分子，使 $NH_3$ 分子在较低温度（约 300K）直接光解：

$$2NH_3 \xrightarrow{hv_2} 2N + 3H_2$$

以增大反应体系中 N 原子浓度，提高 N/Si 比，达到改善 $CO_2$ 激光诱导热化反应的平衡常数，加快反应速率的目的，因此双光束激发制备 $Si_3N_4$ 纳米粉末，可以提高粉末中 N/Si 比，氧含量也明显减少，并提高了光子有效利用度和原料的利用度。

# 9　激光制备电子功能陶瓷及其应用

与传统的结构陶瓷不同，电子功能陶瓷由于具有特殊的热、电、磁、光等性能而广泛地应用于航空航天等军事领域以及汽车、测量、传感器、医疗、舞台表演、避雷器等民用领域。

## 9.1　电子功能陶瓷概述

精细陶瓷（fine ceramics）又称先进陶瓷（advanced ceramies）、高性能陶瓷（high-performance ceramics）、高技术陶瓷（high technology ceramics）。它与传统陶瓷最主要的区别是具有优良的力学、热学、电性、磁性、光性、声学等各种特性和功能，被广泛应用于国民经济的各个领域，是继金属和有机高分子材料之后的另一类人造材料，以高强度、高硬度、耐高温、耐磨损、抗氧化、低密度以及特殊的光、磁、热等功能为主要特点的现代陶瓷，是当今信息社会的物质基础，是高新技术产业发展的三大基础材料之一。

精细陶瓷种类繁多，按化学组成可分为氧化物陶瓷和非氧化物陶瓷。依据材料的功能来划分，精细陶瓷又可分为结构陶瓷（又称工程陶瓷）、功能陶瓷和工具陶瓷。其中结构陶瓷是以强度、刚度、韧性、耐磨性、硬度、疲劳强度等力学性能为特征的材料，具有优良的力学性能（高强度、高硬度、耐磨损）、化学性能（抗氧化、抗腐蚀）和热学性能（抗热冲击、抗蠕变），如高温高强度陶瓷、超硬工模具陶瓷、化工陶瓷等。功能陶瓷则以声、光、电、磁、热等物理性能为特征，例如集成电路封装材料（$Al_2O_3$）、敏感陶瓷（热敏、气敏、湿敏、压敏、色敏等），这是微电子、信息、自动控制和智能机械的基础。此外，尚有生物功能陶瓷等多种新材料陶瓷。

精细陶瓷的发展虽然还不到一个世纪，但是作为结构和功能两大主要应用方面发展极其迅速，1997 年国际精细陶瓷市场为 162 亿美元，到 2000 年全球市场约为 250 亿美元左右，即以平均每年 7% ~10% 的速率增长。其研究开发的重点是功能陶瓷。结构陶瓷相比功能陶瓷而言，所占市场份额较小，仅约 30% 。

功能陶瓷品种多，用途广，发展迅速，在精细陶瓷市场销售份额中占70%以上。目前，功能陶瓷研究的热点有：高介、低损耗、低温度特性、大容量、超薄型、片式化多层陶瓷电容器的材料与制备技术；用于微机械的高性能压电陶瓷和驱动陶瓷中；移动通讯用的超高频、超低损耗、高品质因数的微波介质陶瓷材料与器件；高性能半导体敏感陶瓷材料及元件；气敏陶瓷材料与器件；固体氧化物燃料电池（SOFC）用陶瓷材料；环境保护用的光催化二氧化钛陶瓷材料及功能陶瓷膜的制备技术等。其发展方向是高可靠性、多功能、微型化、集成化和智能化。

由于大部分功能陶瓷在电子行业中已经获得了广泛的应用，它们也被称为电子陶瓷。在功能陶瓷工业中，电子陶瓷的份额达到80%。时至今日电子陶瓷材料已是材料学领域中的一个重要分支，它涉及物理、化学、电子学、冶金学等学科，有着广泛的应用领域，尤其是在国防、通信、航空、航天、电子工业、光学工业等方面有着特殊的应用，它已成为了材料学中最为活跃的领域之一。

电介质陶瓷是指电阻率大于$10^8\Omega \cdot m$的陶瓷材料。它能承受较强的电场而不被击穿。按电介质陶瓷在电场中的极化特性，可分为电绝缘陶瓷和电容器陶瓷。随着材料科学的发展，在这类材料中又相继发现了压电、铁电和热释电等性能，因此电介质陶瓷作为功能陶瓷又在传感、电声和电光技术等领域得到了广泛应用。

电容器陶瓷材料按性质可分为四大类。第一类为非铁电电容器陶瓷，这类陶瓷最大的特点是高频损耗少，在使用温度范围内介电常数随温度呈线性变化；第二类为铁电电容器陶瓷，它的主要性能是介电常数随温度呈非线性变化，而且特别高，故又称强介电常数电容器陶瓷；第三类为反铁电电容器陶瓷；第四类为半导体电容器陶瓷。

电子陶瓷作为一项高科技产业与信息产业相互交叉、相互促进，随着制备工艺的进一步改进和市场份额的扩大，电子陶瓷发展前景一片光明。据美国BCC公司预测：世界电子陶瓷行业将以年均10%的速度增长。移动通讯、数字视听、笔记本电脑等高科技产品正在彻底地改变电子元器件的特征，传统意义上的分立元器件将被数字化、超微化、片式化、绿色化。同时，高频、高速、低成本、低功耗和高稳定性的复合器件将逐步取代分立器件。以MLCC（多层陶瓷电容器）为例，目前正以年均需求15%～20%的速度增长。又如压电陶瓷，目前压电陶瓷的应用日益广泛。大致可分为压电振子和压电换能器两大类。压电振子主要利用振子本身的谐振特性，它要求压电、介电、弹性等性能稳定、机械品质因数高。压电换能器主要是将一种能量形式转换成另一种能量形式，要求机电耦合系数和品质因数高。像日本就在非常积极和广泛地开展用超细原始压电陶瓷粉体制作PZT和$PbTiO_3$陶瓷，如松下电气公司采用粒径为0.2μm的原始粉体制作这些陶瓷。这些陶瓷能以较低的温度烧成，但是强度比普通的 PZT 大 1 倍。美国也在研究合成 PZT 超细粉体的其他方法。

## 9.2　钛酸钡电子功能陶瓷研究现状及发展趋势

钛酸钡系列电子陶瓷是近几年来发展起来的一类新型现代功能陶瓷。虽然它的发展历史并不长，但由于其具有压电性、铁电性、热释电性等优良的介电性能，已成为现代功能陶瓷中最重要的一类，是电子陶瓷元器件的基础母体原料，被称为电子陶瓷的支柱。

19 世纪末、20 世纪初，科学家发现水晶和酒石酸钾钠具有压电性。随后，20 世纪 40 年代（1942 ~ 1943 年）发现钛酸钡具有压电性和极高的介电常数，因而被逐渐开发为电子功能材料，至今一直是用量最大的电子功能陶瓷主体原料。利用钛酸钡陶瓷的压电性，1947 年人们制成了钛酸钡压电陶瓷器件。同压电晶体相比，钛酸钡压电陶瓷具有易于制造、可成批量生产、成本底、不受尺寸和形状的限制等优点。此外，钛酸钡压电陶瓷还可在任意方向进行极化，可通过调节组分改变材料的性能，而且耐热、耐湿和化学稳定性好。直到现在，钛酸钡压电陶瓷依然是应用最多的压电陶瓷之一。在高介电常数的材料方面，具有极高介电常数的钛酸钡几乎是所有高介电常数材料的基体。

### 9.2.1　钛酸钡的主要制备方法

#### 9.2.1.1　固相法

固相法是 $BaTiO_3$ 粉体的制备方法，最典型的是以碳酸钡和二氧化钛为原料，高温反应制得 $BaTiO_3$。总反应方程式为：

$$BaCO_3 + TiO_2 \longrightarrow BaTiO_3 + CO_2 \uparrow \tag{9-1}$$

其工艺流程主要包括原料混合、球磨、成型、煅烧（1200 ~ 1300℃）和粉碎，最后得到钛酸钡粉体，如图 9-1 所示。

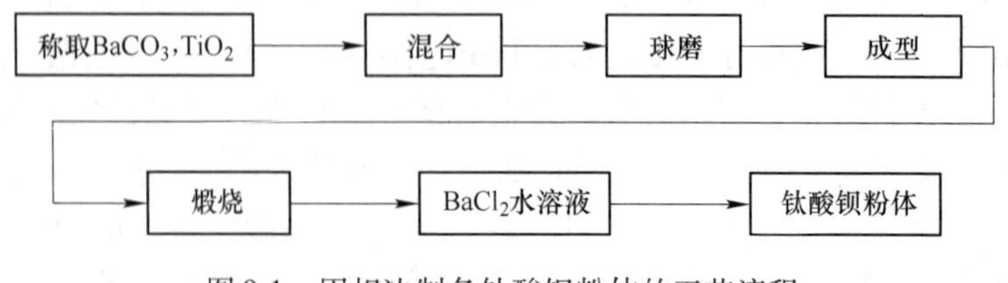


图 9-1　固相法制备钛酸钡粉体的工艺流程

也有文献报道，在 $Na_2CO_3 + K_2CO_3$ 熔盐中，在600～1200℃时 $BaCO_3$ 和 $TiO_2$ 反应，熔解熔融物即可沉淀出 $BaTiO_3$。也有人将其在氮气气氛下煅烧，使煅烧温度降至700～800℃，制得 $BaTiO_3$。

固相法具有工艺简单、原料易得、成本较低等优点，但它也具有如下的一些缺点：

（1）组分的不均匀性。首先是钛、钡阳离子分布的不均匀性。其次，微少量的掺杂剂和添加剂也往往难于在湿式球磨过程中达到均匀分布于钛酸钡基体中，这些不均匀性都将影响烧结陶瓷的性能。

（2）在高温煅烧期间，由于粒子明显长大，必须再次进行球磨。这样的钛酸钡粉体是由不规则破碎形状的团聚粒子组成的，粒径分布范围很宽，大约在0.2～10μm。此外，由于二次长时间球磨，不仅耗能费时，而且有可能引入其他杂质，而固相法又不具有纯化能力。

（3）由固相法钛酸钡粉体压制成的坯体，需要比较高的烧结温度（约1350℃），而且陶瓷体的颗粒大小分布范围宽。

正因为固相法制取的钛酸钡粉体质量较差，一般只适用于制作技术性能要求较低的产品，而且成品率也较低。

近年来，特别是在日本，采用高纯、超细的二氧化钛和碳酸钡粉体作为原料，使固相合成钛酸钡粉体的性能显著提高。但是，在粉体的结晶性和烧结性方面仍不如液相法。

#### 9.2.1.2 液相法

A 络合物前躯体（complex precursors）法

在高温下煅烧钡与钛的络合盐可得到微细钛酸钡粉体。优点是能够保证钛酸钡产品中钡与钛的摩尔比精确地等于1。这类方法主要包括草酸盐共沉淀法、柠檬酸盐法和复合过氧化物法。

（1）草酸盐共沉淀法（oxalate coprecipitation method）。该方法是通过草酸钛酸钡四水络合物前驱体（BTO）在高温下煅烧制得。BTO的制备方法主要是将氯化钡和四氯化钛的混合水溶液，缓慢地加入到剧烈搅拌的热（85℃左右）草酸溶液中制得，另一种方法是利用草酸与BTO在乙醇中溶解性的不同，即将溶解了草酸的乙醇溶液加入到氯化钡和四氯化钛的混合水溶液中获得BTO。

该方法的优点是：

1）产品中钡与钛的摩尔比可以随意调整；

2）纯化能力强，其纯度和粒度可通过反应条件进行控制；

3）产品活性高，可在低于1225℃的温度下烧结得到致密的陶瓷；

4）可在沉淀过程中实现掺杂。

该方法也存在一些缺点：

1）沉淀剂的浓度、反应温度、反应时间及原始物料中的钡钛摩尔比等对BTO的化学计量都有影响，所以在实践中难以控制BTO中钡与钛的摩尔比；

2）在BTO的煅烧阶段往往会促使钛酸钡颗粒不同程度的团聚。

（2）柠檬酸盐法。柠檬酸盐法是制备优质$BaTiO_3$微粉的化学制备方法之一，由于柠檬酸的络合作用，可以形成稳定的柠檬酸钡钛溶液，从而使得Ba、Ti以离子尺度进行混合，化学均匀性高。同时由于取消了球磨工艺，有利于提高$BaTiO_3$粉体的纯度。实验中采用喷雾干燥法对柠檬酸钡钛溶液进行脱水处理制得$BaTiO_3$的前驱体，在经一定温度处理即可获得$BaTiO_3$微粉。

Pechini首次应用该法合成了钛酸钡粉体，将钛氧化物、金属醇盐、柠檬酸和乙醇原料混合后得到前驱体$BaO \cdot TiO_2 \cdot 3C_6H_7O_8 \cdot 3H_2O$，在650℃下煅烧得到钛酸钡粉体。6年后，Minder等对该方法进行了改进，将四氯化钛、柠檬酸和乙烯乙二醇混合得到钛的水溶液，加入到溶解了碳酸钡的柠檬酸溶液中，严格控制$pH<2.6$得到钡钛比为1.0的晶体柠檬酸盐，在600℃下煅烧得到钛酸钡粉体。然而柠檬酸盐煅烧后严重团聚，而且成本高，因此难以实现工业化。

（3）复合过氧化法。中国专利（CN1061776A）在德国专利（DE-24332791）和日本专利（JP昭49-69399）的基础上提出了一种改进的方法，该方法将等摩尔的$TiO^{2+}$盐和$Ba^{2+}$盐的混合水溶液加入到$NH_3 \cdot H_2O$和$H_2O_2$的混合液中，用氨水调节溶液的pH值为$8.70 \pm 0.20$。反应完成后分离出复合的过氧化物沉淀，用水洗涤至无氯离子后再用乙醇脱水，在室温下干燥后于600℃下煅烧得到高纯超细的钛酸钡粉体，其中Ba与Ti的摩尔比为1.001。

但是，这种方法得到的产品团聚比较严重，并且由于$H_2O_2$的应用会导致合成成本较高，很难在工业生产中应用。

B　溶胶-凝胶（Sol-Gel）法

溶胶-凝胶法是19世纪60年代发展起来的一种粉体材料制备方法，金属醇盐是溶胶-凝胶法最常用的前驱体，因此，溶胶-凝胶法也常称为金属醇盐法。该法是在一定的水解温度、水解速度、pH值等条件下，钡和钛的醇盐发生水解、缩合反应生成钛酸钡粉体。其反应方程式为：

$$Ba(OC_3H_7) + Ti(OC_5H_{11})_4 + 4H_2O \longrightarrow BaTiO_3 \cdot H_2O + 2C_3H_7OH + 4C_5H_{11}OH$$

$$BaTiO_3 \cdot H_2O \longrightarrow BaTiO_3 + H_2O$$

该方法的优点是反应温度低，易于控制，所得粉体纯度高、粒径小、均匀性好，并且易实现多组分均匀掺杂。用此方法制备的钛酸钡粉末，主要存在的问题来自于水解和醇盐的缩合反应。

C　水热法

所谓钛酸钡粉体的水热合成法，就是把含有钡和钛的前驱体（一般是氢氧化钡和水合氧化钛）水浆体置于密闭的压力容器中制备纳米材料的一种方法。反应温度一般在100～400℃，压力从0.1MPa到几十甚至几百兆帕不等。其最大的特点就是易直接合成四方相$BaTiO_3$粉体，但结晶过程相当慢。由于特殊的反应条件，水热法制备的粉体具有粒度小、分布均匀、团聚较少等优点，并且原料便宜，易得到符合化学计量比并且有完整晶形的粉体。

水热法合成温度低，所得粉体纯度高、粒径小、烧结活性高，制得陶瓷的介电常数较大。该法比较适合于制备单组分粉体，对于组分复杂的现代功能陶瓷粉体而言，应用难度较大。

D 液相包裹法

液相包裹法是通过喷雾干燥技术将液相均匀地包裹到固相基体颗粒表面，利用组分间紧密的包裹接触和热解时的高反应活性，使各组分发生热反应而制得粉体。

该方法具有反应温度较低、粉体均匀性好、烧结性好等优点，但也存在煅烧过程中放出$CO_2$气体，易污染环境，且存在不易包裹均匀，雾化时液滴易粘连，排水时组分易偏析，以及干燥时前驱体易流失等缺点。

E 低温直接合成法

Wada等认为合成粒径小于10nm的$BaTiO_3$粉体很难的主要原因之一可能是因为需经过中间物，而不是直接合成的。为此，他们提出了一种制备钛酸钡晶体的低温直接合成法。将$TiCl_4$滴加到用冰水冷却的硝酸溶液中的混合溶液（控制温度低于10℃）作为钛源；用无二氧化碳的去离子水溶解$Ba(OH)_2 \cdot 8H_2O$制成的一定浓度的$Ba(OH)_2$溶液，用KOH调节pH大于13，以此为钡源。将pH值小于1的钛溶液缓慢滴加到钡液中，立即生成白色沉淀，经过滤、洗涤、真空干燥，可以制得粒径约为10nm的钛酸钡晶体。该法的两个主要特征为：

（1）生成$BaTiO_3$的驱动力为强酸与强碱中和反应所放出的热量；

（2）钡离子与钛离子直接反应生成$BaTiO_3$而不经过中间体。若控制反应在$N_2$保护下反应，则可阻止$BaCO_3$的生成，合成纯$BaTiO_3$粉体。

F 微乳液法

微乳液通常是由表面活性剂、助表面活性剂、油相和水相组成的热力学稳定的透明或半透明体系。含有反应物的水相滴入到油相中，在表面活性剂及助表面活性剂的作用下形成胶团，每个胶团都是一个纳米级微型反应器，不同胶团颗粒间的碰撞使得胶团表面活性剂层打开，引起了水核内物质的相互交换或传递，引发化学反应，产物在水相核内部生成、长大。由于沉淀物微粒大小由水核尺寸控制，因此可制得纳米级陶瓷粉体。

微乳液法制得的粒子的单分散性和界面性好、不易团聚、晶形好，但仍需洗涤，且有机溶剂用量大，产率低，导致成本较高。目前尚处于探索阶段。

## 9.2.2　钛酸钡电子功能陶瓷的组织结构

### 9.2.2.1　钛酸钡的晶体结构

钛酸钡在高温时属立方晶系，图 9-2 示出 $BaTi0_3$ 立方晶体的一个晶胞。晶胞中只有一个分子，Ba 原子位于体心，Ti 原子处于顶角，O 原子处于棱边。从图中可以看到，立方晶胞的顶角有 $TiO_6$ 八面体基团。立方 $BaTiO_3$ 晶体有对称中心，因此没有非线性光学性能。

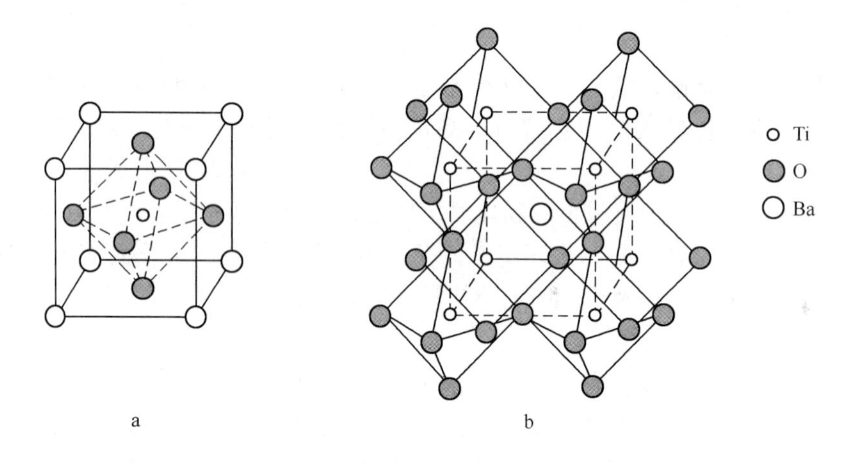


图 9-2　钛酸钡晶体结构
a—晶胞；b—八面体基团

许多钙钛矿型化合物存在不同晶体对称性的同质异构体，以简单的位移变换（displacive transformation）相联系，其中最重要的是立方至四方的变换。在 $BaTiO_3$ 中的 $Ba^{2+}$ 近邻尺寸较大，使得配位 $Ti^{4+}$ 的 $O^{2-}$ 八面体膨胀得过大，这种多余空间使得 $Ti^{4+}$ 不稳定，这可由 Paining 第 1 规则得知。不稳的 $Ti^{4+}$ 很易在体心附近发生位移，导致晶体结构的变化。在室温时，$BaTi0_3$ 会具有四方结构以使 $Ti^{4+}$ 占据最低的能量位置，当温度较低时，$TiO_6$ 八面体基团发生畸变，基团中的 Ti 沿 4 次轴相对 O 原子移动 12pm，Ba 也在同样的方向移动 6pm，O 原子也偏离了正八面体，从而导致非中心对称的结构。这种自发的晶体结构变换产生一个永久电偶极子，而各个近邻电偶极子的协同一致排列，形成扩展至许多原胞的净极化。此时晶体转变为四方晶系，没有对称中心。

$BaTiO_3$ 的熔点为 1618℃，它随温度变化发生如下相变：

$$菱形 \xleftrightarrow{-90℃} 斜方 \xleftrightarrow{5℃} 四方 \xleftrightarrow{120℃} 立方 \xleftrightarrow{1460℃} 六方 \xleftrightarrow{1618℃} 液相$$

其中，立方相和六方相均为非铁电相，而其他三种相则为铁电相。在铁电陶瓷的生产中，六方相应该避免出现，实际上也只有烧成温度过高时才会出现。除立方相具有理想钙钛矿结构外，菱形相、斜方相、四方相和六方相均属于钙钛矿结构的变体。

钛酸钡在120℃以下晶体结构稍有畸变，为四方结构，$Ba^{2+}$ 和 $Ti^{4+}$ 相对于 $O^{2-}$ 发生一个位移，由此产生一个偶极矩（自发极化）。上面和下面的氧离子可能稍稍向下移动。通常把这种转变温度称为居里温度或居里点。居里点以上晶体无铁电性，处于顺电态，居里点以下，晶体处于铁电态。因此四方 $BaTiO_3$ 还具有优良的铁电、压电、热释电、高介电常数和大的电光系数。

$BaTiO_3$ 的自发极化强度 $P_S$ 与温度的关系可由实验得出。其三种铁电相四方相、斜方相和菱形相的极化轴分别为沿原立方相的一条边［001］、面对角线［110］和体对角线［111］方向伸长。这种由于离子在特定方向上的微小位移而产生的相变，会引起晶体对称性的变化，在宏观性能如介电性能上也会有相应的变化，在居里点处尤其明显，图9-3给出了 $BaTiO_3$ 的介电常数随温度和晶体结构的变化关系。

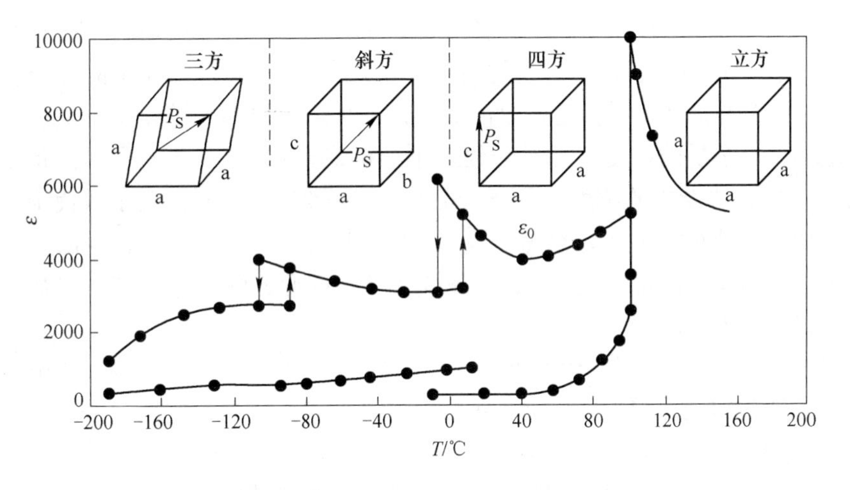


图9-3　钛酸钡的介电常数随温度和晶体结构的变化关系

实验发现，当温度高于居里点120℃时，介电常数随温度的变化遵从居里-外斯定理：

$$\varepsilon_r = \frac{C}{T_c - \theta_0} + \varepsilon_\infty$$

式中，$C$ 为居里常数；$\theta$ 为特征温度。对 $BaTiO_3$，$T_c$ 略大于 $\theta_0$。$C = 1.7 \times 10^5$K。$\varepsilon_\infty$ 代表电子位移极化对介电常数的贡献。由于 $\varepsilon_\infty$ 的数量级为1，故在居里点附近。$\varepsilon_\infty$ 可忽略，上式可写为 $\varepsilon_r = \dfrac{C}{T_c - \theta_0}$。

#### 9.2.2.2 钛酸钡的掺杂

钛酸钡系列电子陶瓷虽然具有一系列优越的性能，但也存在着某些缺陷。从19世纪60～70年代起便对钛酸钡进行了多种掺杂改性的研究。国内外对此都有大量的报道。科研工作者对其进行掺杂，形成了以钛酸钡为基础的固溶体，改善组织与显微结构，来提高其性能。

掺杂钛酸钡可分为等价掺杂和不等价掺杂。等价离子掺杂是指掺杂的离子取代相同价态的相应离子，例如+2价离子取代$Ba^{2+}$或+4价离子取代$Ti^{4+}$。这类离子包括$Ca^{2+}$、$Sr^{2+}$、$Pb^{2+}$、$Zr^{4+}$、$Sn^{4+}$、$Hf^{4+}$、$Ce^{4+}$等。

不等价离子掺杂是指掺杂离子取代与之价态不相同的离子，一般分为施主掺杂和受主掺杂。施主掺杂是指杂质离子的氧化数比被取代离子的氧化数高，即施主掺杂会引进多余的正电荷。对于钛酸钡，典型的施主掺杂包括取代$Ba^{2+}$的高于+2价的离子（如+3价的稀土金属离子）和取代$Ti^{4+}$的高于+4价的离子(如$Nb^{5+}$、$W^{5+}$、$Mo^{5+}$等)。反之，杂质离子的氧化数比被取代的离子的低，则为受主掺杂。受主掺杂会引起正电荷的减少（如取代$Ti^{4+}$的$Al^{3+}$、$Ga^{3+}$、$Cr^{3+}$、$Sc^{3+}$、$Y^{3+}$、$Mn^{3+}$、$Yb^{3+}$等)。一般来说，半径较大、价态较低的离子进入A(Ba)位；而半径较小、价态较高的离子进入B(Ti)位。对于+3价的稀土金属离子来说，究竟是取代$B^{2+}$，还是取代$Ti^{4+}$，是由杂质的掺入量和离子半径两个因素决定的。当杂质的浓度（原子分数）小于0.2%时，除$Lu^{3+}$外所有的稀土离子均取代$Ba^{2+}$；当杂质的浓度（原子分数）大于0.2%时，稀土离子取代$Ti^{4+}$，并且离子的半径越小，越优先取代$Ti^{4+}$。此外，根据Ti/Ba离子比，少部分半径较小的稀土金属离子既可取代$B^{2+}$也可取代$Ti^{4+}$。因此，既可作为施主掺杂也可作为受主掺杂掺入钛酸钡。

因为Ba和Sr为同族元素，$B^{2+}$和$Sr^{2+}$具有相似的核外电子排布结构，所以Sr掺杂的钛酸钡已引起人们极大的关注，对它的研究也最为广泛和深入。钛酸锶钡$Ba_{1-x}Sr_xTiO_3$是$BaTiO_3$和$SrTiO_3$完全的固溶体，Ba和Sr共占有钙钛矿结构的A位。$Ba_{1-x}Sr_xTiO_3$陶瓷材料具有钛酸钡的高介电常数，并有钛酸锶的化学物理稳定性和半导体性能。同时调整Ba/Sr比还可以得到不同的居里温度$T_c$、介电、热释电和铁电性能的BST材料。室温下，$Ba_{1-x}Sr_xTiO_3$块体材料随着Sr含量变化，$T_c$的变化遵循Jaff等提出的公式$T_c = 371x - 241$，$x$为Ba含量。而$Ba_{1-x}Sr_xTiO_3$的$T_c$则符合下面的线性关系$T_c = 185.23x - 174.06$。

PTC（Positive Temperature Coefficient）为正温度系数热敏材料，它具有电阻率随温度升高而增大的特性。1955年荷兰菲利浦公司的海曼等人发现在$BaTiO_3$陶瓷中加入微量的稀土元素后，其室温电阻率大幅度下降，在某一很窄的温度范围内其电阻率可以升高三个数量级以上，首先发现了PTC材料的特性。40多年来，对PTC材料的研究取得了重大的突破，PTC材料的理论日趋成熟，应用范围也不断扩大。其中，以掺杂 $BaTiO_3$ 为主晶相的 PTC 陶瓷最为常用。

#### 9.2.2.3 粒径效应

众所周知，晶粒尺寸对钛酸钡陶瓷的铁电性及相转变有重要影响，电容器尺寸的小型化也需要人们全面了解晶粒的尺寸对陶瓷性能的影响。所谓粒径效应主要表现在以下两个方面：

（1）随着粒径的减小，室温介电常数呈现先增大，然后随粒径的进一步减小而急剧降低的趋势，当粒径在 0.4～0.8μm 时达到最大值；

（2）随着粒径的减小，铁电相转变处的介电常数有明显的压峰和展峰现象，有学者观察到了四方-正交、正交-斜方相转变温度的移动现象。

自从 Kneipkamp 等发现钛酸钡陶瓷的介电性能与粒径的关系以来，许多学者做了大量研究来解释粒径效应。Busseum 等提出了内部应力模型，当钛酸钡发生立方-四方相转变时（120℃），晶轴会发生变化，导致晶粒之间产生应力。在粗晶陶瓷中，通过生成 90°畴，可以形成 $c$，$a$ 轴交替排布，因而使得应力减小。而对于细晶陶瓷，随着粒径的变小，90°畴的数目开始减少，因此具有更大的内应力，应力体系主要由沿 $c$ 轴的压力和沿 $a$ 轴的拉力组成，因而具有较高的介电常数。

1985 年 Arlt 等人研究发现当粒径为 0.5μm 时，仍能观察到 90°畴的存在，且畴的宽度与粒径的平方根成正比，这一点与理论分析得到的单畴结构的最低能值相一致，当粒径小于 0.4μm 时，晶粒是单畴结构。因为随着粒径的减小，释放应力的畴数目增多，所以 Arlt 认为内应力模型不正确。他认为随着粒径的减小，畴壁的数目和体积大大增加，因而导致陶瓷具有较高的介电常数。但 1991 年，Arlt 和 Pertsev 发现随畴体积的减小，畴壁的移动减慢，这意味着畴壁不可能提供必要的贡献使得介电常数达到 4000～6000。

Frey 等认为晶粒内部和晶界具有不同的介电常数是产生粒径效应的主要原因，提出了 Brick-Wall 模型来描述由独立的晶粒和连续的晶界组成的双介电相体系，晶界处的介电常数较小（130 左右），因而起到了“稀释”介电常数的作用，并给出了介电常数的计算公式。在晶粒减小时，应力增加会使介电常数增大，而同时晶界体积增大会使介电常数变小，二者相互竞争，出现一最佳值。

### 9.2.3 钛酸钡的性能

铁电性，某些材料在一定温度范围内具有自发极化。而且其自发极化可以因外电场的作用而转向，材料的这种特性称为铁电性，可与“铁磁性”类比，当电场增加时，极化程度开始按比例增大，接着突然升高，在电场强度很大时增加速度又减慢而趋向于极限值。当外加电场移去后，因电场引起的电介质极化并不立即消失，具有与铁磁性物质类似的滞后效应。其原因是铁电体内存在许多“电畴”。它们是铁电体内部自发极化分子电偶极矩方向排列一致的若干个小区域。两个畴之间的界面称为畴壁。在无外电场时，电畴的分布杂乱无章，整个晶体表现为电中性（图9-4中1处）；当施加外电场时，电畴取向与外电场方向一致而极化（图9-4中2处），因而撤出外电场后有保持剩余极化值的可能（图9-4中3处）；要完全消除极化状态，就必须加相反的电场。这种保持极化的能力可使铁电材料保存信息，因而成为可供计算机线路使用的材料。另一特点是存在一个临界温度，称铁电居里（curie）温度 $T_c$，高于此温度时，铁电性受到破坏，即外场撤出后，不能再保留剩余极化，由铁电体变为顺电体。根据 $BaTi0_3$ 的铁电性，我们可以制作电容器和热敏电阻 PCT。

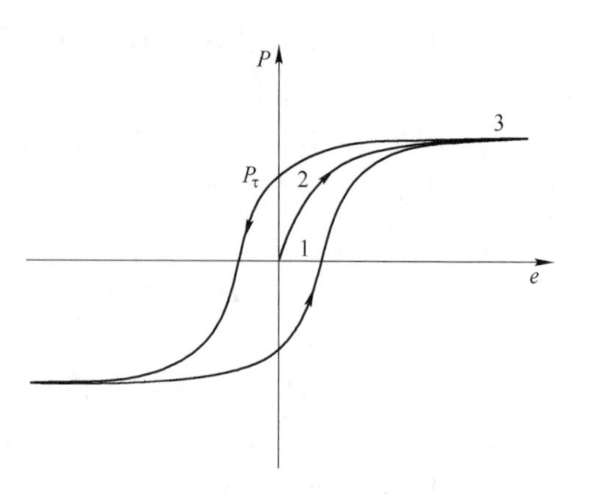

图 9-4　电滞回线

压电效应（piezoelectric effect）分为正压电效应和逆压电效应。当向无对称中心的晶体上施加压力、张力或切向力时，会发生与外加力引起的应力成比例的电偶极，在晶体两端呈现正负电荷，称为正压电效应；反之当在晶体上施加电场，将产生与电场强度成比例的晶体变形或机械应力，称为逆压电效应（见图9-5）。压电性晶体可用作由机械能转化为电能或由电能转化为机械能的换能器。利用钛酸钡的压电效应能迅速地将应力转变为电信号，从而及时准确的测量受力元件的应力和应变状态。在电场的作用下，可利用逆压电效应输出应力和应变。例如，传声器、话筒、扩声器和立体声拾音器中的双压电晶片、保险丝、电磁点火系统和香烟点火器、声呐发生器和超声净化器等。

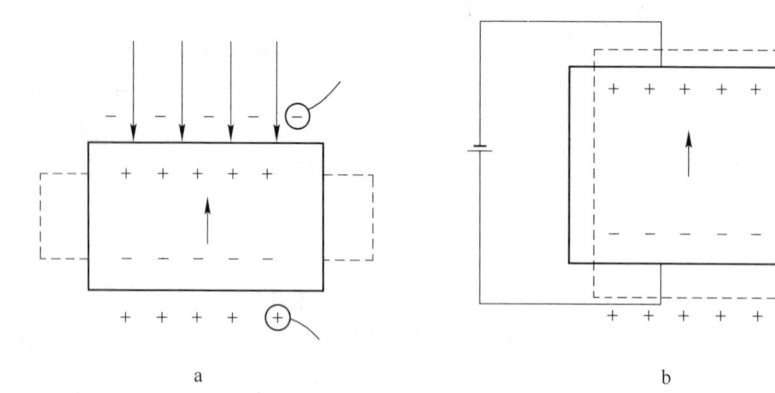

图 9-5　压电效应示意图

a—正压电效应；b—逆压电效应

热释电效应（pyroelectric effect）是指极性晶体由于温度变化而导致自发极化变化的现象。当温度升高时，由于热膨胀，使结构内正负电荷重心进一步发生位移，极化增强，从而导致表面电荷的产生。由于 $BaTiO_3$ 就有热释电性，它广泛应用于高温高频滤波、超声无损检测、红外探测器和光电器件等重要领域。

铁电体、压电体及热释电体的晶体均没有对称结构。铁电体是多电畴的，热释电体只有一个电畴。凡是铁电体必然是热释电体，凡是热释电体必是压电体，反之则不成立。

### 9.2.4 钛酸钡的应用

钛酸钡是二氧化钛和碳酸钡相互作用的产物。它是一种不溶于水而耐热性很好的新型强电体，所以具有很大的实用价值，尤其对半导体技术和绝缘技术来说，有着很重要的意义，它成功地被用来作电容陶瓷、压电陶瓷、半导体材料、静电变压器、介质放大器、变频器、存储器及薄膜电子技术等。下面将简单介绍：

（1）电容陶瓷：钛酸钡具有优良的耐压和绝缘性能，且具有很高的电容率，低的介质损耗，所以是电容陶瓷的理想材料。用这些材料制造的高频陶瓷电容器，在高频电路中已被广泛使用。特别是利用它具有高的电容率的特性来制造电容器，可以把电容器作得很小，而且可以使剩余电感极小。钛酸钡已成为印刷电路中不可缺少的材料，利用它制作电容器，在提高仪器设备性能和促进仪器小型化方面有着极其重要的作用。

（2）静电变压器的材料：静电变压器就是使电能以电场的形式积蓄在介质中，再以电能的形式取出的装置。由于钛酸钡具有高电容率，耐高压以及介质损耗很低的性能，因此为制造静电变压器成为可能性。据有关资料报导，经科学家实验证明，钛酸钡在高压领域中确有实用价值，而在其他领域上的应用也正在为人们所重视。

（3）介质放大器：基于铁磁体的饱和现象可作磁性放大这一原理，可以利用钛酸钡的介质饱和特性进行放大。这就是说，利用钛酸钡陶瓷电容器的电容量随偏压而变化这一特性，来控制通过电容器的交变电流以进行放大。它作为一种无电子管放大器与磁放大器并驾齐驱，正广泛地应用于小型放大器、调节用交流或直流放大器、自动控制装置、继电器电路、限制器、测定器、双稳态多谐振荡器、调制器、相位计等方面。

（4）变频装置：钛酸钡的电容率的饱和特性可用于变频，这一点是很明显的。最简单的方法是将钛酸钡电容器直接接到振荡器的槽路中，借助于调制电压使其电容量发生变化。即使这样做目前在实用上还有一些问题，但可以利用钛酸钡为基料，加入少量氧化物，使其性能获得改善，扩大了其实用范围。

（5）存储装置：随着电子计算机和电话交换机进一步的发展，对存储装置的要求越来越高。为了这一目的，贝尔研究所安德逊等人研究了强电体，研究结果表明，利用钛酸钡单晶可以达到此目的。用钛酸钡单晶制成的记忆元件，形状可以做得非常小，在10V左右的低压下即可工作，保持存储内容而不消耗电力等，因此可以预期它将有很大的发展。

（6）正电阻器：当向钛酸钡中加入硫酸氧化物、铌的氧化物、稀土金属的氧化物以及其他元素的氧化物时，将形成P型或N型导电的正电阻器。有了上述以钛酸钡为基材的类似的半导体材料，解决建立自动系统、控制电路、温度补偿等的任何工程就变得容易了。

（7）无源分立微型组件：对于无源分立微型组件，例如混合微型电路中使用的平行板电容器，可以采用钛酸钡为基材的陶瓷，就有可能获得介质常数值由20～8000的值。

钛酸钡不仅是重要的化工产品，而且已成为电子工业中不可缺少的主要原材料之一。可以预料，使用钛酸钡陶瓷，将提高其工作频率的界限，减少电能损耗。因此开发钛酸钡有着极其广阔的前景。

## 9.3　钛酸钡电子功能陶瓷目前存在的问题

$BaTiO_3$ 作为具有钙钛矿结构的典型介电、铁电材料，已广泛应用在生产生活中的许多领域。据赛迪顾问公司2001年上半年统计，随着我国经济持续发展，尤其是信息产业的快速发展，PC、笔记本电脑的增幅分别达到了16%和45.4%，路由器、交换机等网络设备的增长幅度也分别达到了19.7%和36.4%，手机用户更是超过美国，成为世界手机用户最多的国家，达到116.76百万户。作为电信设备、计算机及周边设备的上游产品，我国电子陶瓷市场十分诱人。而随着制备工艺的进一步改进和市场的扩大，电子陶瓷发展前景也将是一片光明。

钛酸钡电子功能陶瓷粉体的制备研究近年来一直是科技领域的一个研究热点，各种制备技术得到了很大发展。但其制备研究仍有许多问题需要探索和研究。例如，对合成纳米钛酸钡颗粒的过程机理缺乏深入的研究，对控制微粒的形状、分布、粒度、性能等技术以及各性能链之间的关系的研究还很不够。对纳米钛酸钡颗粒合成装置缺乏工程研究，尤其是高产率、高产量、高质量且低成本的工业化设备有待进一步的研究和改进。对现有纳米钛酸钡制备技术中具体工艺条件的研究还很不够，已取得的成果仅停留在实验室和小规模生产阶段，对生产规模扩大时将涉及的问题，目前研究很少。而对陶瓷实用化技术的研究也不够系统和深入。所有这些问题都等待人们的进一步研究。

总的来说，进入二十一世纪展望精细陶瓷材料的产业化既充满信心，又必须面对现实，即新材料中试开始的高投入、高风险，它不仅是单纯追求材料的高性能，更需注重低成本和投入产出比，才能真正发挥材料的作用，为高新技术的发展和经济建设作出积极的贡献。

## 9.4 宽带 $CO_2$ 激光烧结钛酸钡电子功能陶瓷

激光是一种具有单一波长、抗干扰能力强、传播性和集光性好且具有高能量密度等特点的光波。激光技术在工业、农业、医学、科学研究及人们的现代生活中均得到了广泛的应用，特别是在材料制备与处理研究和应用领域成绩斐然，进展神速。激光加工技术是一种高度柔性和智能化的先进加工技术，被誉为"21世纪的万能加工工具"。

激光加工，正随着科学的进步，光子技术逐渐被人们发现、认识和利用，逐渐成为一个具有无限性和可持续性发展的科学领域。激光制造、信息与通信、医疗保健与生命科学、国防是世界范围内激光技术应用最主要的四个领域，其中激光制造所占比例最大，同时也是发展最快，对一个国家国民经济影响最大的激光技术应用领域。

根据材料吸收激光能量而产生的温度升高，可以把激光与材料相互作用过程分为如下几个阶段：

（1）无热或基本光学阶段。从微观上来说，激光是高简并度光子，当它的功率（能量）密度很低时，绝大部分的入射光子被材料弹性散射，这阶段主要物理过程为反射、透射和吸收。由于吸收成热甚低，不能用于一般的热加工，主要研究内容属于基本光学范围。

（2）相变点以下加热 $T < T_s$（$T$ 为加热温度，$T_s$ 为相变温度），当入射激光强度提高时，入射光子与材料中离子产生非弹性散射，材料中离子通过"逆韧致辐射效应"从光子获得能量。处于受激态的电子与声子（晶格）相互作用，把能量传递给声子，激发强烈的晶格振动，从而使材料加热。当温度低于相变点 $T < T_s$ 时，材料结构不发生结构性变化。从宏观上看，这个阶段激光与材料相互作用主要是传热的物理过程。

（3）在相变点以上但低于熔点 $T_s < T < T_m$，其中 $T_m$ 为熔点，这个阶段为材料固态相变，存在传热和质量传递物理过程。主要工艺为激光相变硬化，主要研究激光工艺参数与材料特性对硬化的影响。

（4）在熔点以上，激光使材料熔化，形成熔池。熔池外主要是传热过程，熔池内存在三种物理过程：传热、对流和传质。

目前，激光烧结陶瓷技术正被国内外学者广泛研究。1984 年，日本学者 Okutomi 等人提出了采用大功率 $CO_2$ 激光合成非平衡态陶瓷的新技术，其主要研究对象为高硬度、高强度及高熔点的结构陶瓷，随后国内外学者在新型钨酸铝负温度系数热敏陶瓷介电陶瓷等激光合成制备方面做了有意义的探索和研究。20 世纪 90 年代初和中期是激光烧结陶瓷技术研究发展较为集中的时期，至 90 年代后期略有降温。究其原因，激光烧结是一个快速的热处理过程，其中许多现象的捕捉和分析手段还不够健全，激光与非金属材料间的作用机理在很多方面还不清楚，增加了工艺控制的难度，特别是块状陶瓷的整体烧结，这在一定程度上限定了该技术的发展和应用。21 世纪以来，采用激光烧结技术制备具有特殊功能陶瓷的优越性正逐步得以体现，重新引起越来越多人的关注。

激光烧结陶瓷技术与选择区烧结技术（SLS）的研究及应用意义不同，人们对其研究的目的不在于材料形成，而是通过激光的特殊的辐照作用，来获得传统烧结方法所无法制备的高性能功能材料。

在激光烧结陶瓷实验中，一般首先将原料粉末与一定浓度的黏结剂混合成坯料，然后采用模压将坯料压制成片状或柱状素坯。素坯仅为粉粒黏结体，必须经过高温烧结才能成为致密的多晶结构体。激光烧结按照事先制定的功率调节程序，以激光束辐照放置在试样支架上的素坯，完成由物理接触状态素坯到致密多晶陶瓷的传质过程。激光烧结效果既取决于激光烧结的工艺参数，又取决于被辐照材料的物理性能。

## 9.5　宽带激光制备钛酸钡电子功能陶瓷材料及方法

### 9.5.1　试验材料

试验材料见表 9-1。

**表 9-1　试验材料表**

| 试验材料 | 纯　度 | 生产厂家 |
|---|---|---|
| $BaCO_3$ | 分析纯，99% | 天津市化学试剂三厂 |
| $TiO_2$ | 分析纯，99% | 天津市科密欧化学试剂开发中心 |
| CaO | 分析纯 98.0% | 天津市科密欧化学试剂开发中心 |
| $Y_2O_3$ | 226 分析纯，99% | 上海至鑫化工有限公司 |
| 聚乙烯醇 | ≥99.99% | 上海多帮化工有限公司 |
| 无水乙醇 | 98% | 上海协辰贸易发展有限公司 |

## 9.5.2　试验方法

(1) 工艺流程见图9-6。

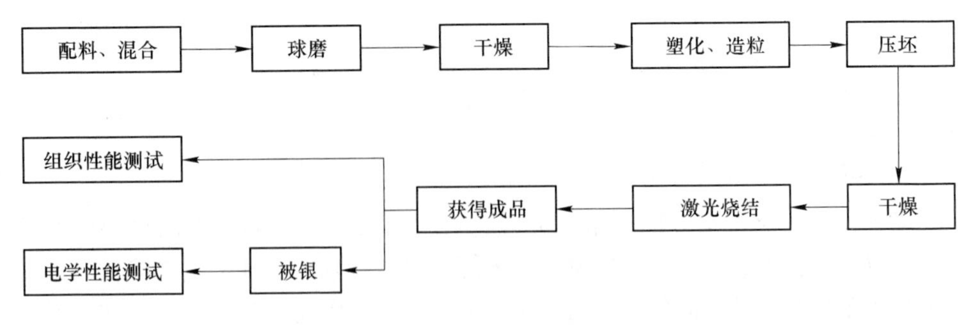


图9-6　工艺流程图

(2) 配料、混合。

根据化学方程式：

$$BaCO_3 + TiO_2 \longrightarrow BaTiO_3 + CO_2\uparrow \tag{9-1}$$

$$(1-x)BaCO_3 + xCaO + TiO_2 \longrightarrow (Ba_{1-x}Ca_x)TiO_3 + CO_2\uparrow + 0.5xO_2\uparrow \tag{9-2}$$

$$(1-x)BaCO_3 + 0.5xY_2O_3 + TiO_2 \longrightarrow (Ba_{1-x}Y_x)TiO_3 + (1-x)CO_2\uparrow + 0.25xO_2\uparrow \tag{9-3}$$

分别进行称量配料混合，详细配料比见表9-2。其中，A1～A7样品$BaCO_3 : TiO_2$的量为1∶1；B～E掺杂了一定比例的$Ca^{2+}$；F～I掺杂了一定比例的$Y^{3+}$。

**表9-2　原料配比**

| 样品编号 | 掺杂浓度(摩尔分数)/% | 掺杂质量/g | 混合粉末总质量/g | 加PVA质量/g |
|---|---|---|---|---|
| A1 | 0 | 0 | 13.868 | 0.6934 |
| A2 | 0 | 0 | 13.868 | 0.6934 |
| A3 | 0 | 0 | 13.868 | 0.6934 |
| A4 | 0 | 0 | 13.868 | 0.6934 |
| A5 | 0 | 0 | 13.868 | 0.6934 |
| A6 | 0 | 0 | 13.868 | 0.6934 |
| A7 | 0 | 0 | 13.868 | 0.6934 |
| B | $Ca^{2+}$ = 3.00 | CaO = 0.084 | 13.498 | 0.6749 |
| C | $Ca^{2+}$ = 6.00 | CaO = 0.168 | 13.427 | 0.6714 |
| D | $Ca^{2+}$ = 9.00 | CaO = 0.252 | 13.216 | 0.6608 |

续表 9-2

| 样品编号 | 掺杂浓度(摩尔分数)/% | 掺杂质量/g | 混合粉末总质量/g | 加 PVA 质量/g |
|---|---|---|---|---|
| E | $Ca^{2+}=12.00$ | $CaO=0.336$ | 13.004 | 0.6502 |
| F | $Y^{3+}=0.30$ | $Y_2O_3=0.017$ | 13.855 | 0.6927 |
| G | $Y^{3+}=0.45$ | $Y_2O_3=0.026$ | 13.831 | 0.6916 |
| H | $Y^{3+}=0.60$ | $Y_2O_3=0.034$ | 13.825 | 0.6912 |
| I | $Y^{3+}=0.90$ | $Y_2O_3=0.051$ | 13.812 | 0.6906 |

（3）球磨。将称量好的粉末充分混合后，加入一定量的无水乙醇混合好放入球磨罐中，在球磨机上进行球磨，随着球磨时间的延长，球磨效率降低，细度的增加趋于缓和，长时间的球磨将会引入大量杂质。因此，球磨时间应在满足粉体适当细度的前提下尽量缩短。将球磨好的混合粉末进行干燥。

（4）干燥。球磨好的粉末放入数显鼓风干燥箱中，进行干燥（温度为110℃）。

（5）塑化、造粒。陶瓷粉体是相当细小的，而粉体越细，表面活性越大，其表面吸附的气体也就越多，因而其堆积密度也越小，即使在粉体中拌上一定的黏结剂，往往也难于一次压成致密的坯体。但如果形成团粒，则流动性好，装模方便，分布均匀。这有利于提高坯体密度，改善成型和烧成密度分布的一致性。将充分研磨的混合粉料加入混合粉末总质量的 5% PVA（溶液浓度为 10%，聚合度在 1500～1700 之间）进行塑化，利用 60 目的分子筛造粒得到均匀的颗粒，为压制坯样做准备工作。

（6）压坯。称取每份 1.2g 的粉末装入模具中，利用粉末压片机对装在模具内的粉末施压成型，压力为 25MPa 保压 5min。出模后得到有一定形状的坯料。为了避免坯体在烧结后体积收缩或发生不均匀收缩，要求坯体的密度要尽可能的大和均匀，除了在加压过程中缓慢外，还要在加压完后保持一段时间。

（7）干燥去黏结剂。按顺序把压制成型的样品放在耐火砖上，再放进 SX3-8-10 箱式炉，从室温持续升温保温直到 500℃。进行干燥及去除黏结剂。升温过程要保持缓慢和稳定，首先在水的沸点上下保温一定时间，把残留在坯体内的水分排出，并控制升温速度，防止坯样出现裂纹；再持续升温，升温过程同样要控制升温速度，防止黏结剂——聚乙烯醇发生碳化。

干燥机理：外界热源（温度较高的干空气或其他热源）首先将热量传给坯体表面，坯体表面获得热量后，水分立即蒸发，当达到黏结剂的挥发点时，黏结剂立即蒸发。蒸发了的水分和黏结剂并向外界扩散，由于坯体表面水分和黏结剂的蒸发，引起坯体内外水分、黏结剂浓度的不一致，水分和黏结剂将从内部不断地扩散到表面，再由表面向外界大气中蒸发而达到整个坯体干燥。

干燥参数：

室温 $\xrightarrow{60\text{min}}$ 80℃ $\xrightarrow{30\text{min}}$ 120℃ $\xrightarrow{90\text{min}}$ 250℃ $\xrightarrow{1\text{h}}$ 350℃ $\xrightarrow{1\text{h}}$ 550℃ $\longrightarrow$ 随炉冷却

(8) 激光烧结。激光加工金属、高分子材料、陶瓷以及不透明电介质材料，都会发生熔化、汽化（或升华）和相关的质量迁移。非金属材料大都没有确定的熔化和汽化温度，在高温下有的会发生化学反应，或发生爆炸粉碎，能量耦合的质量迁移问题变得极为复杂。

在确定烧结温度时，主要考虑四个方面，即升温过程、最高烧结功率密度与保持时间、降温过程以及气氛的控制。正确、合理的烧结工艺的制定，应以能用最经济（速度快、周期短），烧出高质量的瓷件为原则。通常做法是在达到必要的质量标准的情况下，力求做到更好的经济指标。

烧结是电子功能陶瓷产品的一个关键工艺。它是指事先成型好的坯体，在高温作用下，经过一段时间转变为陶瓷的整个过程。

本实验采用武汉团结激光股份有限公司生产的 TJ-HL-T5000 型 $CO_2$ 宽带激光器对素坯进行扫描，为了使样品烧透，对坯体进行双面烧结，并对其烧结工艺参数进行了探讨。

其烧结陶瓷结构系统示意如图 9-7 所示。

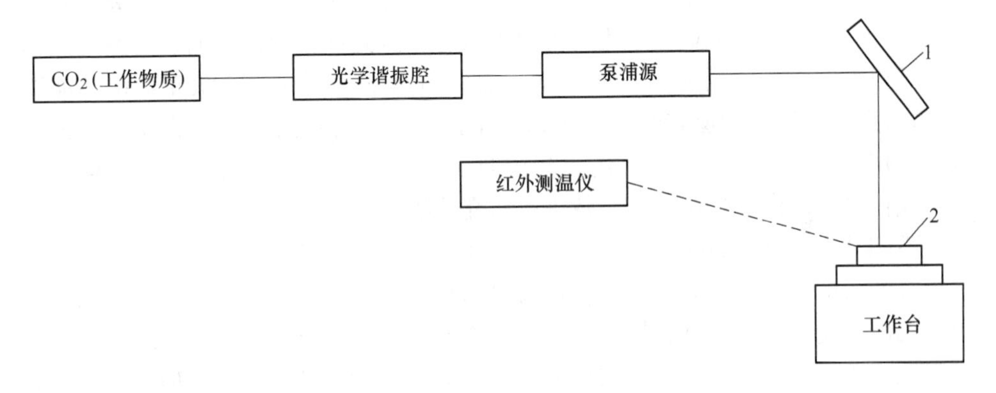


图 9-7 宽带 $CO_2$ 激光烧结陶瓷系统示意图

1—宽带积分镜；2—陶瓷素坯

(9) 制备电极并极化。将激光烧结后的陶瓷片两面被银后，置于 100℃ 的烘箱中烘 10min 以上，取出瓷片。然后，将被好银的瓷片置于箱式炉中，以 15℃/6min 的升温速率匀速升温至 100℃，恒温 0.5h，继续以 15℃/6min 的升温速率匀速升温至 400℃，再以 20℃/6min 的升温速率匀速升温至 700℃，恒温 20min 后，缓慢降温至 100℃ 以下出炉。烧好银的瓷片常温下放置 12h 后，放入硅油槽中，进行极化处理，放置 24h 后测量其电学性能。

(10) 激光烧结钛酸钡陶瓷的组织与性能表征。采用 D/Max-2200 型全自动 X 射线衍射仪对烧结后的样品进行物相分析，然后依据 $d$ 值确定三强线，应用分析软件进行鉴定物相。并根据（200）和（002）的双峰分裂程度确定四方相含量。

将激光烧结后得到的钛酸钡陶瓷样品进行镶样后依次在由粗到细的0～6号金相砂纸上将磨面磨光，然后在P-2型抛光机上进行机械抛光，得到光滑镜面，用水洗净后，再用棉花球蘸无水乙醇仔细擦拭表面，最后用吹风机吹干。自行配制钛酸钡陶瓷腐蚀剂进行腐蚀，用型号为GX51的奥林巴斯金相显微镜进行显微组织观察和拍照。SEM扫描分析用型号为KYKY—1000B电镜（SEM/EDX）进行晶体组织形貌及成分分析。居里温度的确定选用SDT2960型热重分析仪进行居里温度的确定。采用阿基米德排水法测密度。

## 9.6 激光烧结工艺参数对钛酸钡陶瓷组织性能的影响

尽管国内外学者对激光烧结的基础理论、加工工艺和实验设备进行了广泛而深入的研究，但激光烧结技术实现大面积的工业应用还需要相当长的距离。目前阻碍激光烧结大规模工业化应用的主要因素有：激光烧结理论薄弱、对激光烧结过程难以控制、样品易于熔化及烧结样品的后续处理等。对于激光烧结功能陶瓷，在性能、节能、高效等方面均显示出了巨大的优越性。不同的烧结工艺参数，在烧结过程中的熔化和分解、凝固时的形核和长大、微观分布均不同。因此，我们必须对激光烧结工艺参数进行研究分析。

不同功率密度的激光作用在材料的表面会引起材料的不同变化，从而影响到材料对能量的吸收率。如果烧结材料为粉末状，功率密度较小时，只能使烧结材料在表面熔化，内部不能够熔化，引起基体与烧结层的开裂行为，溶液与基材的润湿性变差，表面张力过高，致使溶液凝聚，严重时可形成断续的泪滴状表面，所以总希望功率密度大一点；但是功率密度越大熔化的金属粉末量越多，产生气孔的几率越大；功率密度过大，如果达到了$10^6 W/cm^2$时，材料在激光的照射下引起强烈的汽化并生成许多小孔，晶粒生长异常，出现“二次结晶现象”。

宽带激光烧结功率密度的近似计算公式为：

$$功率密度 = 输出功率/(光斑面积 \times 扫描速度)$$

因此本实验所探讨的工艺参数，主要集中在：激光输出功率与扫描速度。

### 9.6.1 不同工艺参数下样品的宏观质量

采用双面烧结技术，固定离焦量$f=315mm$，选取不同的激光烧结工艺参数。不同工艺参数所对应的宏观质量如表9-3所示。

表 9-3 烧结工艺参数及宏观质量

| 样品编号 | 功率 $P$/W | 速度 $v$/mm · $s^{-1}$ | 表面宏观质量 |
| --- | --- | --- | --- |
| A1 | 400 | 60 | 坯体表面稍微熔化而黏结在一起，可以清晰地看到未烧结原料的存在 |
| A2 | 500 | 60 | 颗粒间的熔体量增大，坯体表面Ⅰ没有太大变化 |
| A3 | 600 | 40 | 颗粒较好的熔化，坯体表面也变得光滑，有气孔 |
| A4 | 600 | 80 | 坯体表面出现鱼鳞状波纹，空洞数量也未见明显减少 |
| A5 | 600 | 60 | 坯体表面光滑，气孔数量很少 |
| A6 | 700 | 60 | 烧结过程出现了白烟，坯体表面并未见越来越光滑，空洞数量也未见明显减少 |
| A7 | 800 | 60 | 坯体表面并不是越来越光滑，孔洞数量也未见明显增大，坯体易碎 |

从烧结动力学来看，激光作为高能量高密度的加热源，足够保证陶瓷烧结的热动力。但需要严格控制陶瓷在激光辐照下发生大面积的熔化或气化，否则非但会耗费过多的激光能量，还会严重影响陶瓷的成型。

### 9.6.2 物相分析

由宏观现象可知，样品 A3 ~ A7 的素坯已经发生了化学变化，但样品 A7 的性能明显恶化。

样品 A3 ~ A5 固定激光输出功率，但采用不同的扫描速度。由图 9-8 可以看出 A3 仍残留大量的 $BaCO_3$ 特征谱线，说明原料没有反应完全，与宽带激光的扫描速度过低有关。随着扫描速度的增大，$BaTiO_3$ 的特征谱线逐渐增强，$BaCO_3$ 的特征谱线逐渐减弱，说明已生成了 $BaTiO_3$，经查 JCPDS 数据（卡片号 31-0714，05-0626）样品 A4 为混合相。样品 A5 与 JCPDS 数据（卡片号 05-0626）符合较好，经对照没有发现明显残存原料的特征峰，说明得到纯度较高的单一相，原料基本反应完全。

原因在于随扫描速度增大，激光功率密度减小，沿激光扫描方向及沿熔池深度方向的温度梯度增大，熔池寿命缩短，凝固速度加快，鱼鳞状波纹变得明显。

样品 A2、A5、A6 固定激光扫描速度，改变激光输出功率。样品 A2 的 X 射线衍射图为很多物质的混合，这与激光烧结功率过低有关，由图 9-8 可以看出残留大量的原始粉末，样品 A6 较之 A5 没有太大的变化，均出现了钛酸钡的特征谱线。

晶粒尺寸的计算：

根据 X 射线衍射理论，随晶粒尺寸的变小衍射峰宽化变得显著，考虑样品的

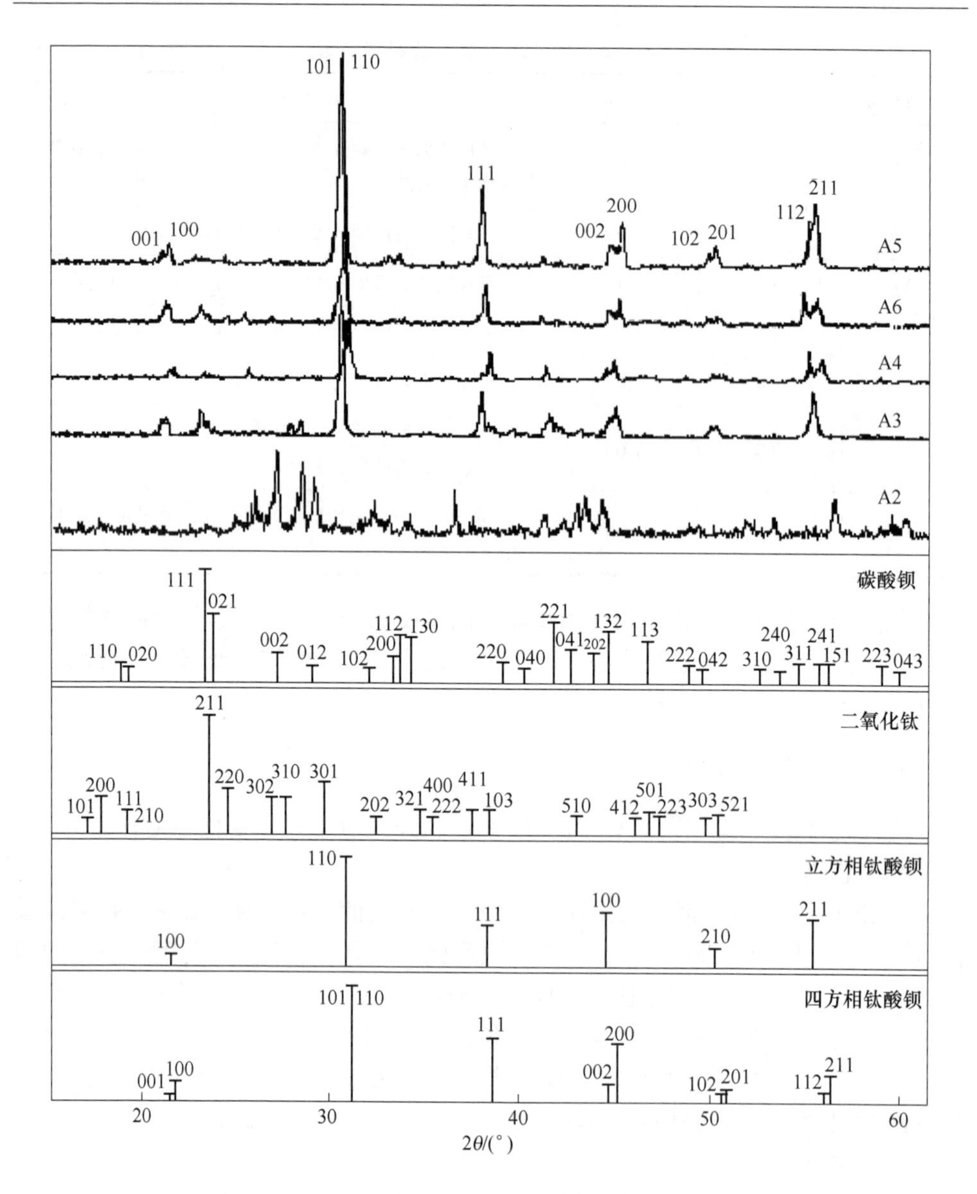


图 9-8　X 射线衍射图谱

吸收效应及结构对衍射线型的影响，样品晶粒尺寸可以用 Debye-Scherrer 公式计算。

$$D_{hkl} = k\lambda/\beta\cos\theta$$

式中，$D_{hkl}$为沿垂直于晶面（hkl）方向的晶粒直径；$k$ 为 Scherrer 常数（通常为 0.89）；$\lambda$ 为入射 X 射线波长（CuKα 波长为 0.15406nm，CuKα1 波长为 0.15418nm。）；$\theta$ 为布拉格衍射角（°）；$\beta$ 为衍射峰的半高峰宽（rad）。

利用此公式可以分别计算出样品的晶粒尺寸，见表9-4。

**表9-4 样品晶粒**

| 样品编号 | 晶格常数 | | |
|---|---|---|---|
| | *a* | *b* | *c* |
| A3 | 3.667 | 3.785 | 4.246 |
| A4 | 3.837 | 3.895 | 4.025 |
| A5 | 3.829 | 3.829 | 4.021 |
| A6 | 3.889 | 3.913 | 4.213 |

## 9.6.3 四方相含量分析

由X射线衍射图可以看出，在2$\theta$约为45°处样品A5和A6均出现了（200）和（002）双峰结构，即衍射峰发生分裂。样品A4有分裂趋势，样品A3既没有出现双峰结构，也没有出现分裂趋势。该现象表明衍射峰未发生分裂时$BaTiO_3$粉体为完全立方相，分裂为两个衍射峰时，说明含有四方相，而且劈裂的程度随激光输出功率的增加而增强。根据XRD分析，可以由（200）和（002）晶面衍射峰分裂的程度来判断四方相的存在和其含量的多少。对100%的四方相来说，晶面（200）+（020）的衍射峰于晶面（002）的衍射峰的积分强度之比为2∶1。但此种方法对仪器的测量精度有很大的依赖。浦永平等人利用$BaTiO_3$晶格参数的变化而引起衍射峰出现的位置不同，确定了四方相的含量与衍射峰位之间存在着特定关系。从图9-9可看到晶面（002）和（200）两个衍射峰的分裂程度以及所对应的衍射角，随着四方相含量增大，两个峰的衍射角之差$\Delta 2\theta$也越大，如图9-9所示。

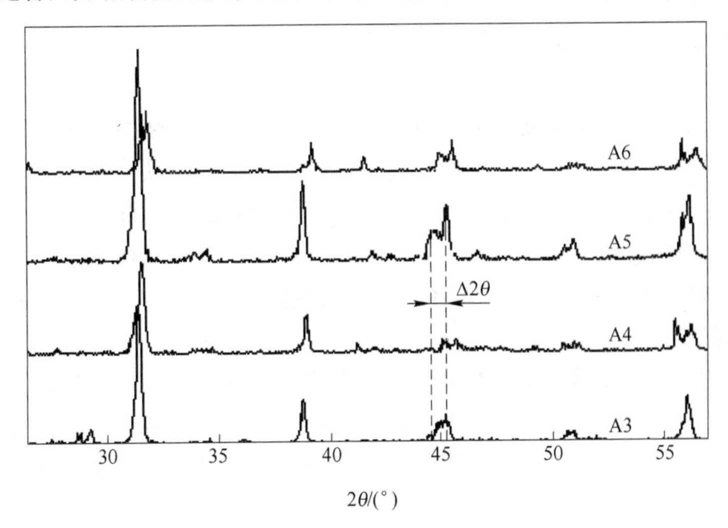


图9-9 衍射峰的分裂所对应的衍射角

样品 A3 的 $\Delta 2\theta=0°$，样品 A4 的 $\Delta 2\theta=0.275°$，样品 A6 的 $\Delta 2\theta=0.405°$、样品 A5 的 $\Delta 2\theta=0.438°$所对应的四方相含量（质量分数）如图 9-10 所示，分别为 0%、32.5%、66.5% 和 91.5%。由此可知，在工艺参数 $f=315\text{mm}$、$v=60\text{mm/s}$、$P=600\text{W}$ 时可制备四方相钛酸钡陶瓷材料，其含量（质量分数）为 91.5%。

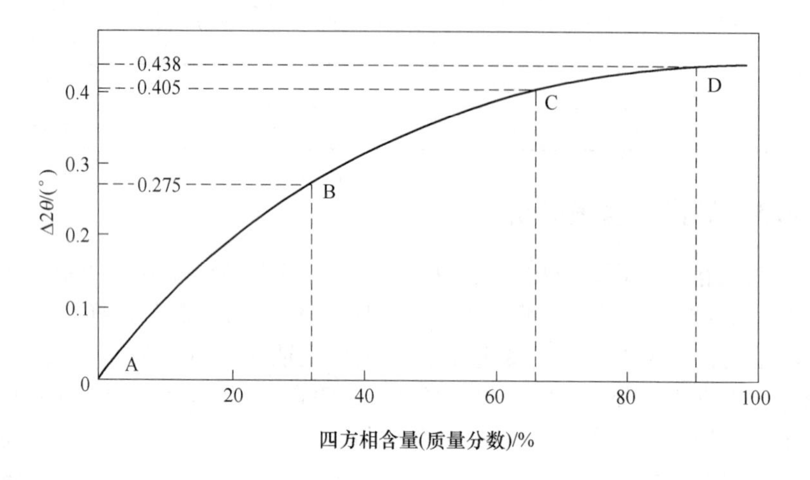


图 9-10　$\Delta 2\theta$ 与四方相含量的关系

## 9.6.4　$BaTiO_3$ 陶瓷的组织结构分析

### 9.6.4.1　陶瓷的显微结构

陶瓷的显微结构是决定其各种性能的最基本的因素之一。陶瓷的显微结构主要包括不同的晶相和玻璃相，晶粒的大小及形状，气孔的尺寸及数量，微裂纹存在的形式及分布。

（1）晶粒。陶瓷主要由取向各异的晶粒构成，晶相的性能往往能表征材料的特性。陶瓷制品的原料是细颗粒，烧结后的成品不一定获得细晶粒。这是因为烧结过程中要发生晶粒的生长。晶粒的形状对材料的性能影响也很大。晶粒越细，强度越高的原因是晶界上由于质点排列不规则，易形成微观应力。陶瓷在烧成后的冷却过程中，在晶界上产生的应力晶粒越大，晶界应力越大，对于大晶粒甚至可出现贯穿裂纹。

（2）玻璃相。玻璃相本身是一种无定形体，通常能湿润、包裹于晶粒周围，使之黏结成一种牢固，致密的结构。玻璃相较多时，可形成大面积的独立相，不过其成分远非各处均匀，还可能含有各种未溶晶粒，其结构不能与普通均质的玻璃相比。玻璃相较少时，只是弥散、填充于晶粒间的粒间相。玻璃相是陶瓷烧结各组成物及杂质产生一系列物理、化学变化后形成的一种非晶态物质，它的结构是由离子多面体构成短程有序排列的空间网络。玻璃相的作用是黏结分散的晶相，降低烧结温度，抑制晶粒长大和填充气孔。玻璃相的熔点低，热稳定性差。导致陶瓷在高温下产生蠕变。因此，需控制玻璃相的含量。

（3）气相。气相指陶瓷孔隙中的气体即气孔，是陶瓷生产过程中形成，并被保留下来的。气孔对陶瓷性能有显著的影响，可使陶瓷密度减少，并能减振，这是有利的一面，缺点是陶瓷强度下降，介电损耗增大，电击穿强度下降，绝缘性降低。因此，生产上要控制气孔数量、大小及分布。

### 9.6.4.2 $BaTiO_3$ 陶瓷的组织形貌分析

图9-11为宽带激光烧结 $BaTiO_3$ 陶瓷坯体的组织形貌。从图9-11c可以看出，钛酸钡陶瓷颗粒以团聚为主，堆砌的颗粒中间有许多孔隙，晶粒尺寸大小不均；从图9-11d中可以观察到晶粒生长较为均匀，无异常生长现象，晶粒尺寸略大于图9-11c，从金相显微照片中可知颗粒粒径比较小但十分均匀，形状近似为球形，为均匀的等轴晶，有利于坯体烧结的致密度；从图9-11e可以看出，晶粒生长不

a　　　　b

c

图9-11　宽带激光烧结 $BaTiO_3$ 陶瓷坯体的组织形貌

均匀，晶粒尺寸大于图 9-11d，晶粒出现了“二次结晶现象”，晶粒为球状和棒状混合组成。从而说明宽带激光烧结工艺参数为 $P = 600\text{W}$、$v = 80\text{mm/s}$、$f = 315\text{mm}$ 时得到的钛酸钡陶瓷的组织结构较好。

图 9-12a 和 c 分别为样品 A5 分别在 ×1000，×6000 下的扫描电镜照片。由图 9-12a 可见，样品 A5 晶粒结合紧密，空隙少，有清晰的晶界。但晶界间有少量的杂质，为坯体边缘夹层处没有反应的微量原料；从图 9-12c 得知，样品 A5 上有圆形突出物，经放大后观察，形貌与样品表面一样，也由细小晶粒组成，应该不是杂质而是与主体相同的物质，它的形成原因可能是在压坯时，坯体内部仍存在一些微小气泡。当激光光束照射坯体时，短时间内坯体吸收大量能量，气泡急剧受热在坯体内部发生爆炸，激光辐照结束后受到冲击的粉体原料反应后凝固在样品表面形成一些不规则的突起。图 9-12b 为样品 A6 的表面在 ×1000 下的扫描电镜照片，与图 9-12a 相比较存在大量的裂纹，晶粒也较为粗大，这与 A6 的宽带激光烧结功率过大有关。

a

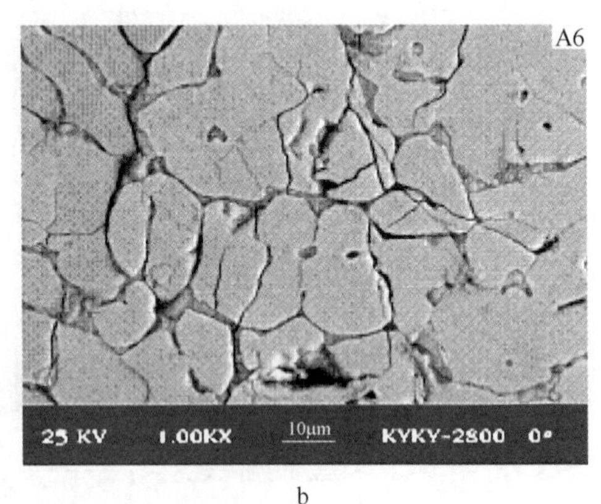


b

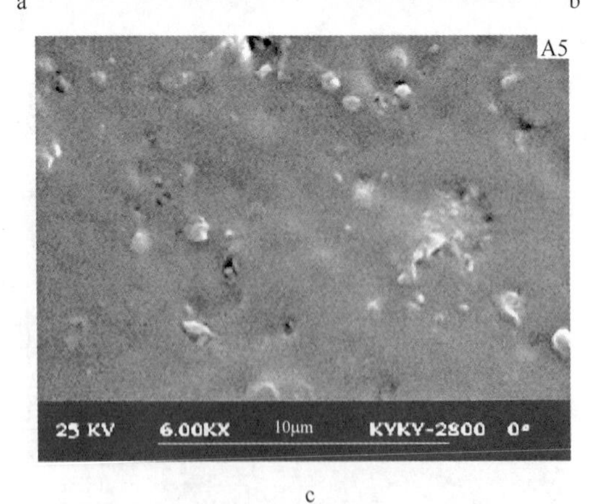


c

图 9-12　样品 D、E 扫描电镜照片

a—×1000；b—×1000；c—×6000

钛酸钡的烧成温区约为 0.65～0.75kW/cm$^2$，当激光烧结功率低于烧成温区时，陶瓷素坯只在表面出现局部晶化现象，瓷体内部处于生烧状态，试样用手即可掰碎。超出烧成温区，就可能出现大量粗晶。

#### 9.6.4.3　居里温度的测定

钛酸钡是钙钛矿型化合物，存在不同晶体对称性的同质异构体，以简单的位移变换相联系，其中由四方至立方相的变换温度称为居里温度 $T_c$，纯钛酸钡的居里温度约为 120℃。

对样品 A5 进行 TG-DSC 差热分析如图 9-13 所示。可测得宽带激光制备的钛酸钡陶瓷的居里温度。由图 9-13 可知，钛酸钡陶瓷的相转变是个可逆过程，利用宽带激光烧结制备的钛酸钡陶瓷材料的居里温度从 120℃ 被提高至 125.9℃，扩宽了钛酸钡陶瓷温度的使用范围。

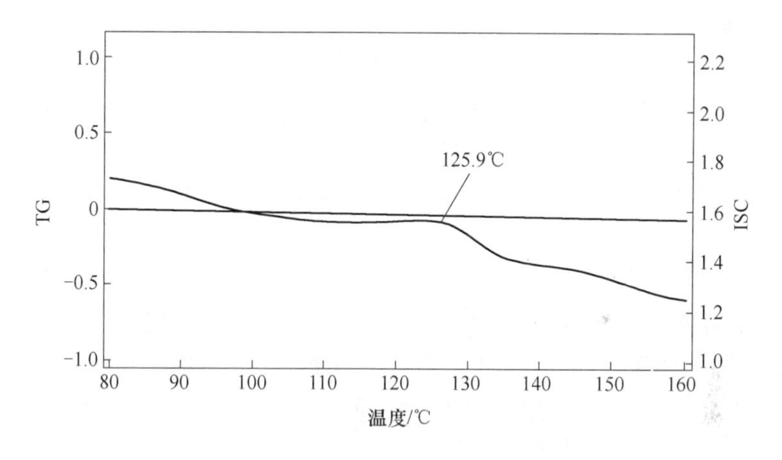


图 9-13　样品 D 的 TG-DSC 曲线

#### 9.6.4.4　致密度

采用阿基米德排水法测得试样密度，经与传统烧结方法制备出的钛酸钡相比较，其密度显著增加。这是由于陶瓷素坯对激光能量的快速吸收和表面能量的迅速释放，会引起素坯颗粒表面温度在极短的时间内急剧提高，出现局域熔化，产生液相。由液相引起的表面张力作用会使颗粒更加拉近，通过黏性流动和塑性流动两种传质机理促进体系自由能的降低，达到陶瓷烧结的高致密度化。

## 9.7　掺杂对钛酸钡陶瓷的影响

近些年来材料的掺杂引起了人们的普遍关注，钛酸钡作为电子陶瓷材料的主体，对其掺杂改性成为研究的一个重要方面。其中又分为等价离子掺杂和不等价离子掺杂。等价掺杂，例如 +2 价离子取代 $Ba^{2+}$ 或 +4 价离子取代 $Ti^{4+}$。这类离子包括 $Ca^{2+}$、$Sr^{2+}$、$Pb^{2+}$、$Zr^{4+}$、$Sn^{4+}$、$Hf^{4+}$、$Ce^{4+}$ 等。不等价离子掺杂，例如 +3 价的稀土金属离子取代 $Ba^{2+}$ 或高于 +4 价的离子取代 $Ti^{4+}$，这类离子包括 $Ce^{3+}$、$Nd^{3+}$、$Gd^{3+}$、$Sm^{3+}$、$Dy^{3+}$、$Y^{3+}$、$Al^{3+}$、$Ga^{3+}$、$Cr^{3+}$、$Sc^{3+}$、$Mn^{3+}$、$Yb^{3+}$、$Nb^{5+}$、$Ta^{5+}$ 等。

目前国内外研究人员在掺杂方面做了大量的工作。故本书在这里就不加赘述，只对其中有代表性的两种元素进行了掺杂试验，并对其性能进行测试。$Ca^{2+}$ 为碱金属离子，并与 Ba 同族，$Ca^{2+}$ 的掺杂为等价掺杂。$Y^{3+}$ 为稀土元素，它的掺杂既能取代 $Ba^{2+}$ 又可以取代 $Ti^{4+}$，$Y^{3+}$ 的掺杂为不等价掺杂，既是施主掺杂又是受主掺杂。

将配好的混合粉末采用湿磨法分别进行球磨 16h（采用无水乙醇为熔剂），使其充分细化、混合均匀；干燥，称量；加入混合粉末总质量的 5% PVA（溶液浓度为 10%，聚合度在 1500～1700 之间）进行塑化，利用 60 目的分子筛造粒；造粒后的粉末采用粉末压片机，在 25MPa 下压制成坯，保压 5min。采用第 4 章确定的最佳激光烧结的工艺参数 $P = 600W$、$v = 80mm/s$、$f = 315mm$，进行双面烧结。

### 9.7.1　物相分析

图 9-14 为分别掺杂不同含量的 $Ca^{2+}$ 和 $Y^{3+}$ 的钛酸钡陶瓷样品 X 射线衍射图谱。由图可知，样品 B、C、E、F、G、I 在大约 $2\theta = 45°$ 时，均出现了 2 个分裂峰（002）／（200），此结构为典型的钙钛矿型晶体结构，说明 $Ca^{2+}$ 和 $Y^{3+}$ 的掺杂并没有改变钛酸钡的晶体结构，同时也无其他物相。

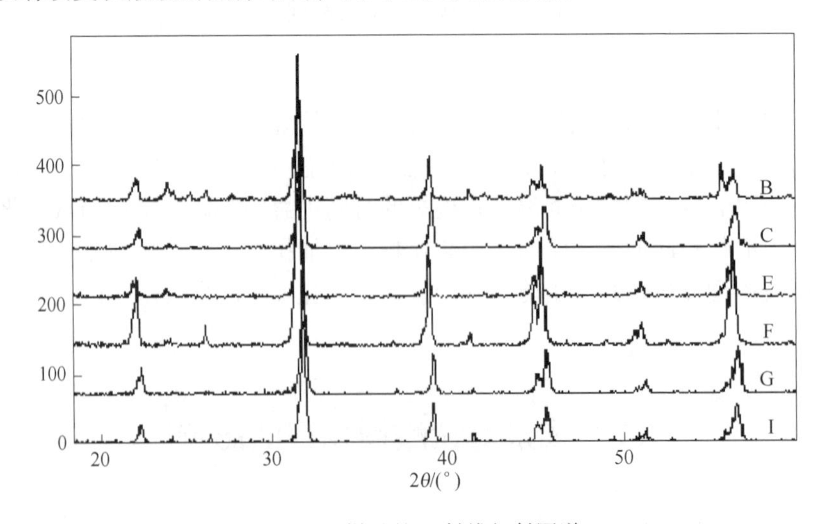


图 9-14　样品的 X 射线衍射图谱

## 9.7.2 结构分析

### 9.7.2.1 $Ca^{2+}$的掺杂对钛酸钡结构的影响

样品 B 掺杂 $Ca^{2+}$ =3%（摩尔分数）时，晶粒细小，但存在一定量的孔洞，见图 9-15a。当掺杂 $Ca^{2+}$ =6%（摩尔分数）时，晶粒明显变粗，孔洞数量减少，如图 9-15b 所示；由图 9-15c 可以看出，当掺杂 $Ca^{2+}$ =9%（摩尔分数）时，晶粒尺寸基本不变，孔洞数量进一步减少；当掺杂 $Ca^{2+}$ =12%（摩尔分数）时，晶粒又变得细小，孔洞数量反而增加，但与样品 A 相比，孔洞数量明显减少，见图 9-15d。

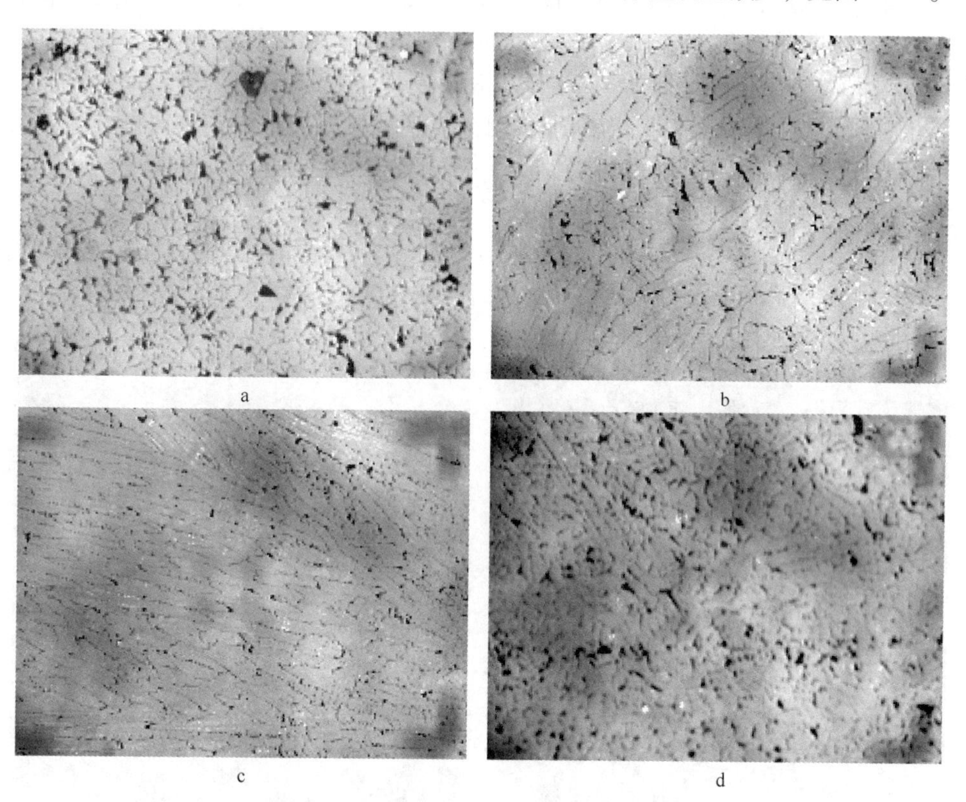

图 9-15 $Ca^{2+}$的掺杂对钛酸钡结构的影响

a—3%；b—6%；c—9%；d—12%

这是因为当 $Ca^{2+}$ <9%（摩尔分数）时，$Ca^{2+}$占据 B 位，从而产生氧缺位 $V_o$，替换 B 位的 $Ca^{2+}$形成形核中心，使 $BaTiO_3$ 陶瓷的晶粒均匀生长；当 $Ca^{2+}$ >9%（摩尔分数）时，形成（$CaTiO_3 \cdot BaTiO_3$）混合相，由于 $CaTiO_3$ 为非铁电相，$BaTiO_3$ 为铁电相，且离子半径和性能存在差异，两者结合时互相排斥，因此阻碍晶粒生长。

在实际生产当中，Ca 用来作为控制晶粒生长的调节剂已经获得了广泛的应用，但其作用机理尚有待于进一步研究。综合文献可能存在以下原因：由于 $Ca^{2+}$ 离子占据钙钛矿的 A 位和 B 位的概率都有可能，总化学反应方程式为：

$$CaO + (1-y)BaO + yTiO_2 = (1-y)Ba_{Ba} + yCa_{Ba} + yTi_{Ti}^{x} + (1-y)Ca_{Ti}^{2+} + (2+y)O_0^{x} + (1-y)V^{\cdot\cdot} \tag{9-4}$$

两种极限情况 $y=1$ 和 $y=0$ 分别对应 Ca 占据 Ba 位和 Ti 位：

$$CaO + TiO_2 = Ca_{Ba} + Ti_{Ti}^{x} + 3O_0^{x} \tag{9-5}$$

$$CaO + Ba^{2+} = Ba_{Ba} + Ca_{Ti}^{2+} + 2O_0^{x} + V^{\cdot\cdot} \tag{9-6}$$

当 Ca 含量较少时，$Ca^{2+}$ 有可能占据 B 位，式（9-6）占优，从而产生氧缺位 $V^{\cdot\cdot}$，促进晶粒生长，由于晶粒尺寸的增大，体系中可能形成（$CaTiO_3 \cdot BaTiO_3$）固溶体，由于 $CaTiO_3$ 为非铁电相，$BaTiO_3$ 为铁电相，随着 Ca 含量的增大，当大于 5%（摩尔分数），$CaTiO_3$ 组分占多数时，体系的铁电性将逐渐被削弱，铁电微区缩小，成分起伏必然加大，其表现为室温电阻率逐步增大。

#### 9.7.2.2　$Y^{3+}$ 的掺杂对钛酸钡结构的影响

当掺杂 $Y^{3+}=0.3\%$（摩尔分数）时，晶粒及孔洞尺寸均较大，如图 9-16a 所示；当掺杂 $Y^{3+}=0.45\%$（摩尔分数）时，晶粒及孔洞尺寸均减小，见图 9-16b；

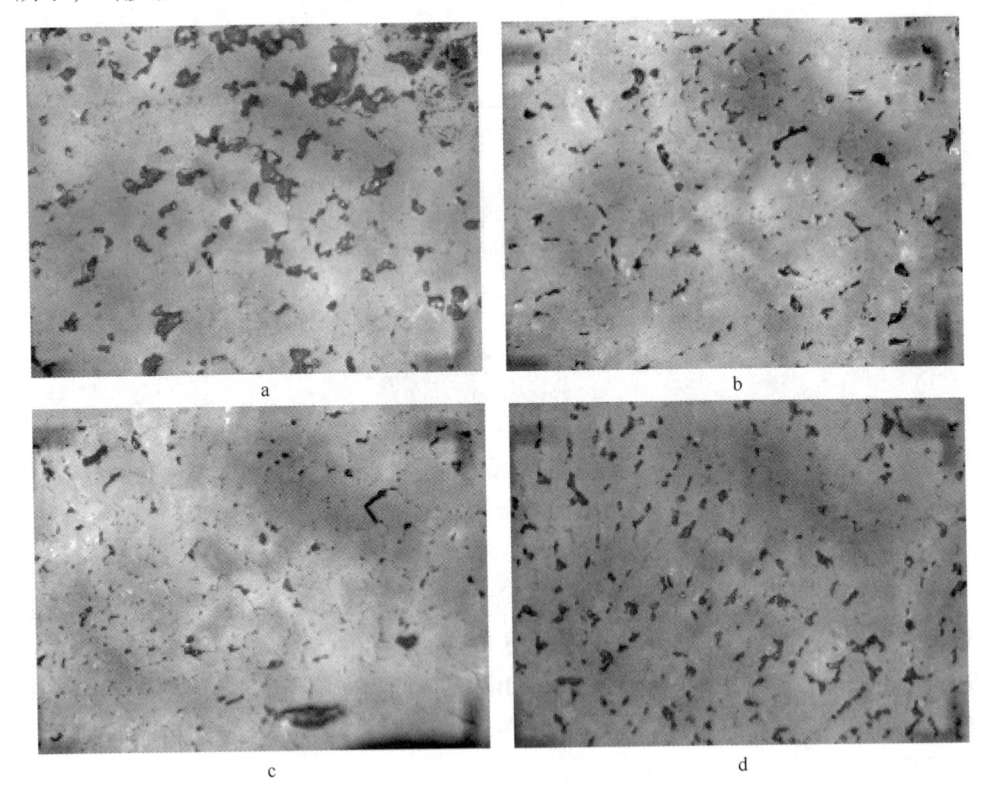


图 9-16　$Y^{3+}$ 的掺杂对钛酸钡结构的影响

由图9-16c可以看出，当掺杂 $Y^{3+}$ =0.6%（摩尔分数）时，孔洞数量继续减少；当掺杂 $Y^{3+}$ =0.9%（摩尔分数）时，孔洞数量开始增加，见图9-16d。

这是因为当 $BaTiO_3$ 中的A位和B位同时被 $Y^{3+}$ 取代时，由于 $Y^{3+}$ 的半径和电价与 $Ba^{2+}$ 和 $Ti^{4+}$ 均有差异，为了保持电价平衡，必然会产生一定的空位浓度。空位的出现可引起晶格畸变，晶格畸变要消耗一定的能量，由于溶质分布在具有缺陷的晶界上可以抵消晶格畸变所消耗的能量，因而加入到 $BaTiO_3$ 中的稀土离子易在晶界或晶界附近偏析。施、受主的偏析会阻碍晶界的迁移，从而抑制晶粒生长，所以随施主含量的增加，钛酸钡陶瓷晶粒的尺寸逐渐减小。$Y_2O_3$ 杂质在晶界区的富集，将会阻碍晶粒的继续生长，有利于获得 $BaTiO_3$ 的微晶结构。因此，$Y_2O_3$ 可以作为晶粒生长抑制剂，起到细化晶粒的作用。

#### 9.7.2.3 $Ca^{2+}$ 的掺杂对钛酸钡相变温度的影响

图9-17为掺杂不同 $Ca^{2+}$ 含量的钛酸钡陶瓷相变温度图谱。由图可见，当掺杂 $Ca^{2+}$ 分别为0、3%、6%、9%、13%（摩尔分数）时，钛酸钡陶瓷的居里温度分别为125.9℃、125℃、124.3℃、124℃和123.7℃，钛酸钡陶瓷斜方和三方相变温度分别为7℃、4℃、2℃、0℃以及 -5℃。由此可知，$Ca^{2+}$ 对 $BaTiO_3$ 陶瓷的置换改性，只使居里温度略微降低，但使斜方和三方相变温度变化较大。这种结果可以扩宽钛酸钡陶瓷的使用温度范围。改善了 $BaTiO_3$ 基陶瓷材料的温度稳定性。

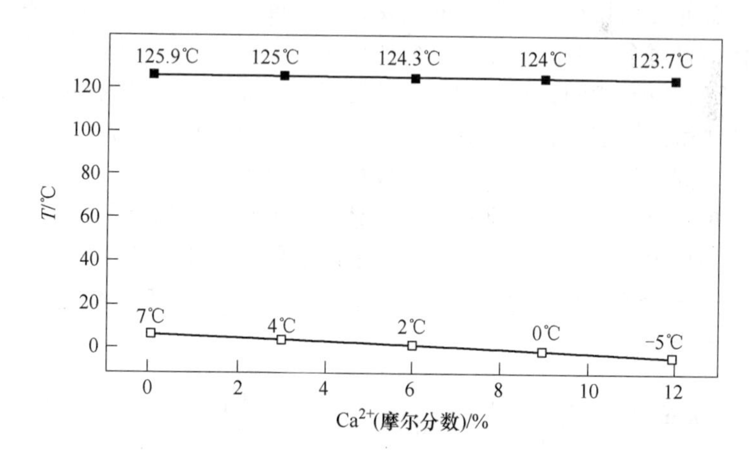


图9-17 $Ca^{2+}$（摩尔分数）与相变温度的关系

# 10 激光制备高熵合金涂层及其应用

1995 年中国台湾学者叶均蔚教授等突破了材料设计的传统观念，提出了新的合金设计理念，制备多主元高熵合金或称多主元高乱度合金。研究发现，高熵合金因具有较高的熵值和原子不易扩散的特性，容易获得热稳定性高的固溶相和纳米结构，不同的合金具有不同的特性，其表现优于传统合金。多主元高熵合金是一个可合成、可加工、可分析、可应用的新合金世界，具有很高的学术研究价值和很大的工业发展潜力。

## 10.1 高熵合金理论基础

高熵合金通常须具有五种以上的主要元素，每种元素以等摩尔或者近似等摩尔进行配比，且每个主要元素原子百分比介于 5% ~35%。根据传统物理冶金的认知以及二元、三元相图，具有如此多种元素的合金，应该出现许多相及金属间化合物，造成微结构复杂，难以分析应用。实验发现却并非如此，高熵效应使各元素混合成为固溶体，高熵合金一般形成单一的固溶相。

熵在物理上表示体系的混乱程度，体系的微观状态数越多，体系的混乱度越大，熵直接影响热力学稳定性。根据熵和系统复杂性关系的玻耳兹曼（Boltzmann）假设，$N$ 种元素以等摩尔比形成固溶体时，形成的摩尔熵变 $\Delta S_{conf}$ 可以通过以下公式表示：

$$\Delta S_{conf} = -k\ln w = -R\left(\frac{1}{n}\ln\frac{1}{n} + \frac{1}{n}\ln\frac{1}{n} + \cdots + \frac{1}{n}\ln\frac{1}{n}\right) = -R\ln\frac{1}{n} = R\ln n$$

式中，$k$ 为玻耳兹曼常数；$w$ 为混乱度；$R$ 为摩尔气体常数，$R = 8.3144$J/(mol·K)。

通过以上公式可以计算：

当 $n = 2$ 时　　　　$\Delta S_{conf} = 5.761$J/(mol·K)

当 $n = 3$ 时　　　　$\Delta S_{conf} = 9.120$J/(mol·K)

当 $n=4$ 时　　$\Delta S_{conf}=11.527\mathrm{J/(mol \cdot K)}$

当 $n=5$ 时　　$\Delta S_{conf}=13.377\mathrm{J/(mol \cdot K)}$

当 $n=6$ 时　　$\Delta S_{conf}=14.882\mathrm{J/(mol \cdot K)}$

当 $n=7$ 时　　$\Delta S_{conf}=16.171\mathrm{J/(mol \cdot K)}$

当 $n=8$ 时　　$\Delta S_{conf}=17.285\mathrm{J/(mol \cdot K)}$

利用上述计算结果可绘制 $n$ 元等摩尔合金混合熵与元素数目关系图（见图 10-1）。从图中可以看出随着合金组元数的增多，混合熵增大。但根据叶教授的研究，相对于一个元素为主的传统合金，元素数目超过五元时，混合熵的增加比较显著，高熵效应能得到更大的发挥。不过元素太多对高熵效应的增强效益不大，只是增加了元素的复杂性而已，故一般高熵合金的上限以 13 种元素最适宜。同时根据混合熵的大小可以把合金分为三大类：低熵合金、中熵合金和高熵合金，其中混合熵 $\Delta S_{conf}\leqslant 5.762\mathrm{J/(mol \cdot K)}$ 为低熵合金，混合熵 $\Delta S_{conf}\geqslant 13.382\mathrm{J/(mol \cdot K)}$ 为高熵合金，当混合熵介于 $5.762\mathrm{J/(mol \cdot K)}\leqslant \Delta S_{conf}\leqslant 13.382\mathrm{J/(mol \cdot K)}$ 为中熵合金（见图 10-2）。

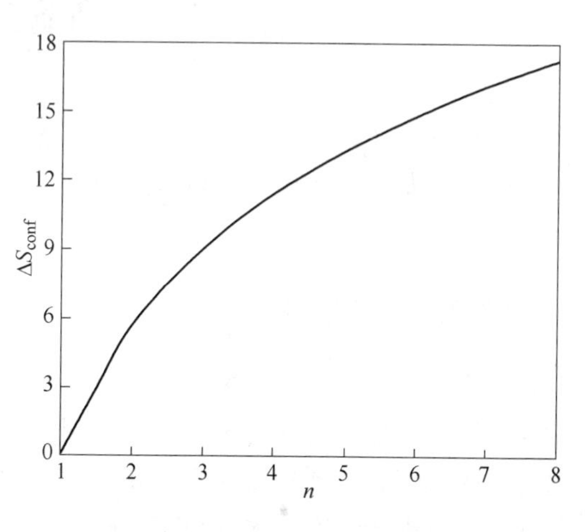

图 10-1　$n$ 元等摩尔合金的混合熵与数目的关系曲线

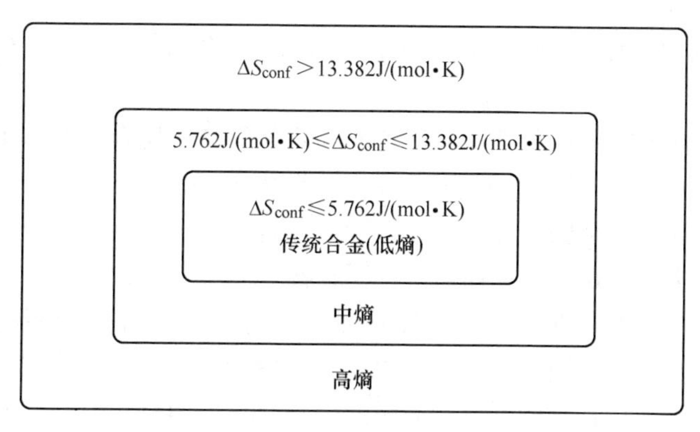

图 10-2　合金的分类图

从热力学角度分析，吉布斯自由能变 $\Delta G$、焓变 $\Delta H$、绝对温度 $T$、熵变 $\Delta S$ 直接的关系式为：$\Delta G=\Delta H-T\Delta S$，通常一个体系中的吉布斯自由能越低，则体系越稳定。因此在多主元高熵合金中，随着元素的增多，其混合熵也增大，则吉布斯自由能越低，系统越稳定。这就说明，当高熵合金的组元足够多时，熵值很高，高熵效应会抑制金属间化合物的析出，促进简单固溶体的析出。

## 10.2　高熵合金特性

高熵合金的设计完全不同于传统合金，所以其独特的结构决定了其独特的性能。中国台湾国立清华大学教授叶均蔚通过大量研究，最后总结出了高熵合金的四大效应。

### 10.2.1　高熵效应

前文中已经简要地阐述了高熵合金的高熵效应是高熵合金形成简单固溶体的主要原因。高熵合金与传统合金的区别不仅体现在设计理念上，同时热力学原理也有很大的区别。严格意义上来讲，一个系统的熵值不仅仅是指混合熵 $\Delta S$，还包括由原子电子组态、振动组态、磁矩组态等排列混乱所带来的熵值。然而对于高熵合金而言，这些熵值相对于混合熵值 $\Delta S$ 来说都比较小，所以高熵合金熵值的计算中一般选用混合熵 $\Delta S$。多元合金体系的混合自由能 $\Delta G_{mix}$，可用下式表示：

$$\Delta G_{mix}=\Delta H_{mix}-T\Delta S_{mix}=\frac{1}{2}\sum_{i=1}^{n}\sum_{i=1,j\neq i}^{n}C_{ij}X_iX_j+RT\sum_{i=1}^{n}X_i\ln X_j$$

式中，$\Delta H_{mix}$为混合焓；$\Delta S_{mix}$为混合熵；$T$ 为温度；$R$ 为气体常数；$C_{ij}$为交互作用因子。

通过以上的公式可以分别计算出二元和八元等摩尔比合金在1200℃下的自由能（如图 10-3 所示）。图 10-3a 是高熵合金形成单一固溶相的情况下的自由能，可以看出八元高熵合金的自由能远远低于二元合金的自由能，高温下多元固溶体相形成了热力学的稳定相。但通常情况下，高熵合金不仅出现单一固溶体，还会出现多元固溶相共存的情形，图 10-3b 为高熵合金中出现两固溶相的自由能比较，两者都具有高混合熵及低混合自由能，图中切点为共存相的成分，共存相的存在抑制了金属间化合物的形成。通过此分析，可以得到，混合熵与混合焓相互抗衡，使得多元固溶相较稳定。

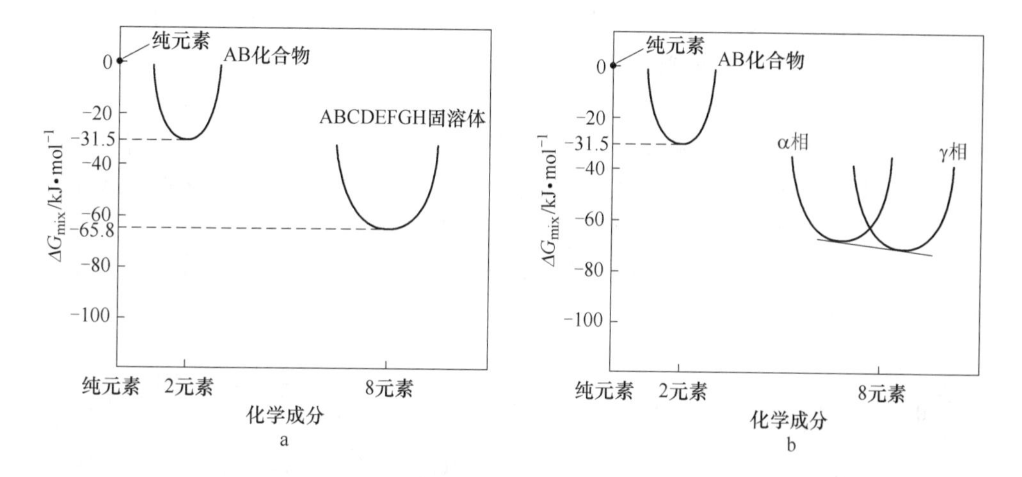


图 10-3　八元等摩尔合金固溶相与二元合金化合物在 1200℃ 自由能的比较图

a—单一固溶体相自由能比较图；b—两固溶相平衡存在自由能比较图

图 10-4 表示的是一系列二元到七元合金铸造状态的 XRD 衍射图，从图中看出高熵合金 CuNiAlCoCrFeSi 系列合金形成单一相的 BCC 或者 FCC 结构，而且合金中相的种类也没有随合金元素数目的增加而增加，也没有出现复杂的金属间化合物。显然由于混合熵较高引起自由能明显降低，这种特殊的现象在很大程度上应归因于高混合熵的作用，高的混合熵增进了组元间的相溶性，从而避免发生相分离而导致合金中复杂相或者金属间化合物的生成。

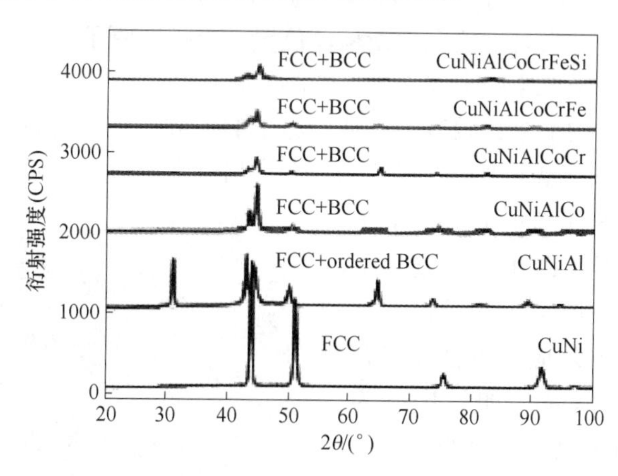


图 10-4　高熵合金系列二元到七元合金铸造状态 XRD 衍射图

## 10.2.2　晶格畸变效应

传统合金中有一个主要元素，其他元素固溶于其中，晶格比较规则。高熵合金中各元素原子大小不同，要共同形成单一晶格必然会造成晶格的应变。图10-5为元素晶格与六元高熵合金晶格示意图，可以看出较大的原子占据的空间较大，而较小的原子周围则没有多余的空间，这就造成了晶格的扭曲及晶格的畸变现象。晶格这种畸变提高了能量，使得材料的性能发生变化，使得高熵合金固溶强化效果作用增强。固溶强化效应抑制了位错的运动，因此能极大地提高这些合金的强度。有研究表明有些高熵合金的硬度可以达到1000HV，即使在1000℃经过12h退火后冷却，仍然不出现回火软化现象，说明合金具有很好的红硬性。

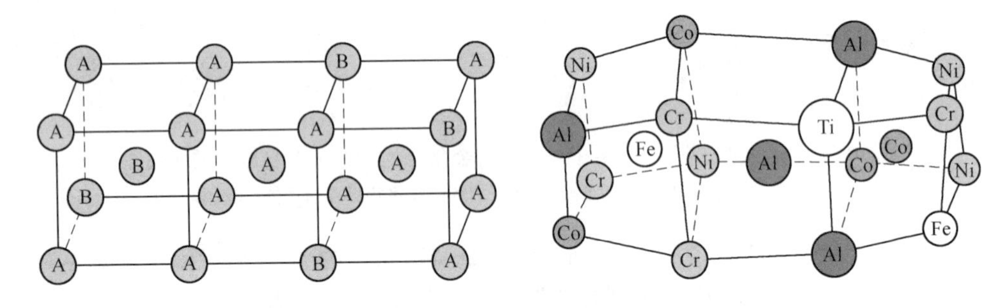


图10-5　元素晶格与六元高熵合金晶格示意图

### 10.2.3　迟滞扩散效应

合金中的相变取决于原子扩散，其中原子的扩散依靠“空位”原理，空位机制认为晶体中存在大量空位在不断移动位置，当扩散原子邻近有空位时，该原子则跳入空位，传统合金中主元素的原子跳入跳出空位的势垒相同，这样就使得原子的移动及空位的形成比较容易，从而原子的扩散较快。而高熵合金中由于合金元素的种类不同，原子大小各异，当合金中出现空位时，原子竞争进入，一旦原子进入，周围的环境也随即发生了变化，使得原子跳入跳出势垒发生了很大的变化，造成原子扩散缓慢。高熵合金的迟滞扩散效应使得合金中容易出现非晶或者纳米晶。如图10-6为铸态CuCoNiCrAlFe高熵合金的微观结构，从图中看出在高熵合金的铸造过程中，冷却时的相分离在高温区间通常被抑制从而延迟到低温区间，这正是铸态高熵合金中出现纳米析出物，或者形成非晶的原因。

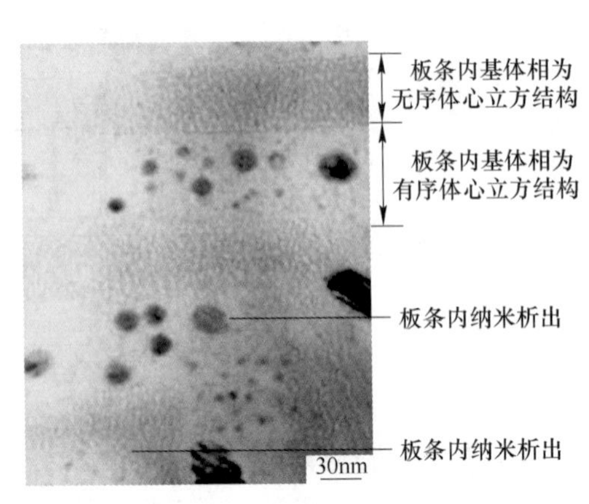


图10-6　铸态CuCoNiCrAlFe高熵合金的微观结构

### 10.2.4 鸡尾酒效应

传统合金的性质主要由其主元决定，其他的微量元素是辅助作用，高熵合金性质是多种合金元素相互作用的结果，是元素的集体效应。但有时也表现出个别元素的效应，比如，在高熵合金中添加轻质元素，会降低高熵合金的整体密度。又如添加耐氧化的元素如 Cr、Al、Si，也会提高合金的抗氧化性。除了元素个别性质外，某一元素的添加，会使高熵合金出现不同的性质，如 Al 是一低熔点且较软的金属，加入高熵合金中，其硬度却显著提高。如果在还有 Co、Cr、Fe、Ni、Cu 的高熵合金中添加结合能力很强的 Al 元素，能促成 BCC 相的生成，从而提高合金的强度和硬度。图 10-7 所示为高熵合金 $CuCoNiCrAl_xFe$ 系硬度与晶格常数示意图。可以看出，随着 Al 含量的提高，高熵合金中由原来的 FCC 相转变为 BCC 相，该合金系的机械强度和硬度也极大地提高了。

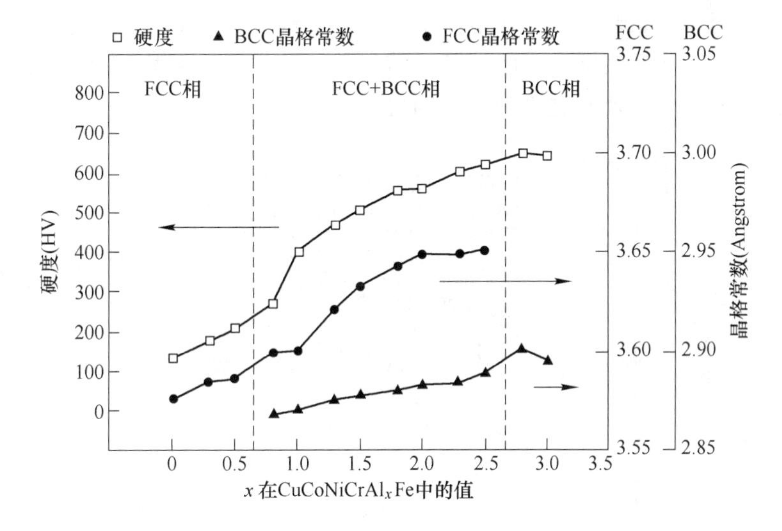


图 10-7 高熵合金 $CuCoNiCrAl_xFe$ 系硬度与晶格常数示意图

## 10.3 高熵合金的制备方法

目前高熵合金的制备方法比较多，大致可以归纳为以下几种。

### 10.3.1 真空电弧熔炼

台湾学者叶均蔚首次获得高熵合金也正是采用这种方法，随后很多学者采用这种方法制备了其他的合金系列，真空电弧熔炼是在真空下，利用电极和坩埚两极间电弧放电产生的高温作为热源，将金属熔化，在坩埚内冷凝成铸锭的过程。熔炼的温度高，可以熔炼熔点较高的合金，并且对于易挥发杂质和某些气体（如氢气）的去除有良好的效果。

### 10.3.2　磁控溅射法

磁控溅射法又称高速低温溅射法，是一种十分有效的薄膜沉积方法，常用于微电子，光学薄膜，材料等领域的薄膜沉积和表面处理等。溅射技术作为沉积镀膜的方法于20世纪40年代开始得到广泛应用和发展。磁控溅射原理如图10-8所示，磁控溅射是在阴极靶表面上方形成一个正交电磁场，被离子轰击而从靶材产生二次电子，在阴极位区被加速为高能电子后，在正交电磁场的作用下作来回振荡近似摆线的运动。在运动中高能电子通过与气体分子的碰撞而发生能量的转移，使本身变为低能电子，从而避免了高能电子对基板的轰击。故它具有溅射速率高，可控性和重复性好，膜层与基材结合强，镀膜层致密均匀等优点。已经有许多高熵合金系列薄膜通过这种方法制得。

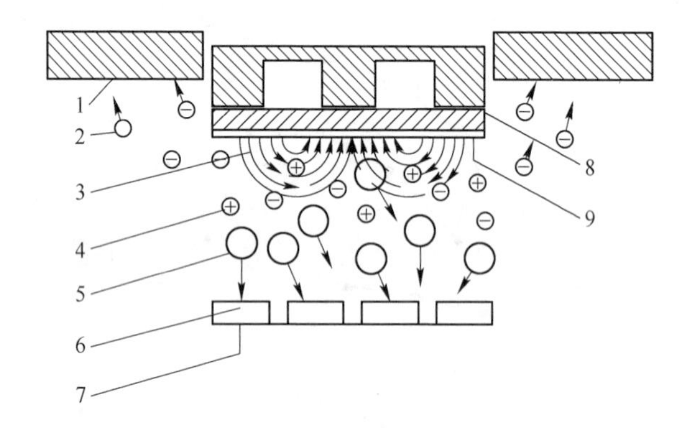


图10-8　磁控溅射工作原理图

1—真空室壁；2—电子；3—磁力线；4—正离子；5—溅射粒子；
6—基片；7—基片架；8—阴极；9—靶材

机械合金化：机械合金化（MA）是一种非平衡态粉末固态合金化方法，在材料制备过程中表现出非平衡性和强制性。利用这种技术不仅仅能制备稳态材料，而且能制备亚稳态材料，机械合金化是一种高能球磨法，用这种方法可制备具有可控细显微组织的复合金属粉末。在高速搅拌球磨的条件下，金属粉末混合物的重复冷焊和断裂进而实现合金化。如图10-9为磨球和粉末碰撞的过程示意图。在高能机械球磨过程中，粉末颗粒受到球磨强烈的冲击作用，粉末颗粒不断地被挤压，碰撞，发生严重的塑性变形，不断地重复断裂和冷焊的过程。

机械合金化制备方法的优点是：工艺简单，成本较低，制备效率较高；不足之处在于制备过程中易引入杂质、纯度不高。但对于细小的固体杂质颗粒在晶界上的分布能够有效钉扎晶界迁移，抑制晶粒长大。与其他制备方法相比，机械合金化制备的高熵合金粉末具有稳定的微观结构，良好的化学均质性和优异的室温加工性能。印度学者 S. Varalakshmi 在 2007 年首次利用机械合金化方法制备了 AlFeTiCrZnCu 高熵合金。其他学者也利用机械合金化制备了高熵合金。

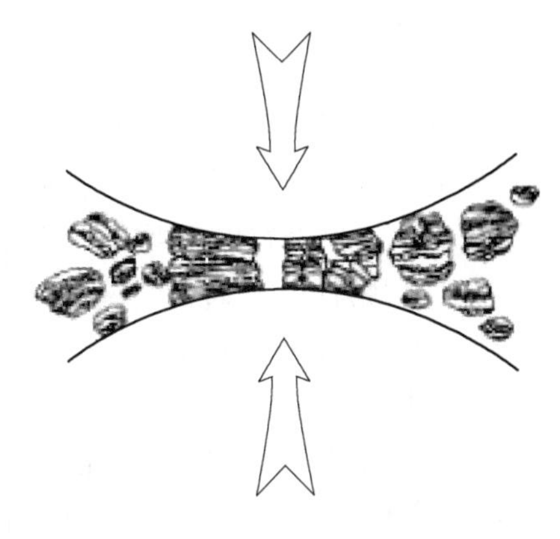

图 10-9 机械合金化过程示意图

### 10.3.3 电化学沉积法

电化学沉积是指在电场作用下，在一定的电解质溶液（镀液）中阴极和阳极构成回路，通过发生氧化还原反应，使溶液中的离子沉积到阴极或者阳极表面上得到所需镀层的过程。电化学沉积可在各种结构复杂的基体均匀沉积，而且可以精确控制沉积层的厚度，沉积的速度也可以通过电流控制，同时电化学沉积是一种经济的沉积方法，设备投资少，工艺简单，操作容易，环境安全，生产方式灵活适于工业化大生产。姚陈忠等人利用电化学沉积法制备了具有良好的软磁性能的非晶纳米 NdFeCoNiMn 高熵合金薄膜。

### 10.3.4 其他方法

除了以上制备方法外，还有文献报道利用电子束蒸发沉积和放电等离子烧结的方法制备了高熵合金，获得的涂层或者薄膜具有优异的性能。同时真空熔体快淬法和激光熔覆的方法也用来制备高熵合金。通过大量的实验可以看出，对于高熵合金的制备可以选择传统的方法，也可以用比较新颖的制备手段。

## 10.4 高熵合金的性能及应用

高熵合金的特殊结构使得它具有特殊性能，通过研究获得了一系列高硬度、高强度、耐高温氧化、耐腐蚀、高电阻率等优异性能的高熵合金。

（1）高强度、高硬度。高熵合金具有较高的硬度及强度，大多数铸态高熵合金的硬度在 600 ~ 1000HV，有的甚至超过了 1000HV，其硬度远远超过了传统合金，改变合金元素的含量，还可进一步提高合金的硬度。近年来，很多学者探究了 Al 对高熵合金的影响，结果表明大多数的高熵合金随 Al 元素含量的增加，合金的硬度和强度会显著增加。此外，与传统合金钢相比，高熵合金不仅强度和耐磨性能显著提高，同时塑性和韧性也没有下降，如 $FeCoNiCrCuAl_{0.5}$ 经 50% 压下冷压后，不仅没有出现裂纹，反而在晶内出现了纳米结构。

（2）耐磨性能。通常情况下，硬度较大的合金也具有较好的耐磨性能，高熵合金 $Al_xCoCrCuFeNi$ 的研究发现，随着 Al 含量的增加，BCC 相的体积分数增加，磨损系数降低，合金的硬度提高，同时磨损机制由剥层磨损转变为氧化磨损，氧化磨损产生的氧化膜有助于提高耐磨性。史一功等对高熵合金 AlCoCrFeNiCu 及 GCr15 摩擦副在不同介质、不同速度下的摩擦磨损研究表明，高熵合金和 GCr15 的摩擦系数和磨损量均随 $H_2O_2$ 浓度的升高而减小，此外，在高浓度 $H_2O_2$（90%）中，由于生成的氧化膜较稳定，使得高熵合金的磨损表面仅有很浅的犁沟，磨损程度明显降低。

（3）耐腐蚀性能。高熵合金具有良好的耐腐蚀性能，李伟等人研究了高熵合金 $AlFeCuCoNiCrTi_x$ 的电化学性能，发现在 0.5mol/L 的 $H_2SO_4$ 溶液中，该系列合金比 304 号不锈钢的腐蚀速率低，在 1mol/L 的 NaCl 溶液中，该系列合金的腐蚀速率与 304 号不锈钢相当，但抗孔蚀的能力却优于 304 号不锈钢。徐右睿研究发现，在高熵合金 $FeCoNiCrCu_x$ 中，过量 Cu 元素的添加不利于钝化的发生，钝化电位区间会变小。Cu 对提高合金的抗还原酸能力贡献很大，提高腐蚀电位，降低腐蚀电流密度。文献指出高熵合金 $CrFeCoNiCuAl_x$ 在硫酸溶液中的耐腐蚀性要优于不锈钢，这主要是因为合金中的 Ni 和 Cr 使合金的耐蚀性提高。

（4）良好的塑韧性。高熵合金不仅具有高的强度硬度，而且具有良好的塑韧性，特别是当合金具有单一的 FCC 相时，塑性非常好。比如合金 $FeCoNiCrCuAl_{0.2}$ 经过 50% 压缩率冷压，不但没有开裂，相反合金的硬度得到了进一步提高。$AlCoCrFeNiTi_{1.5}$ 在 32% 以内的压缩率冷压，也表现出非常好的延展性。在高熵合金 $Al_xCoCrCuFeNi$ 的研究中，合金晶粒尺寸越小，单位体积内晶界面积增加，使得晶界的滑动更方便，晶界的迁移有助于塑性变形，从而提高塑性。

（5）耐热性。研究发现，许多高熵合金具有很高的熔点，即使在高温下仍然具有极高的硬度和强度。这是因为高熵合金在高温下混乱度会变得更大，无论是结晶态还是非结晶态都会变得更加稳定，固溶强化效果没有减弱，可获得极高的高温强度。吴桂芬等研究发现，$Al_{0.5}CoCrFeNiSi_{0.2}$ 高熵合金在温度低于 800℃ 时，随着淬火温度升高，晶粒细化、FCC 相含量减少，硬度随淬火温度的升高而提高。有研究表明 $AlFeCuNiCrTi_1$ 高熵合金，当退火温度达到 800℃ 时，会有 $Fe_2Ti$ 型的 Laves 相析出，这有助于提高材料的硬度，当退火温度达到 1200℃ 时，其硬度可以提高到 51.3HRC。

（6）磁学性能。通过研究发现，利用电化学沉积方法制备的非晶态高熵合金 $Fe_{13.8}Co_{28.7}Ni_{4.0}Mn_{22.1}Bi_{14.9}Tm_{16.5}$薄膜呈颗粒状结构，具有软磁性能，经过加热晶化处理后具有单一的立方晶型结构。姚陈忠等人通过电化学制备了非晶纳米高熵合金薄膜 NdFeCoNiMn，发现此高熵合金不论在常温还是低温，其矫顽力均非常小，而且很容易达到饱和磁化强度，随着温度降低，饱和磁化强度不断增大。磁性测量表明，不定型的 NdFeCoNiMn 高熵合金薄膜适合做软磁材料。关于高熵合金的磁学性能，目前的研究还比较少，研究的空间比较大。

高熵合金拥有很多特性，可以通过合适的合金配方设计，获得高硬度、高加工硬化、耐高温软化、耐腐蚀、高电阻率等的具有组合优异性能的合金，其超越传统合金的优异性能，可以用在很多领域：

（1）制造高硬度且耐磨耐高温的工具、模具、刀具。

（2）利用高熵合金高的抗压强度和优良的耐高温性能可以制造超高大楼的耐火骨架。

（3）利用高熵合金的耐腐蚀性能，替代不锈钢，制造船舶化工容器等易于被腐蚀的器件。

（4）利用高熵合金具有的软磁性及高电阻率，从而制作高频变压器，马达的磁芯、磁头、高频软磁薄膜及喇叭等。

（5）高熵合金用于储氢材料的研发。

（6）高熵合金用于微机电元件、电路板等封装材料的研制。

（7）高熵合金用于表面防护材料的制造。

## 10.5 激光制备高熵合金工艺优化

目前，激光熔覆技术主要用于制备镍基、钴基、铁基合金涂层以及具有陶瓷颗粒增强相的合金涂层。而借助激光熔覆技术制备高熵合金涂层的研究比较少，自从高熵合金被提出，几乎都是采用真空电弧炉熔炼和熔铸等方法制备，这种制备使得制备尺寸受到很大限制，同时生产大型零件的成本太高。激光熔覆具有快速加热快速冷却的效果，对基体的热影响小，熔覆层晶粒细小且在基体中分布均匀，涂层与基体为冶金结合，结合强度高，涂层厚度最高可达到几毫米。因此，激光熔覆制备高熵合金涂层在工业和理论上都具有可行性，已经成为高熵合金研究的一个新亮点。

迄今为止，相关的研究主要是在不同基体钢表面通过激光熔覆制备高熵合金涂层。张晖等人在用 Q235 钢作为基材，用激光熔覆的方法制备了 $FeCoNiCrAl_2Si$

高熵合金涂层，其涂层的平均硬度达到了 900$HV_{0.5}$，同时具有良好的相结构和硬度以及高温稳定性能。HuangCan 等人以 Ti-6Al-4V 合金为基体，利用激光熔覆技术制备了等摩尔比的高熵合金涂层 TiVCrAlSi，其涂层不仅具有高的硬度，而且具有很好的耐磨性。何力等人就研究了 $Al_2CrFeNiCo_xCuTi$ 高熵合金涂层，通过 Co 摩尔比例的变化，研究其对高熵合金层性能的影响，通过研究发现；随着 Co 含量的增加，合金中的面心立方结构相逐渐增多，进而增加了合金的晶间腐蚀作用，降低了合金的耐腐蚀性能。黄祖凤等人采用 $CO_2$ 横流激光器制备添加 WC 颗粒的 FeCoCrNiCu 高熵合金涂层，其指出 WC 含量的提高使枝晶细化，硬度提高。随着高熵合金涂层研究的深入，研究者开始着手高熵合金涂层的应用研究。张爱荣等人利用激光熔覆技术制备了 $AlCrCoFeMoTi_{0.75}Si_{0.25}$ 高熵合金涂层刀具，这种刀具和普通刀具相比就具有很多优越性，比如高温稳定性好，表面硬度高，摩擦因数小，断屑效果好，被加工材料表面粗糙度低。

综上所述，激光熔覆高熵合金涂层硬度较高且具有良好的耐热性、耐腐蚀性和耐磨损性。但是，由于激光熔覆的速冷速热势必造成熔覆层与基体材料之间温度梯度和热膨胀系数的差异，可能导致熔覆层中出现多种缺陷。激光熔覆参数对高熵合金涂层的影响比较大，不同的激光功率，不仅影响涂层表面的粗糙度，而且直接影响涂层的质量，功率过大，基体稀释率过高，使高熵合金的性能大打折扣，功率过低，基体和涂层的结合不牢固，容易形成裂纹或者脱落。同时搭接率和激光光斑尺寸也是影响涂层性能的重要因素，完善制备方法，热加工工艺，尝试特定性能高熵合金的设计，以使高熵合金尽快实用化是目前亟须解决的问题。

国内外关于激光熔覆制备高熵合金的报道还比较少，此领域的研究还处于起步阶段，对于高熵合金设计的理论研究还很欠缺，涂层组织的形成机制，不同合金材料对涂层的影响因素及原理还不明确，从成分设计到组织性能的研究，都面临很大的困难，从科学研究到生产应用还有很长的路要走。然而，通过现有的研究成果不难看出，激光熔覆高熵合金涂层已经显示出许多优异的性能，相信随着研究的深入及制备技术的提升，理论知识的不断完善，这种制备技术必将为高熵合金涂层开辟广阔的空间。

激光熔覆涂层的质量一般包括宏观熔覆层质量和微观熔覆层质量两个方面，宏观熔覆层质量包括熔覆层厚度，表面粗糙度及熔覆层表面是否有裂纹或者孔洞等缺陷；微观熔覆层质量包括稀释率，涂层与基体结合程度，组织结构等。影响熔覆层质量的因素很多，其中激光熔覆工艺参数是主要影响因素，工艺参数设定包括：激光熔覆功率，扫描速度，光斑直径，搭接率等，其中功率和扫描速度的影响最为显著。为了获得最佳工艺参数，重点研究了功率及扫描速度对熔覆层质量的影响。

### 10.5.1　激光熔覆功率对高熵合金涂层组织的影响

选择光斑直径 3 ~ 4mm，扫描速度为 240mm/s，分别研究了高熵合金在 1800W、2000W、2200W、2400W、2600W、2800W、3000W、3200W、3400W、3600W、3800W 和 4000W 功率下的熔覆涂层的质量（见表 10-1）。

**表 10-1　不同功率下涂层表面质量**

<table>
<tr><th>功　率</th><th>程　度</th><th>涂 层 特 征</th><th>表面质量</th></tr>
<tr><td>1800</td><td rowspan="3">功率过低</td><td rowspan="3">涂层与基体结合程度较低，部分区域出现了严重的剥落，涂层表面性能较差，表面凹凸不平</td><td rowspan="3">极差</td></tr>
<tr><td>2000</td></tr>
<tr><td>2200</td></tr>
<tr><td>2400</td><td rowspan="5">功率偏低</td><td rowspan="5">涂层与基体没有呈冶金结合，涂层表面粗糙，局部区域出现裂纹</td><td rowspan="5">较差</td></tr>
<tr><td>2600</td></tr>
<tr><td>2800</td></tr>
<tr><td>3000</td></tr>
<tr><td>3200</td></tr>
<tr><td>3400</td><td>最佳功率</td><td>涂层表面质量较好，整体平整</td><td>较好</td></tr>
<tr><td>3600</td><td rowspan="3">功率偏高</td><td rowspan="3">功率过高导致熔池过深，同时造成部分粉末挥发，局部区域出现团聚现象，表面质量较差</td><td rowspan="3">较差</td></tr>
<tr><td>3800</td></tr>
<tr><td>4000</td></tr>
</table>

图 10-10 为不同激光功率下，高熵合金熔覆涂层的宏观形貌，由图可以看出，在激光光斑直径及扫描速度不变的条件下，激光功率过高或者过低都会影响涂层熔覆效果，也影响了熔覆层的宏观质量。国内外研究表明，激光比能过低，导致稀释率太小，由图 10-10a、b 可以看出，熔覆层和基体结合不牢固，容易剥落，熔覆层表面出现局部起球、空洞等外观缺陷。然而当激光比能过高时，会导致稀释率很大，不仅严重降低熔覆层的耐磨、耐蚀性能，熔覆材料容易发生过烧、造成材料蒸发、表面呈现散裂状，涂层不平度增加（如图 10-10c、d 和 e 所示）。选择合适的激光功率，控制稀释率在比较合适的范围之内，形成良好的工艺参数，提高熔覆层质量，同时改善涂层与基体的结合能力。

### 10.5.2　激光熔覆扫描速度对高熵合金涂层组织的影响

众多实验研究表明，增大能量的输入，减慢扫描速度，这样做能起到一些好的效果，但要适度控制，一般来说，大的功率密度，慢的扫描速度，都有利于粉末层的充分熔融，延长熔池寿命，使其中的杂质充分上浮到表面。熔覆层材料熔点过低，会使熔覆层和基体难以形成良好的冶金结合。其中单位面积的熔覆材料

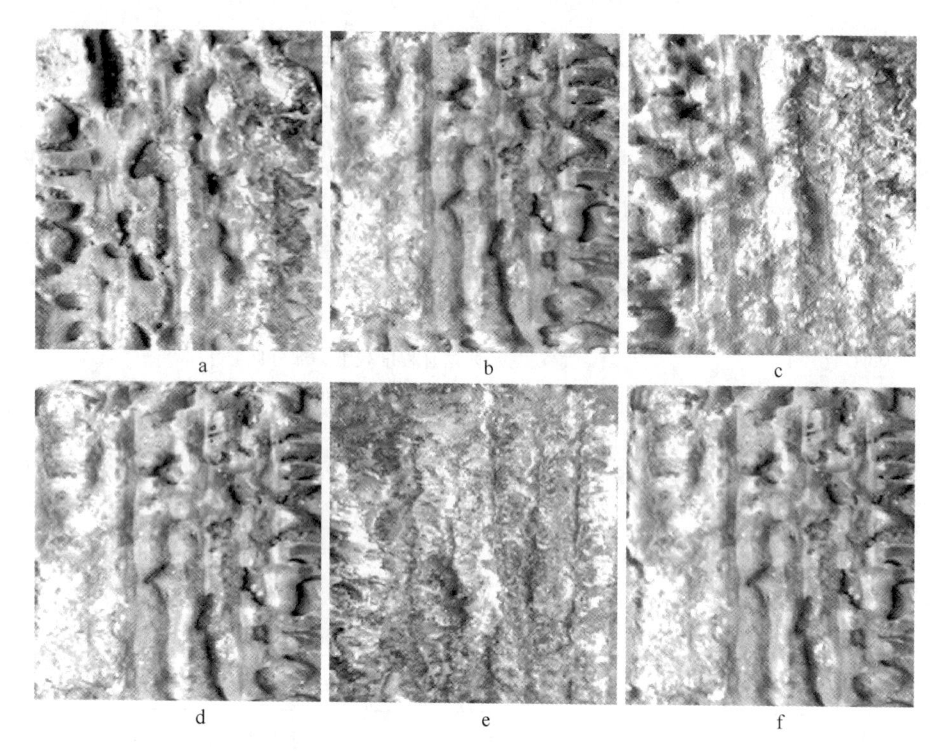


图 10-10　不同功率下高熵合金涂层宏观形貌

的比能决定了激光熔覆层和基体的结合强度以及涂层的表观质量。

比能
$$\eta = \frac{P}{Dv} \tag{10-1}$$

式中，$P$ 为激光功率；$D$ 为光斑直径；$v$ 为扫描速度。

由式（10-1）可以看出，在光斑直径不变的情况下，激光功率和比能成正比，而扫描速度和比能成反比。故可以推断扫描速度对涂层质量的影响可以归结于激光功率的影响。

图 10-11 为相同功率，不同扫描速度下的涂层表面宏观质量，可以看出扫描速度对其质量有很大的影响，通常来讲，不同的涂层材料和基体，对应不同的极限速度（即激光只熔化合金粉末，而基体几乎不熔化时的扫描速度）。研究表明，在保持其他参数不变的条件下，激光扫描速度较低，涂层材料表面易烧损，导致材料表面的粗糙程度变大（如图 10-11a、b 所示）。

另一方面，如果扫描速度较快，激光能量不够，短时间内涂层材料熔化不均匀，不透彻，很难形成结合性较好的涂层，而且表面质量很差，容易在表面产生气孔，熔渣等缺陷，甚至易剥落（如图 10-11e、f 所示）。从而选择恰当的扫描速度，对形成良好的涂层具有很大的影响，控制扫描速度是一个很关键的因素。

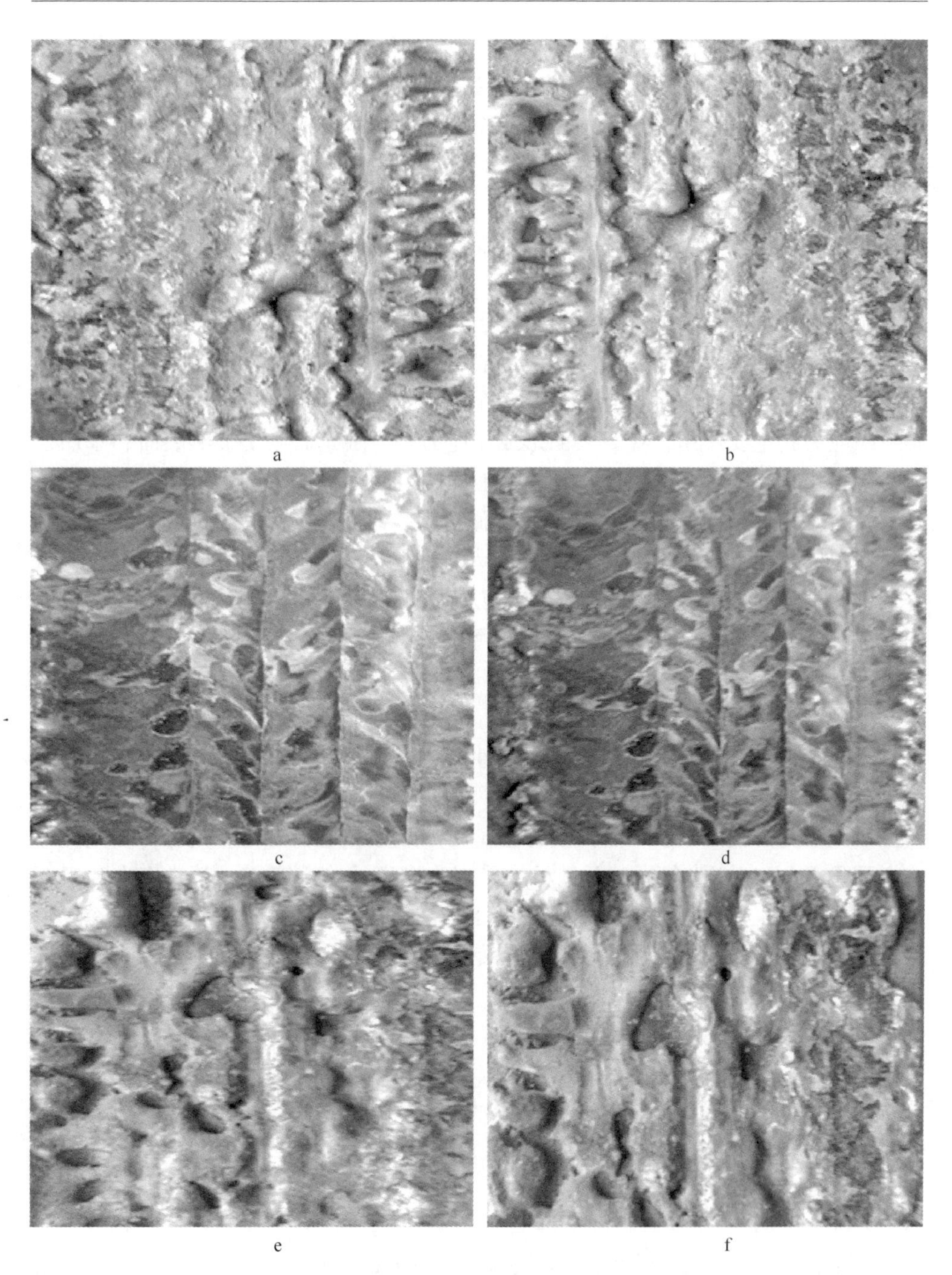

图 10-11 不同扫描速度下高熵合金涂层宏观形貌

a—$P=3400$W、$v=200$mm/s；b—$P=3400$W、$v=220$mm/s；
c—$P=3400$W、$v=240$mm/s；d—$P=3400$W、$v=260$mm/s；
e—$P=3400$W、$v=280$mm/s；f—$P=3400$W、$v=300$mm/s

此外，金属粉末的供给方式（预置粉末和同步送粉）、涂层厚度、光斑尺寸、搭接率及激光器的型号等都会对涂层造成影响。比如涂层厚度太大，激光能量不足，短时间内涂层无法熔透，影响涂层质量，太薄则对基材表面性能改善不大。选择合适的搭接率使相邻熔覆道之间获得相同高度的关键，也是获得具有平整表面成型件的关键。

激光熔覆过程中裂纹、气孔的产生及控制在激光熔覆中非常重要，在激光熔覆过程中，高能密度的激光束快速加热使熔覆层与基材间产生很大的温度梯度。随着快速冷却，这种温度梯度导致熔覆层与基体的结构发生变化，体积膨胀不一致，相互牵制形成了表面残余应力。一般情况，残余压应力可提高材料的可靠性和使用寿命，残余拉应力将会导致裂纹的产生。激光加热可使金属表面不熔化，其组织应力起主要作用，在其表面形成压应力。当激光加热使金属表面和添加合金粉层熔化时，随着激光束的移动，熔池内的溶液因凝固而产生体积收缩，由于受到熔池周围处于低温状态的基材限制而逐渐由压应力转变成为拉应力状态。当激光熔覆层表面呈压应力状态时，不容易出现裂纹，若在该熔覆层基础上进行重叠处理，其表面由压应力状态变为拉应力，宏观裂纹就好产生。根据裂纹产生的不同部位，可以分为三种裂纹：熔覆层裂纹、界面裂纹及扫描搭接区裂纹。45号钢为基础时，其基材的韧性往往高于熔覆层，再加上熔覆层自身的气孔等缺陷，因此裂纹主要产生在熔覆层中。

激光熔覆层裂纹的产生与基材的特性或合金化材料、熔覆层厚度、预热和后处理温度、激光功率、扫描速度、光斑尺寸以及涂层厚度或送粉率等因素有关。要控制或避免熔覆层裂纹，首先要保证基材的成分和组织均匀。其次，尽量降低合金元素 B、Si、C 的含量，而且尽量采用大光斑，单道熔覆。对热应力和组织应力较敏感的工件，熔覆前要进行预热处理。最重要的是针对激光熔覆速冷速热的特性，设计无裂纹、高强度激光熔覆专用合金粉末。

## 10.6 激光制备高熵合金涂层组织结构分析

### 10.6.1 XRD 物相分析

图 10-12 为高熵合金 $Ti_xFeCoCrWSi$ 涂层的 XRD 图，从图中可以看出，当高熵合金 FeCoCrWSi 没有添加 Ti($x=0$)时，其高熵合金涂层由 BCC + FCC 两相构成，同时有大量的金属间化合物析出，且基本是含铁化合物，比如 $Cr_{0.78}Fe_{2.22}Si_2$、$Fe_{0.905}Si_{0.095}$及其他未知金属间化合物。当 $x=0.5$ 时，原来的

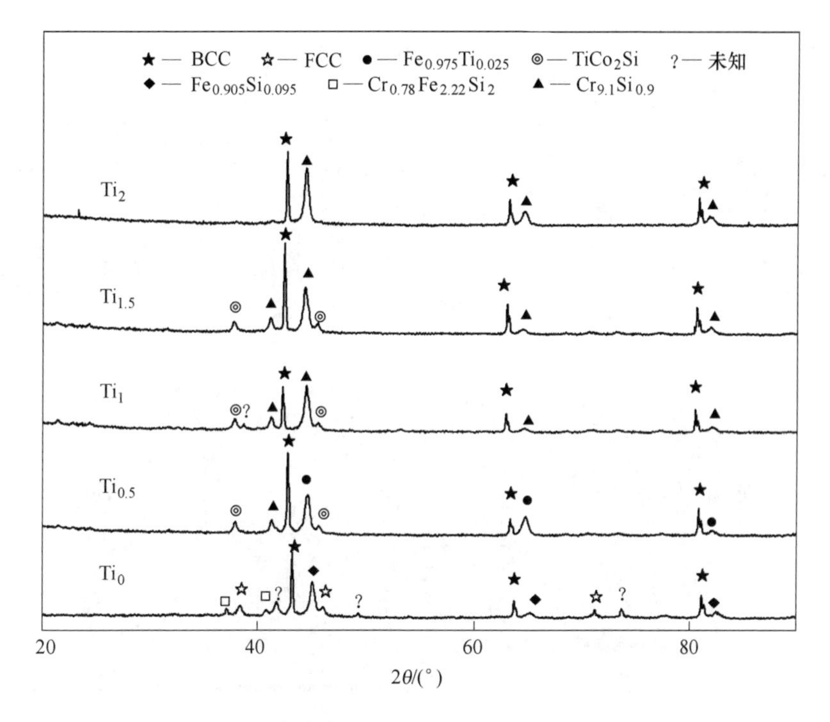


图 10-12 高熵合金 $Ti_xFeCoCrWSi$ 涂层的 XRD 图

FCC 相消失，仅由 BCC 相构成，且相对于 $Ti_0$ 其衍射峰的强度增强，出现大量含 Ti 的金属间化合物，如 $Fe_{0.975}Ti_{0.025}$、$TiCo_2Si$。当 $x=1$ 时，涂层中仍然为 BCC 相结构，与 $Ti_{0.5}$相比金属间化合物明显增多，不仅有钛的化合物 $TiCo_2Si$，同时出现了新的金属间化合物 $Cr_{9.1}Si_{0.9}$及其他未知相。当 $x=1.5$ 时，BCC 衍射峰明显增强，其衍射峰向右发生了小角度偏移，且金属间化合物种类减少。当 $x=2$ 时，涂层中除了 BCC 相，只有金属间化合物 $Cr_{9.1}Si_{0.9}$出现，并且其衍射峰强度增强。

前人的研究已经表明，随着大原子半径 Al 元素的逐渐添加会更有利于合金中 BCC 相的析出，通过前面的现象也可以得到，Ti 元素的添加也起到了相同的作用，同时随着 Ti 含量的增加，金属间化合物相对减少，特别是含铁化合物的析出被抑制。

## 10.6.2 SEM 分析

图 10-13 为高熵合金 $Ti_xFeCoCrWSi$ 涂层的 SEM 图，从图 10-13a、b 比较可以看出，添加一定量的 Ti 元素，能够促进合金形成树枝晶，而且 Ti 元素的含量从 0.5～1.5（摩尔比）增加时，其形成枝状晶的程度更强烈。这主要是因为在凝固的过程中，Ti 的化学活性较强，容易与其他元素发生化学反应，形成稳定的形

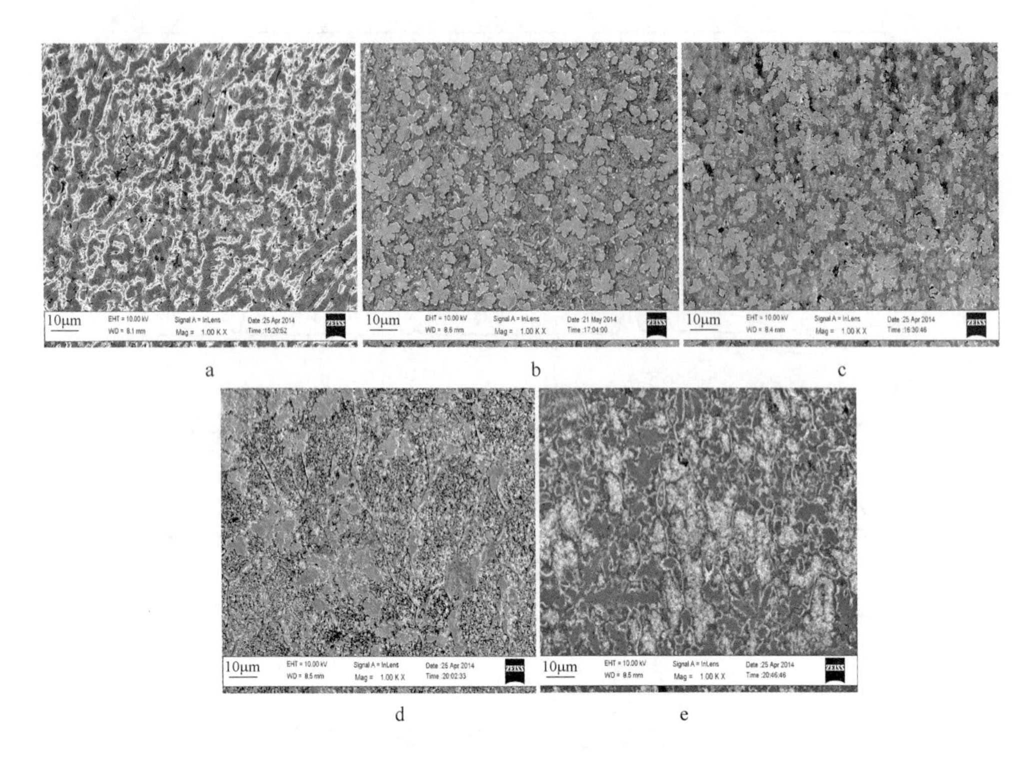


图 10-13　高熵合金涂层 $Ti_xFeCoCrWSi$ 的 SEM 图

a—$Ti_0$；b—$Ti_{0.5}$；c—$Ti_1$；d—$Ti_{1.5}$；e—$Ti_2$

核质点，成为凝固过程中的形核场所，增加了形核几率，随着凝固的进行，在液固界面前沿新形成的质点，打破了液固界面的稳定状态，在界面上形成微小凸起而深入过冷液中不断长大，促使树枝晶的形成，进而形成发达的树枝晶状态。然而当 Ti 含量增加到 2mol 时，晶粒出现了粗化，随着 Ti 含量的增加，涂层中的 Ti 含量增多，Ti 元素具有高的熔点，使得涂层的单位比能降低，凝固过程中的过冷度减小，枝晶的生长速度减慢，形成了比较粗大的晶粒。

表 10-2 为高熵合金 $Ti_xFeCoCrWSi$ 涂层各元素成分分布表。表中分别列出了不同 Ti 含量的高熵合金涂层中各元素的理论值（thoeretical）、枝晶间（DR）实际含量及枝晶内（ID）实际含量。从表中可以看出，涂层中 Si 的含量较理论值低很多，其主要是因为 Si 的密度较小，其烧蚀严重。同时由于基体的稀释作用，使得基体中的 Fe 和 C 进入涂层，造成 Fe 元素含量的升高，枝晶中 Cr 和 W 的含量较高，易于在晶界偏聚。枝晶间 Fe、Co 及 Ti 元素的含量较高。随着 Ti 含量从 0 ~ 2（摩尔比）增加，基体的稀释率也相对升高，Fe 的含量高于理论值。

表 10-2 高熵合金 $Ti_x$FeCoCrWSi 涂层各元素成分分布表 （质量分数,%）

| 合金 \ 元素(质量分数,%) | | Ti | Fe | Co | Cr | W | Si | C |
|---|---|---|---|---|---|---|---|---|
| $Ti_0$ | theoretical | 0 | 14.75 | 15.56 | 13.72 | 48.55 | 7.42 | 0 |
| | ID | 0 | 17.12 | 13.25 | 12.45 | 47.78 | 5.76 | 3.64 |
| $Ti_{0.5}$ | DR | 0 | 20.91 | 14.72 | 11.4 | 42.73 | 4.98 | 5.26 |
| | theoretical | 5.95 | 13.87 | 14.64 | 12.90 | 45.66 | 6.98 | 0 |
| | ID | 4.98 | 18.33 | 12.6 | 10.15 | 45.04 | 3.74 | 4.23 |
| $Ti_1$ | DR | 5.08 | 20.7 | 13.25 | 9.6 | 41.85 | 5.08 | 5.78 |
| | theoretical | 15.95 | 12.40 | 13.08 | 11.53 | 40.81 | 6.23 | 0 |
| | ID | 10.43 | 18.23 | 10.21 | 12.09 | 42.53 | 4.32 | 2.1 |
| $Ti_{1.5}$ | DR | 11.97 | 19.63 | 12.45 | 9.31 | 39.32 | 3.87 | 3.45 |
| | theoretical | 20.19 | 11.77 | 12.42 | 10.95 | 38.75 | 5.92 | 0 |
| | ID | 17.8 | 18.37 | 10.32 | 9.85 | 37.29 | 4.67 | 1.7 |
| $Ti_2$ | DR | 18.84 | 20.21 | 12.32 | 7.86 | 34.32 | 3.65 | 2.8 |
| | theoretical | 15.95 | 12.40 | 13.08 | 11.53 | 40.81 | 6.23 | 0 |
| | ID | 12.87 | 19.64 | 8.98 | 11.43 | 39.89 | 4.65 | 2.54 |
| | DR | 13.58 | 23.51 | 12.3 | 9.44 | 36.41 | 3.46 | 1.3 |

图 10-14 为高熵合金 FeCoCrWSi 涂层的 SEM 及 EDS 图，其中 1 区（枝晶）中 W 及 Cr 的含量较高，2 区（枝晶间）中 Fe 和 C 的含量较高，说明基体的稀

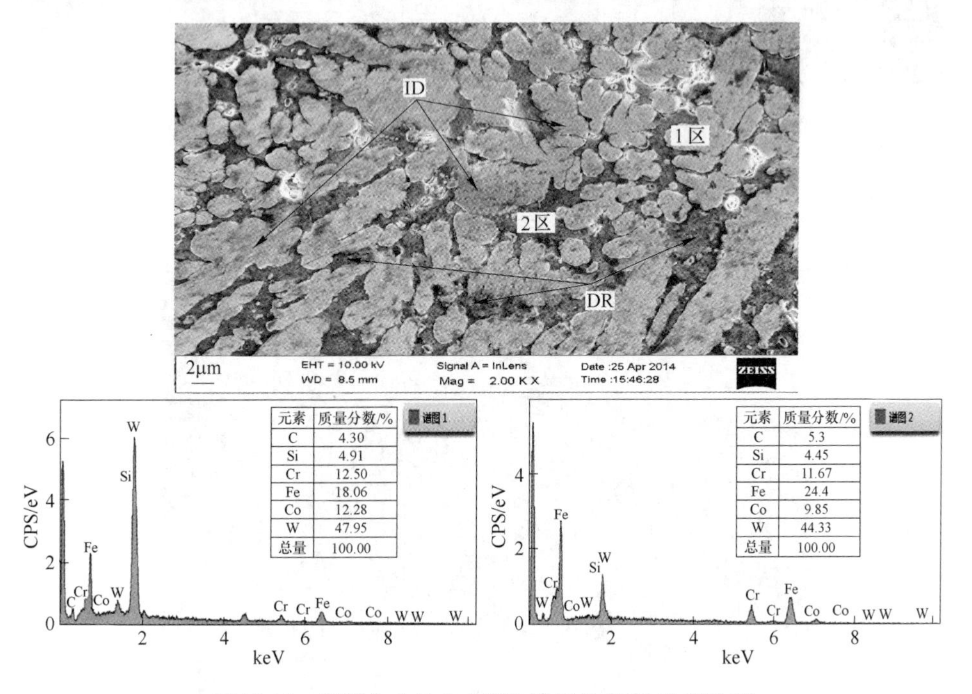


图 10-14 高熵合金 FeCoCrWSi 涂层的 SEM 及 EDS 图

释作用，导致 Fe 和 C 元素在晶界处偏聚。

从图 10-15 可以看出，高熵合金 $Ti_{0.5}$FeCoCrWSi 涂层（电子图像 14）中，W、Si、Cr 元素主要分布在枝晶，元素 Fe 虽然在整个扫描面都出现，但在晶界分布较多，而 Ti 和 Co 主要分布在晶界间。高熵合金 $Ti_1$FeCoCrWSi（电子图像 12）涂层中，扫描的区域并未出现 Si 元素，主要可能是因为高功率的激光熔覆，导致局部 Si 的烧损，造成该区域的 Si 含量大大减少。同时元素 W、Cr 仍然在枝晶聚集。图 10-16 为高熵合金 $Ti_{1.5}$FeCoCrWSi（图 10-16a）及 $Ti_2$FeCoCrWSi（图 10-16b）涂层的成分分析图，图 10-16a 中 A 区中 Fe 的含量为 18.36%，而 B 区中 Fe 的含量为 20.56%，图 10-16b 中 A 区的 Fe 含量为 28.75%，B 区中 Fe 的含量为 47.1%。可以发现 Fe 的含量远远高于理论值，并随着 Ti 含量的增加，Fe 的含量增加，这主要是基体稀释造成的，由于 Ti 具有较高的熔点，大量的 Ti 加入涂层后，提高了涂层单位面积吸收的比能，从而提高了基体与涂层的受热量，导致基体稀释率增大。

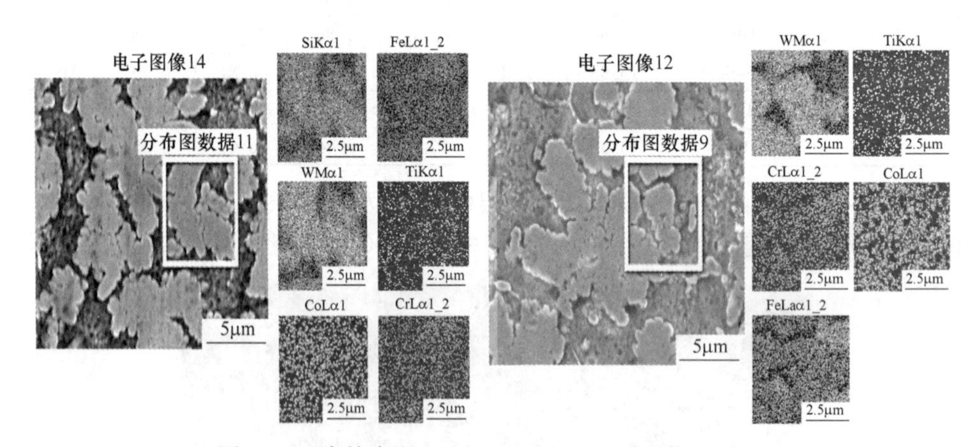


图 10-15　高熵合金 $Ti_{0.5}$FeCoCrWSi（电子图像 14）及 $Ti_1$FeCoCrWSi（电子图像 12）涂层的元素分布图

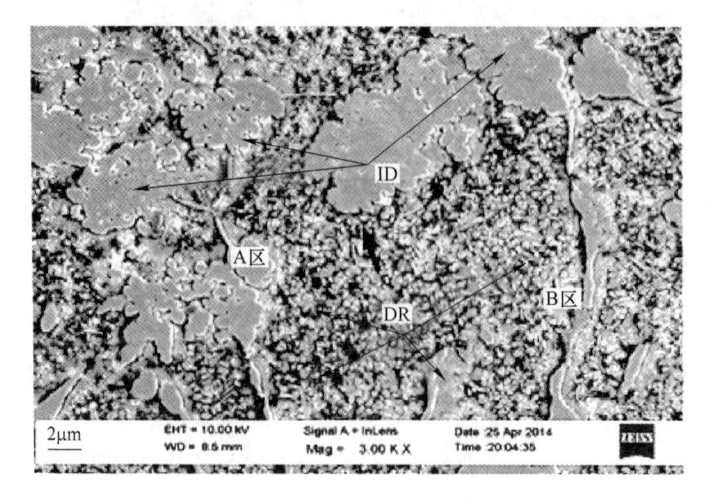

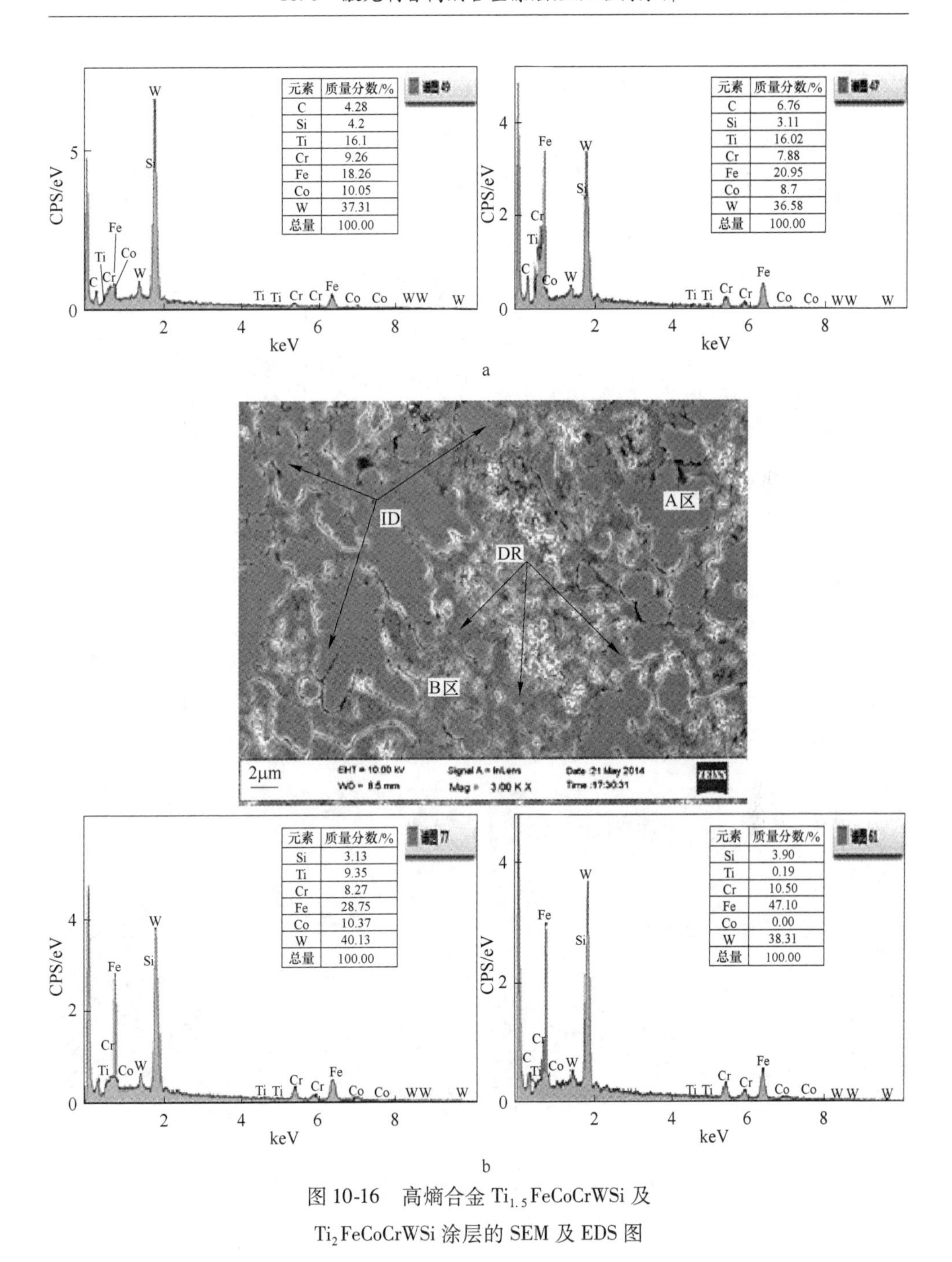


图 10-16 高熵合金 $Ti_{1.5}FeCoCrWSi$ 及 $Ti_2FeCoCrWSi$ 涂层的 SEM 及 EDS 图

## 10.6.3 金相组织分析

图 10-17 为 $Ti_0FeCoCrWSi$ 高熵合金涂层的金相组织图，由图可知，整个涂层

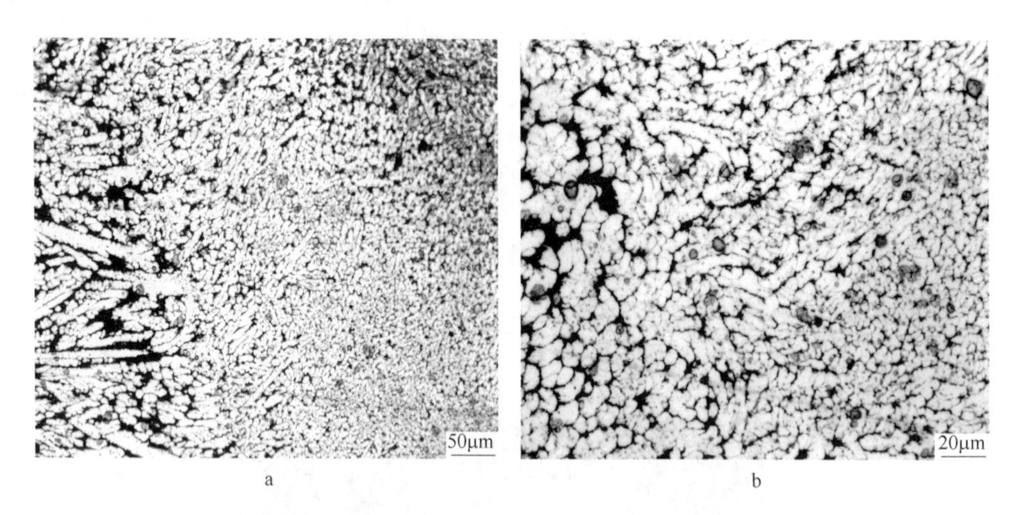


图 10-17　$T_0$FeCoCrWSi 高熵合金涂层金相组织图
a—200 倍；b—500 倍

组织分布均匀，晶体的生长方向趋于一致，主要以胞状晶及胞状树枝晶为主。涂层中无明显裂纹，沿着冷却方向，胞状晶呈现从大到小的变化规律。

图 10-18 为 $T_{0.5}$FeCoCrWSi 高熵合金涂层的金相组织图，从图中可以看出，涂层主要由细小的胞状晶组成，且分布致密均匀。胞状晶生长没有明显的方向性。与图 10-17 相比，可以看出其晶粒明显细化。

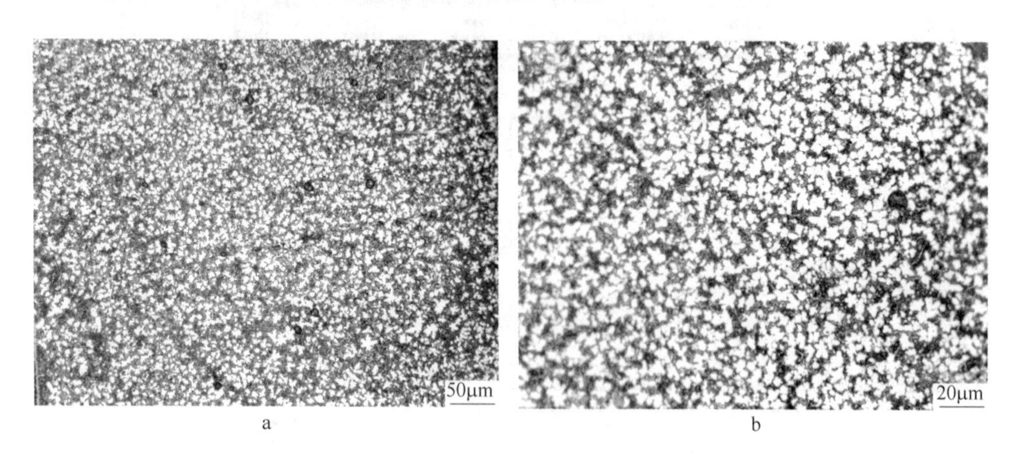


图 10-18　$T_{0.5}$FeCoCrWSi 高熵合金涂层金相组织图
a—200 倍；b—500 倍

图 10-19 为 $T_1$FeCoCrWSi 高熵合金涂层的金相组织图，随着 Ti 含量的增加，不仅枝晶晶粒变细小，而且析出很多共晶组织。涂层中组织为细小的枝状晶，在室温下冷却主干枝状晶的过程中，沿着四周生长，形成多枝型枝状晶粒。部分区

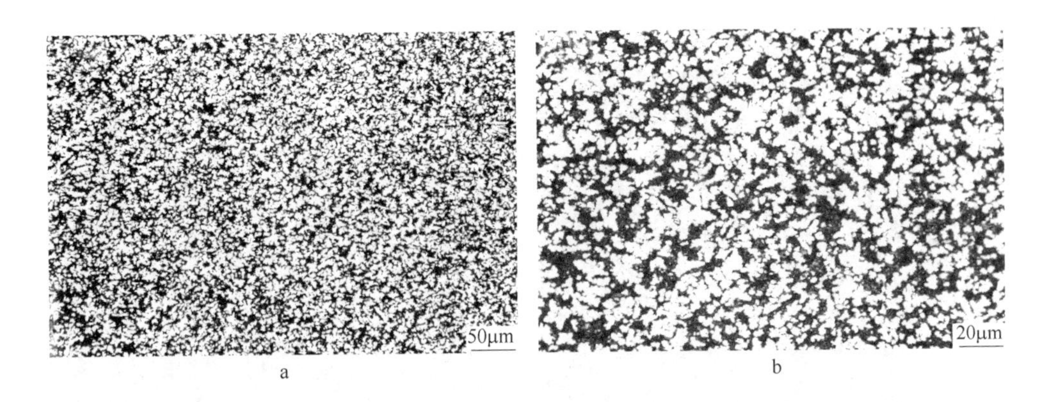


图 10-19 $T_1FeCoCrWSi$ 高熵合金涂层金相组织图

a—200 倍；b—500 倍

域出现类似“雪花状”晶粒，其晶粒细小，散乱排列，形成致密的晶粒组织。

图 10-20 为 $T_{1.5}FeCoCrWSi$ 高熵合金涂层的金相组织图，从图中可以看出，晶粒散乱分布，部分区域晶粒粗大，而部分区域则比较细小。与图 10-19 相比，晶粒分布致密程度降低，而且出现粗化。

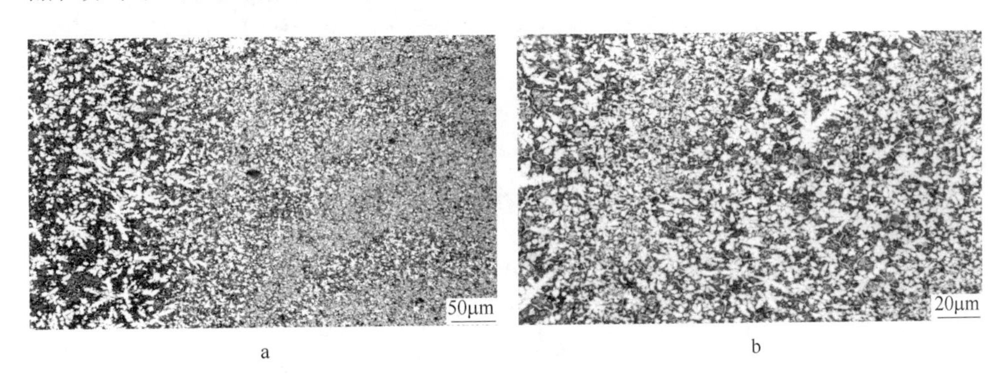


图 10-20 $T_{1.5}FeCoCrWSi$ 高熵合金涂层金相组织图

a—200 倍；b—500 倍

图 10-21 为 $Ti_2FeCoCrWSi$ 高熵合金涂层的金相组织图，从图可以看出其主要为比较粗大的枝状晶，半径较大的 Ti 元素的大量加入，使得涂层组织发生很大变化，改变了其生长方向及规律。

### 10.6.4 激光熔覆高熵合金 $Ti_xFeCoCrWSi$ 涂层的硬度

图 10-22 为高熵合金 $Ti_xFeCoCrWSi$ 涂层的显微硬度图，从图中可以看出，由表及里，涂层的整体硬度变化不大，结合图 10-21 可以看出，随着 Ti 元素的增加，涂层的硬度反而下降，高熵合金 FeCoCrWSi 涂层的平均硬度为 779.5$HV_{0.2}$，

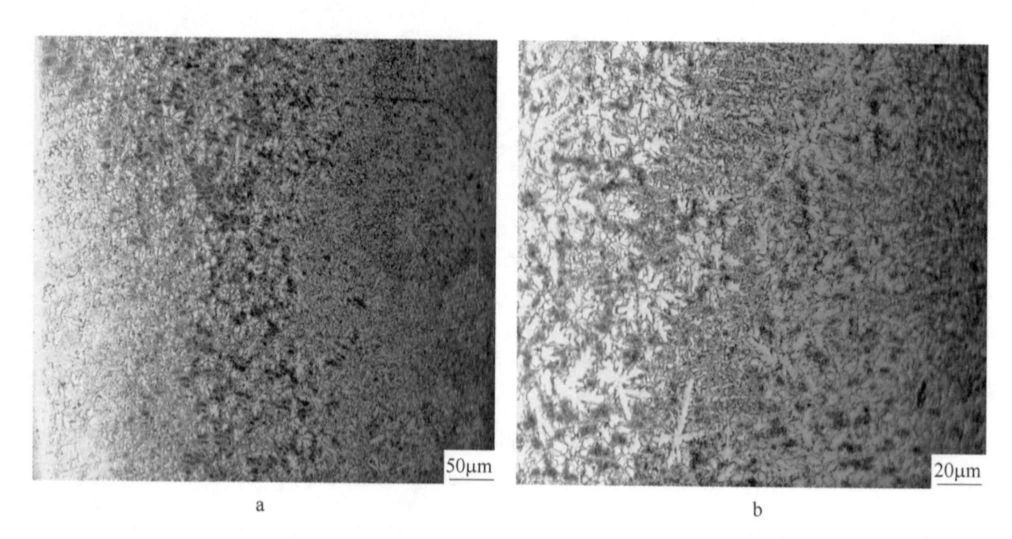


a　　b

图 10-21　$T_2$FeCoCrWSi 高熵合金涂层金相组织图

a—200 倍；b—500 倍

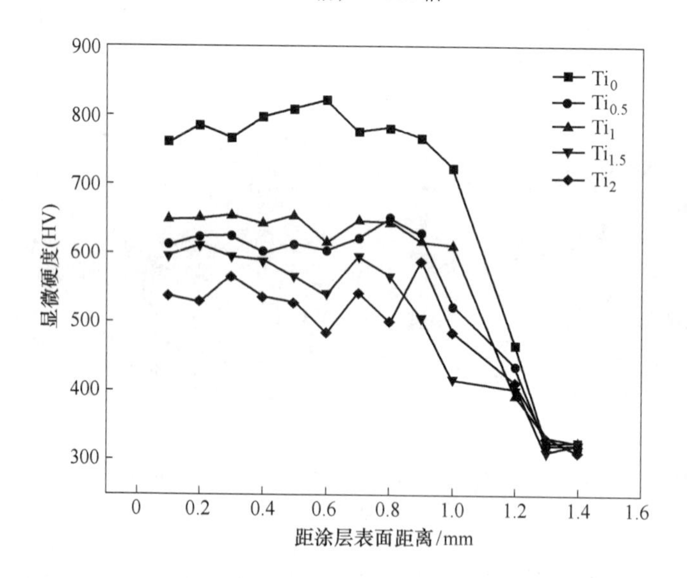


图 10-22　高熵合金 $Ti_x$FeCoCrWSi 涂层的显微硬度图

而高熵合金 $Ti_2$FeCoCrWSi 平均硬度仅为 529. 8$HV_{0.2}$，然而当 $x=1$（即各元素形成等摩尔比）时，硬度升高。继续增加 Ti 含量，硬度下降明显。未添加 Ti 元素的高熵合金 FeCoCrWSi 涂层，由于激光熔覆后形成各种金属间化合物，故整体硬度偏高。

图 10-23 为高熵合金 $Ti_x$FeCoCrWSi 涂层平均硬度比较图，可以明显地看到，未添加 Ti 元素的涂层平均硬度远高于添加后的涂层，随着 Ti 含量的增加，涂层

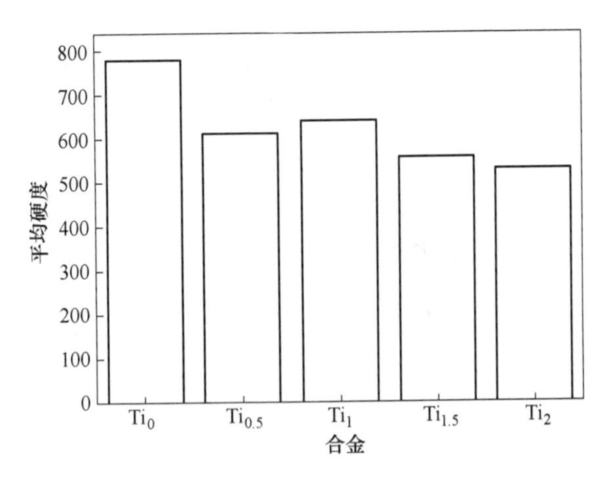


图 10-23 高熵合金 $Ti_xFeCoCrWSi$ 涂层的平均硬度

硬度总的变化趋势是逐渐减少的，但当 $x=1$ 时，硬度略微增加。这主要是因为等摩尔比情况下，其混合熵最高，晶格畸变效应明显，导致其硬度增加。

## 10.6.5 激光熔覆高熵合金 $Ti_xFeCoCrWSi$ 涂层磨损性能

图 10-24 为高熵合金涂层 $Ti_xFeCoCrWSi$ 体系摩擦系数随时间的变化规律。经计算，可以得到 $Ti_0$、$Ti_{0.5}$、$Ti_1$、$Ti_{1.5}$、$Ti_2$ 的平均摩擦系数分别为 0.22、0.38、0.25、0.44、0.60，当未添加 Ti（$x=0$）时，整个涂层的摩擦系数最小。Ti 添加量 $x$ 从 0.5～2 增加的过程中，随着 Ti 含量的增大，整体涂层的摩擦系数随之增大，但在 $x=1$ 时，出现了极小值 0.25，同时结合图 10-24，可以看出 $Ti_1$ 合金摩擦系数随时间呈现先小后增大的趋势，摩擦前 15min，摩擦系数较小，后 15min，

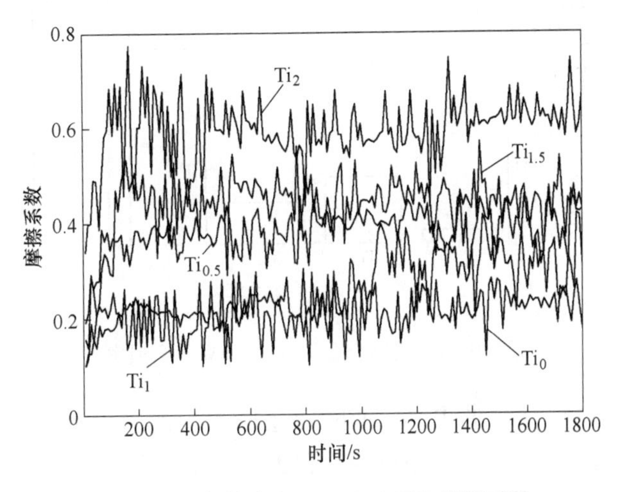


图 10-24 高熵合金 $Ti_xFeCoCrWSi$ 摩擦系数

摩擦系数明显增大。

从表10-3中可以看出，高熵合金 $Ti_xFeCoCrWSi$ 经过磨损后损失的质量分别为0.0021g、0.011g、0.0067g、0.0324g、0.056g，根据磨损率公式：

$$\varepsilon = \frac{\Delta m}{\Delta t}$$

式中，$\Delta m$ 为磨损量；$\Delta t$ 为磨损时间。

**表10-3　高熵合金 $Ti_xFeCoCrWSi$ 的磨损失重表**

| 合金 \ 质量/g | 之前 | 之后 | 质量损失 |
|---|---|---|---|
| FeCoCrWSi | 9.8964 | 9.8985 | 0.0021 |
| $Ti_{0.5}FeCoCrWSi$ | 9.9145 | 9.9255 | 0.011 |
| $Ti_1FeCoCrWSi$ | 9.8894 | 9.8961 | 0.0067 |
| $Ti_{1.5}FeCoCrWSi$ | 9.7654 | 9.7978 | 0.0324 |
| $Ti_2FeCoCrWSi$ | 9.9863 | 10.043 | 0.0567 |

分别计算出 $Ti_0$、$Ti_{0.5}$、$Ti_1$、$Ti_{1.5}$、$Ti_2$ 磨损率分别为 $0.7\times E^{-5}$g/min、$3.67\times E^{-4}$g/min、$2.23\times E^{-4}$g/min、$10.8\times E^{-4}$g/min、$18.9\times E^{-4}$g/min，其磨损率对比如图10-25所示。

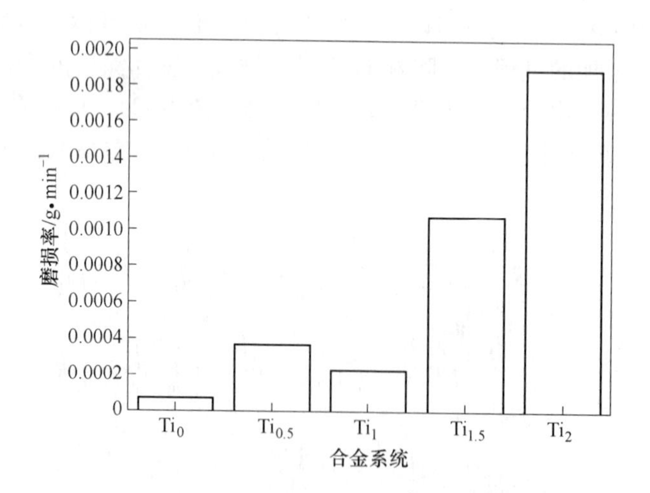


图10-25　高熵合金 $Ti_xFeCoCrWSi$ 磨损率

图10-26为高熵合金 $Ti_xFeCoCrWSi$ 涂层磨损后的表面形貌，从图中可以看出，不同Ti含量对其涂层的磨损机理有很大的影响，其中 $x=0$（图10-26a）及 $x=1$（图10-26c）时主要发生磨粒磨损，具有比较光滑的磨损形貌，犁沟痕迹很

浅，无明显的黏着痕迹，表明涂层具有较好的抵抗磨损能力。而 $x=0.5$（图10-26b）、$x=1.5$（图10-26d）、$x=2$（图10-26e）当主要为发生了黏着磨损和氧化磨损，部分部位发生了剥落，沟痕比较深，磨损表面粗糙。

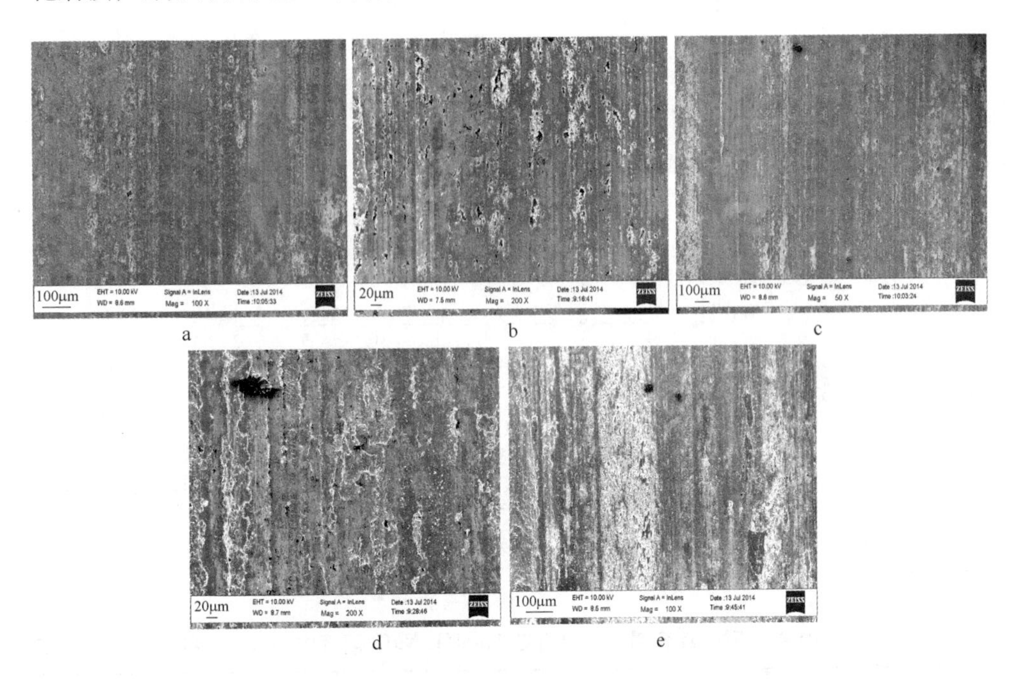


图10-26 高熵合金涂层磨损表面形貌图

a—$Ti_0$；b—$Ti_{0.5}$；c—$Ti_1$；d—$Ti_{1.5}$；e—$Ti_2$

### 10.6.6 激光熔覆高熵合金 $Ti_x$FeCoCrWSi 涂层电化学腐蚀性能

广义上讲，材料的腐蚀是指材料与环境之间发生作用而导致材料的破坏或者变质。为了研究材料的腐蚀性能，实验室通常利用电化学工作站，测定其线性扫描伏安，电化学阻抗及极化曲线等。本实验主要通过对极化曲线进行电化学参数解析，获得极化电阻、Tafel 斜率、腐蚀电流密度和腐蚀速率等电化学参数。

图10-27为高熵合金 $Ti_x$FeCoCrWSi 涂层在 1mol/L NaCl 溶液中的电化学极化曲线。通过稳定极化曲线测定，由 Tafel 直线段外延相交可测定出对应的腐蚀电位 $E_{corr}$ 和腐蚀电流 $I_{corr}$（如表10-4所示）。从图中可以看出，高熵合金涂层没有出现明显的钝化曲线，根据文献，$Cl^-$ 经由空隙或者缺陷贯穿氧化膜比其他离子容易得多，而且当吸附 $Cl^-$ 增加金属阳极溶解的交换电流数值大于氧气覆盖表面所达到的数值时，则测试材料表面的金属会连续以高速率溶解。

表10-4为不同 Ti 含量高熵合金在 1mol/L NaCl 溶液中的极化参数，从表中可以看出高熵合金 $Ti_2$FeCoCrWSi（$x=2$ 时）涂层腐蚀电位为 −414.77mV，腐蚀

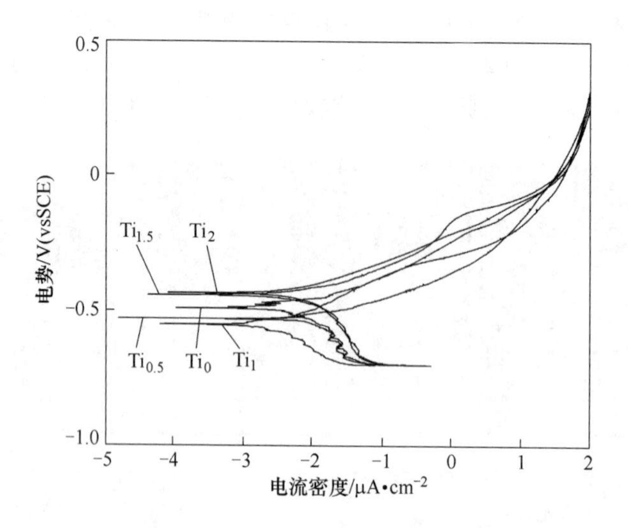


图 10-27　高熵合金 $Ti_x$FeCoCrWSi 涂层的极化曲线

电流为 2.067μA，通过比较发现高熵合金中 Ti（$x=2$ 时）涂层的腐蚀电位 $E_{corr}$ 最大（即最正），而腐蚀电流 $I_{corr}$ 最小，说明高熵合金 $Ti_2$FeCoCrWSi 的耐腐蚀性能最好。

**表 10-4　不同 Ti 含量高熵合金在 1mol/L NaCl 溶液中的极化参数**

| 合　金 | $E_{corr}$/mV | $I_{corr}$/μA · cm$^{-2}$ |
|---|---|---|
| FeCoCrWSi | -526.914 | 16.352 |
| $Ti_{0.5}$FeCoCrWSi | -577.043 | 8.167 |
| $Ti_1$FeCoCrWSi | -581.554 | 6.734 |
| $Ti_{1.5}$FeCoCrWSi | -496.235 | 10.575 |
| $Ti_2$FeCoCrWSi | -414.772 | 2.067 |

通过以上分析，本章总结如下：

（1）如前所述，高熵合金 $Ti_x$FeCoCrWSi 涂层主要由树枝晶组成，而且 Ti 含量（$x=0.5\sim1.5$）时，随着 Ti 含量的增加，晶粒细化。当继续增加 Ti 含量（$x=2$）时，枝晶增多，出现粗化，而且分布不均匀。能谱 EDS 分析可知 Cr 和 W 主要在枝晶富集，Fe、Co 和 Ti 在晶界偏聚，随着 Ti 含量的增加，基体中 Fe 的稀释率升高。实验结果表明，Ti 的添加有利于 BCC 相的形成，当 Ti 含量（$x=0.5\sim1$）时，高熵合金涂层主要由 BCC 与大量含铁金属间化合物构成；当 Ti 含量（$x=1.5\sim2$）时，高熵合金涂层主要由 BCC 与大量含钛金属间化合物构成。当 Ti 含量为 2 时（摩尔比），金属间化合物最少。

（2）高熵合金 $Ti_xFeCoCrWSi$ 涂层，随着 Ti 元素的增加，涂层的平均硬度下降，未添加 Ti 时涂层的硬度为 779.5$HV_{0.2}$，而当 Ti 含量增加到 2 时，硬度降到 529.8HV。

（3）高熵合金涂层 $Ti_0$、$Ti_{0.5}$、$Ti_1$、$Ti_{1.5}$、$Ti_2$ 磨损率分别为 $0.7\times E^{-5}$g/min、$3.67\times E^{-4}$g/min、$2.23\times E^{-4}$g/min、$10.8\times E^{-4}$g/min、$18.9\times E^{-4}$g/min，随着 Ti 含量的增大磨损率增大，耐磨性能降低。

（4）高熵合金 $Ti_xFeCoCrWSi$ 涂层电化学实验表明：未添加 Ti 时，腐蚀电位为 -526.914mV，腐蚀电流为 16.352μA，腐蚀电流较大，腐蚀电位较小（较负），耐腐蚀性能较差；而高熵合金 $Ti_2FeCoCrWSi$（$x=2$ 时）涂层腐蚀电位为 -414.77mV，腐蚀电流为 2.067μA，涂层的腐蚀电位 $E_{corr}$ 最大（即最正），而腐蚀电流 $I_{corr}$ 最小，说明高熵合金 $Ti_2FeCoCrWSi$ 的耐腐蚀性能最好。

# 参 考 文 献

[1] 王家金. 激光加工技术[M]. 北京：中国计量出版社，1993.
[2] 李力钧. 现代激光加工及其装备[M]. 北京：北京理工大学出版社，1993.
[3] 刘江龙，邹至荣，苏宝熔. 高能束热处理[M]. 北京：机械工业出版社，1997.
[4] 阎毓禾，钟敏霖. 高功率激光加工及其应用[M]. 天津：天津科技出版社，1997.
[5] 关振中. 激光加工工艺手册[M]. 北京：中国计量出版社，2001.
[6] 左铁钏. 高强铝合金的激光加工[M]. 北京：国防工业出版社，2002.
[7] 郑启光. 激光先进制造技术[M]. 武汉：华中科技大学出版社，2002.
[8] 邓世均. 高性能陶瓷涂层[M]. 北京：化学工业出版社，2004.
[9] 徐滨士. 纳米表面工程[M]. 北京：化学工业出版社，2004.
[10] 许并社. 纳米材料及应用技术[M]. 北京：化学工业出版社，2004.
[11] 李应红，等. 激光冲击强化理论与技术[M]. 北京：科学出版社，2013.